高职高专系列教材

食品生物技术概论

王国霞　主编

SHIPIN SHENGWU
JISHU GAILUN

化学工业出版社
·北京·

内 容 简 介

《食品生物技术概论》共分七部分，分别阐述绪论、基因工程、细胞工程、发酵工程、酶工程、蛋白质工程、生物技术在食品领域的应用等内容。绪论部分讲述了生物技术的定义、内容、涉及的学科、发展简史以及对经济和社会发展的影响；基因工程讲述了基因工程的定义、作用原理和技术；细胞工程部分包括了植物细胞工程、动物细胞工程、微生物细胞工程三方面内容；发酵工程主要介绍了发酵的类型和特点、微生物发酵、液体深层发酵以及固体发酵等内容；酶工程主要介绍了酶的发酵生产、分离纯化、改造、固定化技术以及酶反应器；蛋白质工程主要介绍了研究方法和内容；生物技术在食品领域的应用重点介绍了生物技术在食品生产、食品包装、食品及转基因食品检测等内容，并简单介绍了食品生物技术的安全规范以及在未来食品工业的发展应用。本书还附有《实践能力训练工作手册》，设计有十个训练项目。此外，电子课件可从 www.cipedu.com.cn 下载参考，数字资源可扫描二维码学习观看。

本书可作为食品、生物等相关专业的教学用书，也可作为相关企事业单位人员的参考用书。

图书在版编目（CIP）数据

食品生物技术概论/王国霞主编．—北京：化学工业出版社，2021.4（2024.9重印）
高职高专系列教材
ISBN 978-7-122-38564-2

Ⅰ.①食… Ⅱ.①王… Ⅲ.①生物技术-应用-食品工业-高等职业教育-教材　Ⅳ.①TS201.2

中国版本图书馆 CIP 数据核字（2021）第 030289 号

责任编辑：迟　蕾　李植峰　　　　文字编辑：药欣荣　陈小滔
责任校对：田睿涵　　　　　　　　装帧设计：王晓宇

出版发行：化学工业出版社（北京市东城区青年湖南街13号　邮政编码100011）
印　　刷：北京云浩印刷有限责任公司
装　　订：三河市振勇印装有限公司
787mm×1092mm　1/16　印张12½　字数252千字　2024年9月北京第1版第2次印刷

购书咨询：010-64518888　　　　　售后服务：010-64518899
网　　址：http://www.cip.com.cn
凡购买本书，如有缺损质量问题，本社销售中心负责调换。

定　价：48.00元　　　　　　　　　　　　　　　　　　　　　版权所有　违者必究

《食品生物技术概论》编写人员

主　　编　　王国霞
副 主 编　　胡海星　肖　云　赵　奇　邓黎黎
编　　委　　毕春慧（山东商务职业学院）
　　　　　　邓黎黎（郑州职业技术学院）
　　　　　　胡海星（长沙环境保护职业技术学院）
　　　　　　王国霞（郑州师范学院）
　　　　　　肖　云（武汉职业技术学院）
　　　　　　赵　奇（郑州师范学院）
　　　　　　郭宏伟（河南牧业经济学院）
　　　　　　周一洁（湖北生物科技职业学院）

前言

　　生物技术是一门由多学科综合而成的交叉性学科。现代生物技术以分子生物学为基础，囊括了微生物学、细胞生物学、生物化学、遗传学等学科的技术成就，形成了基因工程、细胞工程、发酵工程、酶工程、蛋白质工程五大工程技术，已成为当前生命科学中最活跃和最重要的技术领域。食品生物技术是生物技术领域中的重要分支之一，是研究现代生物技术在食品原料生产、加工和制造中的一门应用学科。

　　本书的特色之处在于突出内容的系统性，同时注重内容的职业性、实践性和先进性。紧紧围绕培养高素质技术技能型人才这个目标，注重以职业需求为导向，以职业技能的培养为根本，组织了本教材的编写工作。内容力求全面、准确，语言深入浅出、通俗易懂，能反映生物技术各领域的最新研究进展；在传授知识的同时，注重培养学生运用知识的能力和实验实践能力的培养，并增强可读性。全书包括绪论、基因工程、细胞工程、发酵工程、酶工程、蛋白质工程、生物技术与食品等内容，每一章前面都会有学习目标，以指导学生的学习；最后都有本章小结，便于学生掌握本章框架结构和重点内容；还设计有各种题型的复习思考题，便于学生巩固学习过的内容，加强对各知识点的认识，教师也可结合进行测试；除此之外，本书还单独附有《实践能力训练工作手册》，设计有十个训练项目，任课教师可根据课程需要选择性开展实验教学。

　　本书由郑州师范学院、武汉职业技术学院、长沙环境保护职业技术学院、郑州职业技术学院、山东商务职业学院等单位的专业教师共同完成。全书由王国霞任主编并统稿，胡海星、肖云、赵奇、邓黎黎任副主编。在本书编写过程中，得到了编者所在学校的帮助和支持，也参考了国内外同行、专家和学者的科研成果与著作，数字资源由天津职业大学吕平提供，石松业参与了文字的核对与部分图表的绘制工作，在此一并表示感谢！

　　本书可作为高职高专食品类、生物类专业教材，也可作为相关本科专业的教材及教师、专业技术人员的参考用书。

　　由于编者水平有限，难免有疏漏之处，敬请广大读者提出宝贵意见。

编者

2020 年 10 月

目 录

绪论 … 1
  一、生物技术的定义 … 1
  二、生物技术研究的内容 … 2
  三、生物技术涉及的学科 … 3
  四、生物技术发展简史 … 6
  五、生物技术对经济和社会发展的影响 … 7
  小结 … 12
  复习思考题 … 13

第一章　基因工程 … 15
  第一节　基因工程概述 … 15
    一、基因工程的含义 … 15
    二、基因工程研究的理论依据和技术支撑 … 16
    三、基因工程操作的基本技术路线 … 17
  第二节　基因工程工具酶 … 17
    一、限制性核酸内切酶 … 18
    二、DNA 连接酶 … 19
    三、DNA 聚合酶 … 20
    四、其他常用工具酶 … 21
  第三节　基因克隆载体 … 21
    一、载体的基本条件 … 21
    二、质粒载体 … 22
    三、病毒（噬菌体）克隆载体 … 24
    四、人工染色体克隆载体 … 25
  第四节　目的基因的获取 … 25
    一、目的基因的来源 … 25
    二、目的基因的获得途径 … 26

第五节　基因与载体的连接 …… 30
一、互补黏性末端DNA片段之间的连接 …… 31
二、平末端DNA片段之间的连接 …… 31
三、DNA片段末端修饰后进行连接 …… 31
四、DNA片段加连杆或衔接头后连接 …… 32

第六节　目的基因导入受体细胞 …… 33
一、受体细胞 …… 33
二、重组DNA分子导入受体细胞 …… 33

第七节　克隆子的筛选 …… 35
一、根据载体标记基因筛选转化子 …… 35
二、根据报告基因筛选转化子 …… 37
三、根据形成噬菌斑筛选转化子 …… 37

第八节　重组子的鉴定 …… 38
一、根据重组DNA分子检测结果来鉴定重组子 …… 38
二、根据目的基因转录产物mRNA鉴定重组子 …… 40
三、根据目的基因翻译产物蛋白质、多肽鉴定重组子 …… 40

小结 …… 41
复习思考题 …… 41

第二章　细胞工程 …… 44

第一节　细胞工程概述 …… 44
一、细胞工程发展历史 …… 44
二、细胞工程的基本概念 …… 45
三、细胞工程基本技术 …… 45

第二节　植物细胞工程 …… 46
一、植物组织培养 …… 46
二、植物细胞培养和次级代谢物的生产 …… 48
三、植物细胞原生质体制备与融合 …… 51
四、单倍体植物的诱发和利用 …… 55
五、人工种子的制备 …… 58
六、植物脱病毒技术 …… 59

第三节　动物细胞工程 …… 60
一、动物细胞与组织培养 …… 60
二、动物细胞融合 …… 65
三、细胞核移植与动物克隆 …… 66
四、染色体转移 …… 68

第四节　微生物细胞工程 …… 69
一、原核细胞的原生质体融合 …… 69
二、真菌的原生质体融合 …… 69
三、原生质体融合培育新菌株 …… 70

小结 …… 70
复习思考题 …… 70

第三章 发酵工程 ······ 73
第一节 发酵工程概述 ······ 73
一、发酵工程的概念 ······ 73
二、发酵技术的发展历程 ······ 73
三、发酵工程的内容 ······ 74
四、发酵类型 ······ 74
五、发酵技术的特点及应用 ······ 76
第二节 微生物发酵 ······ 76
一、优良菌种的选育 ······ 76
二、培养基 ······ 77
三、发酵的一般过程 ······ 78
第三节 液体深层发酵 ······ 79
一、深层发酵的操作方式 ······ 79
二、发酵工艺控制 ······ 83
三、发酵设备 ······ 85
四、下游加工过程 ······ 87
第四节 固体发酵 ······ 88
小结 ······ 89
复习思考题 ······ 89

第四章 酶工程 ······ 91
第一节 酶工程概述 ······ 91
一、酶及酶工程的概念 ······ 91
二、酶工程的发展历程 ······ 92
第二节 酶的发酵生产 ······ 93
一、产酶菌种的筛选 ······ 94
二、基因工程菌的构建 ······ 94
三、微生物酶的发酵生产 ······ 95
第三节 酶的分离纯化 ······ 97
一、酶分离纯化的基本原则和方式 ······ 97
二、酶分离纯化的基本过程 ······ 98
三、酶的纯度与酶活力 ······ 101
四、酶制剂的保存 ······ 102
第四节 酶分子的改造 ······ 102
一、酶分子修饰 ······ 103
二、酶的蛋白质工程 ······ 104
三、生物酶的人工模拟 ······ 104
第五节 酶与细胞的固定化 ······ 105
一、酶的固定化 ······ 105
二、细胞的固定化 ······ 107
三、固定化酶的性质 ······ 107
四、固定化酶的指标 ······ 108

  第六节 酶反应器 ······ 108
   一、酶反应器的基本类型 ······ 109
   二、酶反应器的设计原则 ······ 111
   三、酶反应器的性能评价 ······ 111
   四、酶反应器的操作 ······ 111
  小结 ······ 113
  复习思考题 ······ 113

第五章 蛋白质工程

  第一节 蛋白质工程概述 ······ 117
   一、蛋白质工程的概念 ······ 117
   二、蛋白质概述 ······ 118
  第二节 蛋白质工程的研究方法 ······ 119
   一、蛋白质工程的研究策略与内容 ······ 119
   二、蛋白质的分子设计 ······ 120
   三、改变现有蛋白质的结构 ······ 121
   四、蛋白质分子的全新设计 ······ 122
  小结 ······ 124
  复习思考题 ······ 124

第六章 生物技术在食品领域的应用

  第一节 生物技术与食品生产 ······ 126
   一、转基因植物与食品生产 ······ 126
   二、转基因动物与食品生产 ······ 127
   三、转基因食品 ······ 128
   四、单细胞蛋白 ······ 128
   五、氨基酸发酵生产 ······ 131
   六、维生素发酵生产 ······ 132
   七、柠檬酸的生产 ······ 132
   八、食品和饮料的发酵生产 ······ 133
   九、酶与食品加工生产 ······ 135
   十、生物技术与食品添加剂 ······ 138
  第二节 生物技术与食品包装 ······ 140
   一、基因工程在食品包装中的应用 ······ 140
   二、酶工程在食品包装中的应用 ······ 141
   三、包装检测指示剂在食品包装中的应用 ······ 142
   四、生物信息技术在食品包装检测中的应用 ······ 142
  第三节 生物技术与食品检测 ······ 143
   一、聚合酶链反应技术（PCR）的应用 ······ 143
   二、核酸探针技术的应用 ······ 144
   三、DNA芯片与微阵列技术的应用 ······ 144
   四、免疫学检测系统的应用 ······ 145
   五、生物传感器检测技术的应用 ······ 146

第四节　转基因食品的检测 …………………………………………………… 147
　　一、转基因食品的 PCR 检测 ……………………………………………… 147
　　二、转基因食品的 ELISA 检测 …………………………………………… 148
　　三、转基因食品的生物芯片检测 ………………………………………… 148
　第五节　食品生物技术安全和规范 ………………………………………… 149
　　一、消费者对转基因食品的态度 ………………………………………… 149
　　二、转基因食品的评估内容 ……………………………………………… 150
　　三、转基因食品的安全评估原则 ………………………………………… 151
　　四、转基因食品的安全评估方法 ………………………………………… 153
　第六节　生物技术与未来食品工业 ………………………………………… 154
　　一、新时代食品工业的特点 ……………………………………………… 154
　　二、现代生物技术在未来食品工业上的应用 …………………………… 154
　小结 …………………………………………………………………………… 155
　复习思考题 …………………………………………………………………… 155
参考文献 ……………………………………………………………………… 157

绪 论

 学习目标与思政素养目标

1. 掌握生物技术的含义、范畴及与其他学科之间的关系。
2. 了解生物技术的发展简史。
3. 认识现代生物技术的发展趋势及其对人类经济社会所产生的深刻影响。
4. 明确发展生物产业的重要性，正确认识"现代生物技术是一把双刃剑"，养成良好的法律意识和科学素养。

生物技术被世界各国视为一项高新技术，被广泛应用于农林牧渔、食品、医药卫生、轻工、化工和能源等诸多领域，已产生了巨大的经济效益和社会效益，有效地促进了传统产业的技术改造和新兴产业的形成，将继续对人类生活产生深远的影响。生物技术对于提高国力，迎接人类所面临的诸如食品短缺、健康问题、环境问题及经济问题的挑战是至关重要的，因此受到世界各国的关注。许多国家都将生物技术确定为增强国力和经济实力的关键性技术之一。它将是 21 世纪高新技术革命的核心内容和 21 世纪的支柱产业。

生物技术不完全是一门新兴学科，它包括传统生物技术和现代生物技术两部分。传统生物技术是指旧有的制造酱、醋、酒、面包、奶酪、酸乳及其他食品的传统工艺；现代生物技术则是指 20 世纪 70 年代末 80 年代初发展起来的，以现代生物学研究成果为基础，以基因工程为核心的新兴学科。当前所称的生物技术基本上都是指现代生物技术。本书主要讨论现代生物技术及其在食品方面的应用。

一、生物技术的定义

生物技术，有时也称生物工程，是指人们以现代生命科学为基础，结合其他基础学科的科学原理，采用先进的工程技术手段，按照预先的设计改造生物体或加工生物原料，为人类生产出所需产品或达到某种目的的技术。因此，生物技术是一门新兴的、综合性的学科。

先进的工程技术手段是指基因工程、细胞工程、酶工程、发酵工程和蛋白质工程等新技术。改造生物体是指获得优良品质的动物、植物或微生物品系。生物原料则指生物体的某一部分或生物生长过程产生的能利用的物质，如蛋白质、糖、生物碱等有机物，也包括一些无机化学品，甚至某些矿石等。为人类生产出所需的产品包括粮食、食品、医药、化工原料、能源、金属等各种产品。达到某种目的包括疾病的预防、诊断与治疗，食品的检验，以及环境污染的检测和治理等。

生物技术是由多学科综合而成的一门新学科。就生命科学而言，它包括微生物学、生物化学、细胞生物学、免疫学、遗传与育种等几乎所有与生命科学有关的学科，特别是现代分子生物学的最新理论成就更是生物技术发展的基础。现代生命科学的发展已在分子、亚细胞、细胞、组织和个体等不同层次上，揭示了生物的结构和功能的相互关系，从而使人们得以应用其研究成就对生物体进行不同层次的设计、控制、改造或模拟，并产生了巨大的生产能力。生物技术所研究的对象已经从微生物扩展到了动物和植物，从陆地生物扩展到了海洋生物和空间生物，现代生物技术还不断地向纵深发展，并且与其他学科交叉形成了许多新的学科。随着现代生物技术的不断发展，其研究深度与广度还会得到不断拓展。

二、生物技术研究的内容

近几十年来，科学和技术发展的一个显著特点就是人们越来越多地采用多学科的方法来解决各种问题。这就导致许多综合性交叉学科的出现，并形成了许多新的具有独特概念和方法的研究领域。生物技术就是在这种背景下产生的一门新兴的综合性学科。根据生物技术操作的对象及操作技术的不同，生物技术主要包括以下5项技术（工程）。

1. 基因工程

基因工程是20世纪70年代以后兴起的一门新技术。其主要原理是应用人工方法把生物的遗传物质，通常是脱氧核糖核酸（DNA）分离出来，在体外进行切割、拼接和重组，然后将重组DNA导入某种宿主细胞或个体，从而改变它们的遗传品性；有时还使新的遗传信息（基因）在新的宿主细胞或个体中大量表达，以获得基因产物（多肽或蛋白质）。这种通过体外DNA重组创造新生物并赋予特殊功能的技术就称为基因工程，也称DNA重组技术。

目前基因工程已有许多成功应用的报道。如在医疗卫生领域，利用基因工程技术改造的微生物已用于生产动物蛋白质、人体生长激素、干扰素等。在食品工业上，细菌和真菌的改良菌株已影响到传统的面包焙烤和干酪的制备，并对发酵食品的风味和组分进行控制。在农业上，基因工程已用于品种改良，如培育出玉米新品种（高直链淀粉含量、低胶凝温度以及低脂肪的甜玉米）和番茄新品种（高固体含量、增强风味）等。

2. 细胞工程

细胞工程是指应用细胞学的方法，以组织、细胞和细胞器为对象进行操作，在体外条件下进行培养、繁殖或人为地使细胞某些生物学特性按人们的意愿发生改变，从而达到改良生物品种或创造新品种，加速动植物个体的繁育，或获得某种有用物质的目的的过程。通过细胞工程，人们可以不经过基因操作，直接对生物进行改造。因此细胞工程应包括动植物细胞的体外培养技术、细胞融合技术（也称细胞杂交技术）、细胞器移植技术、克隆技术、干细胞技术等。

目前利用细胞融合技术已经培养出番茄、马铃薯、烟草和短牵牛等杂种植株；利用植物细胞培养技术可以获得许多特殊的产物，如生物碱类、色素、激素、抗肿瘤药物等；动物培养技术可以用来大规模地生产贵重药品，如干扰素、人体激素、疫苗、单克隆抗体等。

3. 发酵工程

利用微生物生长速度快、生长条件简单及代谢过程特殊等特点，在合适条件下，通过现代化工程技术手段，由微生物的某种特定功能生产出人类所需的产品称为发酵工程。发酵工程主要是利用微生物进行反应,因此也称微生物工程。发酵工程是生物技术的主要终端,也是人类历史上最早掌握的生物技术。绝大多数生物技术的目标产物都是通过发酵工程来实现的。

根据其发展进程应包括传统发酵工业,如某些食品和酒类等的生产;近代的发酵工业,如酒精、乳酸、丙酮、丁醇等;以及目前新兴的如抗生素、有机酸、氨基酸、酶制剂、核苷酸、生理活性物质、单细胞蛋白等的发酵生产。

4. 酶工程

酶工程是利用酶、细胞器或细胞所具有的特异催化功能,或通过对酶进行修饰改造,并借助生物反应器和工艺过程来生产人类所需产品的一项技术。主要包括酶的发酵生产、酶的分离纯化、酶和细胞的固定化、酶反应器、酶的应用等内容。

酶工程的主要任务是:通过预先设计、经过人工操作控制而获得大量所需的酶,并通过各种方法使酶发挥其最大的催化功能。20世纪70年代以后,随着固定化酶技术的产生,固定化酶日益成为工业生产的主力军,在化工医药、轻工食品、环境保护等领域发挥着巨大的作用。近几十年来,随着酶工程不断的技术性突破,在工业、农业、医药卫生、能源开发及环境工程等方面的应用越来越广泛,如我们日常生活中常见的加酶洗衣粉、干酪制品的生产等,都是酶工程应用最直接的体现。

5. 蛋白质工程

蛋白质工程是20世纪80年代初诞生的一个新兴生物技术领域。蛋白质工程是指在基因工程的基础上,结合蛋白质结晶学、计算机辅助设计和蛋白质化学等多学科的基础知识,通过对基因的人工定向改造等手段,从而对蛋白质进行修饰、改造、拼接,生产出能满足人类需要的新型蛋白质的技术。

以上5项技术并不是各自独立的,它们彼此之间相互联系、相互渗透(图0-1)。其中基因工程技术是核心技术,它能带动其他技术的发展。如通过基因工程对细菌或细胞改造后获得的"工程菌"或"工程细胞",都必须分别通过发酵工程或细胞工程来生产有用的物质;通过基因工程技术对酶进行改造,以增加酶的产量、酶的稳定性以及提高酶的催化效率等。

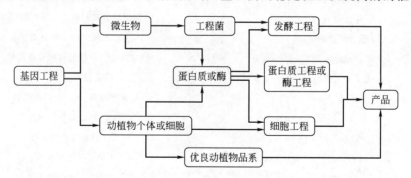

图0-1 生物技术的5项技术之间的相互关系

三、生物技术涉及的学科

现代生物技术是所有自然科学领域中涵盖范围最广的学科之一。它以包括分子生物学、细胞生物学、微生物学、免疫生物学、植物生理学、动物生理学、人体生理学、微生物生理学、生物化学、生物物理学、遗传学等几乎所有生命科学的次级学科为支撑,结合了诸如化学、化学工程学、数学、微电子学、计算机科学、信息学等生物学领域之外的尖端基础学科,形成一门多学科互相渗透的综合性学科。其中,又以生命科学领域的重大理论和技术的突破为基础。例如,如果没有沃森(Watson)和克里克(Crick)的 DNA 双螺旋结构及 DNA 的半保留复制模式的阐明,没有遗传密码的破译及 DNA 与蛋白质的关系等理论上的突破,没有限制性核酸内切酶、DNA 连接酶等工具酶的发现和应用,就不可能有基因工程技术的出现;如果没有动植物细胞培养方法及细胞融合方法的建立,就不可能有细胞工程的出现;如果没有蛋白质结晶技术和蛋白质三维结构的深入研究,以及化工技术的进步,就不可能有酶工程和蛋白质工程的产生;如果没有生物反应器、传感器及自动化控制技术的应用,就不可能有现代发酵工程的出现。另外,所有生物技术领域还使用了大量的现代化高精尖仪器(表 0-1),如超速离心机、电子显微镜、高效液相色谱仪、DNA 自动合成仪、DNA(自动)测序仪、核磁共振仪、X 光衍射仪等,这些仪器都可通过微型计算机或控制面板实行自动化操作,这就是现代微电子学和计算机技术与生物技术的结合和渗透。没有这些结合和渗透,生物技术的研究就不可能深入到分子水平,也就不会有今天的现代生物技术。

表 0-1 重要的现代生物技术仪器和设备

名称	主要用途
DNA 自动合成仪	合成已知的寡核苷酸序列
DNA(自动)测序仪	(自动)测定核酸的核苷酸序列
聚合酶链反应分析仪(PCR 仪)	DNA 快速扩增
蛋白质/多肽自动测序仪	测定蛋白质、多肽的氨基酸序列
蛋白质/多肽自动合成仪	合成已知氨基酸序列的蛋白质或多肽
基因转移设备	将外源 DNA 导入目标细胞
显微注射系统	细胞核移植、人工授精等
流式细胞仪	细胞的计数、分离和收集
生物反应器	细胞的分批或连续培养
超速、高速(冷冻)离心机	分离生物大分子物质
高效/超高效液相色谱仪	物质的分离与纯化及纯度鉴定等
电泳设备	物质的分离与纯化及纯度鉴定等
膜分离设备	大批量物质的分离
凝胶电泳系统	蛋白质、核酸的分离与分析等
毛细管电泳仪	质量控制、组分分析
电子显微镜	观察细胞、组织的超微结构
生物质谱仪	蛋白质、多肽的研究
液氮罐/超低温冰箱	样品或细胞的冻存
核磁共振仪	生物分子的结构解析
X 光衍射仪	蛋白质三维结构分析
冷冻干燥仪	样品的低温冷冻干燥
喷雾干燥机	生物物质干燥
发酵罐	微生物细胞培养

人类已进入知识经济时代,知识经济的基本特征就是知识不断创新、高新技术迅速产业化。作为高新技术领域重要组成部分的生物技术,必然在知识经济的发展过程中充分发挥作用并做出特殊的贡献。我国是发展中国家,农业经济、工业经济、知识经济三元并存,面临

着新的机遇和挑战。在这种形势下,大力发展高新技术及其产业,加大知识经济在经济结构中的比重具有特别重要的意义。生物技术与其他高新技术一样具有"六高"的基本特征,即高效益,可带来高额利润;高智力,具有创造性和突破性;高投入,前期研究及开发需要大量的资金投入;高竞争,时效性的竞争非常激烈;高风险,由于竞争的激烈,必然带来高风险;高势能,对国家的政治、经济、文化和社会发展有很大的影响,具有很强的渗透性和扩散性,有着很高的态势和潜在的能量。

另外,生物技术广阔的应用前景,高额的利润也促使生物技术快速发展。生物技术的应用领域非常广泛,包括医药、农业、畜牧业、食品、化工、林业、环境保护、采矿冶金、材料、能源等领域(图0-2)。这些领域的广泛应用必然带来经济上的巨大利益。因此,各种与生物技术相关的企业如雨后春笋般地涌现。概括地说,生物技术相关的行业可分为8大种类(表0-2)。

图 0-2　生物技术树

表 0-2　生物技术所涉及的行业种类

行业种类	经营范围
疾病治疗	用于控制人类疾病的医药产品及技术,包括抗生素、生物药品、基因治疗、干细胞利用等
检测诊断	包括临床、食品、环境与农业方面的检测与诊断
农业、林业与园艺	新的农作物或动物,肥料,生物农药
食品	扩大食品、饮料及营养素的来源

续表

行业种类	经营范围
环境	废物处理、生物净化、环境治理
能源	能源的开采、新能源的开发
化学品	酶、DNA/RNA、特殊化学品、美容产品
设备	由生物技术生产的金属、生物反应器、计算机芯片及生物技术使用的设备等

四、生物技术发展简史

根据生物技术发展过程的技术特征，人们通常将生物技术划分为3个不同的发展阶段：传统生物技术时期、近代生物技术时期和现代生物技术时期。

1. 传统生物技术时期

传统生物技术从史前时代起就一直为人们所利用。在旧石器时代后期，我国人民就会利用谷物造酒，这是最早的发酵技术。公元前221年，我国人民就能制作豆腐、酱和醋，并一直沿用至今。公元10世纪，我国就已经使用活疫苗预防天花。16世纪，我国古代的医生就知道被疯狗咬伤可传播狂犬病。在西方，苏美尔人和巴比伦人在公元前就已开始进行啤酒发酵，古埃及人在公元前就开始制作面包。

根据生物技术的定义，上述的生活或生产实践都应归属于生物技术。但因科学技术的落后，这些活动只局限于实践的范畴，而没有上升到理论阶段，所以这一阶段发展缓慢。尽管如此，传统生物技术还是十分宝贵的，它为其后相关理论的创立奠定了一定的基础。

2. 近代生物技术时期

近代生物技术的产生与显微镜的发明、微生物的发现和微生物学的创立密切相关。1676年，荷兰人列文虎克（Leeuwenhoek）制成了能放大170~300倍的显微镜，并首先观察到了微生物。19世纪60年代，法国科学家路易·巴斯德（Louis Pasteur）首先证实发酵是由微生物引起的，并首先建立了微生物的纯种培养技术，从而为发酵技术的发展提供了理论基础和技术支撑，使发酵技术进入科学发展的轨道。

19世纪中后期，酶学和酶生物技术开始萌芽。首先是1876年德国L. Kunne创造"Enzyme"一词，即"酶"；1892年德国的E. Büchner发现磨碎后的酵母细胞仍能进行酒精的发酵，并认为这是酵母细胞中的一系列酶在起作用的缘故；1913年德国的L. Michaelis和M. L. Mentem利用物理化学原理提出了酶反应动力学的表达式；1926年美国的生物学家J. Sumner证明了结晶脲酶、胃蛋白酶和过氧化氢酶的化学本质是蛋白质；1929年英国的医生A. Fleming发现青霉素，并开始了对其进行长达10多年的不懈研究；1937年Mamoli和Vercellone提出了微生物转化法。本时期的生物技术是微生物学家通过对微生物形态、生理的研究后建立的，并直接为生产提供了更多的技术服务，催生了不少的新产业。

到了20世纪20年代，工业生产中开始采用大规模的纯种培养技术发酵化工原料，如丙酮、丁醇等。20世纪50年代，在青霉素大规模发酵生产的带动下，发酵工业和酶制剂工业进入迅速发展阶段。这一时期的起始标志是青霉素工业开发获得成功，主要技术特征是利用了微生物的纯培养技术、深层通气搅拌发酵技术和代谢控制发酵技术等。它带动了一批微生物次级代谢物和新的初级代谢物产品的开发，并激发了原有生物技术产业的技术改造。此外，一批以酶为催化剂的生物转化过程生产的产品问世，加上酶和细胞固定化技术的应用发展，使近代生物技术产业达到了一个全盛时期。

有时候也把上述的传统生物技术和近代生物技术并称为传统生物技术。传统的生物技术还仅仅局限在化学工程和微生物工程的领域内，它的特点就是通过微生物的初级发酵来生产商品的过程。随着DNA重组技术的出现和发展，这种情况发生了根本性的改变。

3. 现代生物技术时期

现代生物技术是以20世纪70年代DNA重组技术的建立为标志。1944年Avery阐明了DNA是遗传信息的携带者。1953年Watson和Crick提出了DNA的双螺旋结构模型，阐明了DNA的半保留复制模型，从而开辟了分子生物学研究的新纪元。1961年M. Nirenberg等破译了遗传密码，揭开了DNA编码的遗传信息是如何传递给蛋白质这一秘密。1973年Boyer和Cohen建立了DNA体外重组技术，标志着生物技术的核心技术——基因工程技术的开始。1982年美国的Eli-Lilly药厂将第一个基因工程产品胰岛素投入市场。随着细胞融合技术及单克隆抗体技术的相继成功，实现了动植物细胞的大规模培养技术，同时固定化生物催化剂也得到广泛应用，新型反应器不断涌现，形成了具有划时代意义的现代生物技术。

现代生物技术的主要技术特征是运用了DNA重组技术、细胞融合技术、单克隆抗体技术、细胞固定化技术、动植物细胞大规模培养技术和现代化生物化工技术的成果进行产品开发和生产，使生物技术从原有的鲜为人知的传统产业，一跃成为代表21世纪的科学技术发展方向、具有远大发展前景的新兴学科和朝阳产业。

生物技术发展不同时期的技术、产品及其附加值也不相同（表0-3）。传统生物技术主要以啤酒、苹果酒、面包、醋等自然发酵产品为主，因为人们还没有认识到微生物与发酵的关系，一切靠经验，所以该时期产品的附加值很低。近代生物技术时期由于微生物技术、细胞工程、发酵工程等生物技术的产生及发展，可大规模生产抗生素、单细胞蛋白、酶、有机溶剂、维生素、生物杀虫剂等产品，这个时期生物技术产品的附加值比较高。现代生物技术产品主要以基因工程药物、转基因植物、克隆动物、DNA芯片、生物传感器等为代表，由于现代生物技术与信息技术、新材料技术、新能源技术、海洋技术等一起构成了新技术革命的主力，使食品、医药、化学、能源、采矿等工业部门的生产效率极大地提高，产品的附加值很高。

表0-3　生物技术各时期主要产品

时期	产品名称	采用技术	附加值
传统生物技术	啤酒、苹果酒、发酵面包、醋等	自然发酵	低
近代生物技术	抗生素、单细胞蛋白、酶、乙醇、丙酮、维生素、氨基酸等	初步的理化遗传分析、细胞杂交、物理化学、诱变育种等	中、高
现代生物技术	基因药品、DNA芯片、生物传感器等	基因工程、细胞工程	很高

五、生物技术对经济和社会发展的影响

近代科技史实表明，每一次重大的科学发现和技术创新，都使人们对客观世界的认识产生一次飞跃；每一次技术革命浪潮的兴起，都使人们改造自然的能力和推动社会发展的力量提高到一个新的水平。生物技术的发展也不例外，它的发展将越来越深刻地影响世界经济、军事和社会发展的进程。目前现代生物技术的发展已经给人类社会带来了巨大的社会效益和经济效益，为人类生活提供了多方面的便利，如培育具有抗虫、抗逆、抗真菌、抗病毒和品质好、营养价值高等优良性能的植物，有效提高农作物产量及改善粮食品质；创造具备更多优良生物学性状的家畜和其他动物；新型药品的开发、对许多疾病更为准确的诊断、预防和

有效的治疗，使人类生命质量和寿命大为提高；开发制造可以生产化学药物、生物大分子、氨基酸、酶类和各种食品添加剂的微生物；简化清除环境污染物和废弃物的程序等。总之，现代生物技术已经渗入人们生活的许多方面，在众多领域得到广泛应用。

1. 改善农业生产，解决食品短缺

"民以食为天"，粮食问题是一个国家经济健康发展的基础。目前，世界人口约达 70 亿，而耕地面积不但没有增加，反而有减少的趋势。因此，在今后几十年的发展中如何满足人们对食品增加的需求，将是各国政府首先要解决的问题。

(1) 提高农作物产量及其品质

① 培育抗逆的作物优良品系。通过基因工程技术对生物进行基因转移，使生物体获得新的优良品性，称为转基因技术。通过转基因技术获得的生物体称为转基因生物。例如，转基因植物，就是对植物进行基因转移，其目的是培育出具有抗寒、抗旱、抗盐、抗除草剂、抗病虫害等抗逆特性及高产量和品质优良的作物新品系。1996 年，全世界推广转基因作物的种植面积为 250 万 hm^2，到了 2018 年已超过 1.9 亿 hm^2，涉及的作物种类包括马铃薯、油菜、烟草、玉米、水稻、番茄、甜菜、棉花、大豆、苜蓿等。我国 2018 年种植的转基因植物面积约 290 万 hm^2，主要品种有棉花、木瓜。

② 植物种苗的工厂化生产。植物细胞具有全能性，即植物的每个细胞都包含着该物种的全部遗传信息，从而具备发育成完整植株的遗传能力。植物细胞是植物组织培养的理论基础。利用细胞工程技术对优良品种进行大量的快速无性繁殖，实现工业化生产，该项技术又称为植物的微繁殖技术。利用这种无性繁殖技术，可在短时间内得到大量的遗传稳定试管苗，并可实现工厂化生产，一个 $10m^2$ 的恒温室内，可繁殖 1~50 万株小苗。因此，该项技术可使有价值的、自然繁育慢的植物在很短的时间内和有限的空间内得到大量的繁殖。利用植物微繁殖技术还可培育出不带病毒的脱毒苗。茎尖培养脱毒是利用病毒在植物体内分布的不均匀性而实现的。一般来说，种子、根尖和茎尖生长点附近的分生组织病毒浓度低，大部分细胞不带病毒，取顶端生长点培养可获得无病毒植株。植物的微繁殖技术已广泛地应用于花卉、果树、蔬菜、药用植物和农作物的快速繁殖，实现商品化生产。

③ 提高粮食品质。生物技术除了可培育高产、抗逆、抗病虫害的新品系外，还可培育品质好、营养价值高的作物新品系。例如，美国威斯康星大学的学者将菜豆储藏蛋白基团转移到向日葵中，使向日葵种子含有菜豆储藏蛋白。利用转基因技术培育的番茄可延缓成熟变软，从而减少其在转运和储藏过程中造成的损失。瑞士科学家培育出的一种富含 β-胡萝卜素的水稻新品种"黄金水稻"，有望结束发展中国家人民维生素 A 摄入量不足的状况。

④ 生物固氮，减少化肥使用量。现代农业多以如尿素、硫酸铵等化学肥料作为氮肥的主要来源。但化肥的使用也不可避免地会带来土壤板结、肥力下降及环境污染等问题。科学家们正努力将具有固氮能力的细菌的固氮基因转移到作物根际周围的微生物体内，希望由这些微生物进行生物固氮，减少化肥的使用量。

⑤ 生物农药，生产绿色食品。随着人民生活水平的提高和消费理念的转变，无污染、安全的绿色食品已成为时尚，越来越受到人们的青睐。绿色食品生产过程中不使用化学合成的农药、肥料，因生物农药不污染环境，对人和动物安全，不伤害害虫天敌，所以使用生物农药成为绿色食品生产中防治病虫害的首选，同时发展生物农药已成为保障生态环境、人类健康和农业可持续发展的重要趋势。另外，在国际农产品和食品贸易中，面对苛刻的农药残留标准，也为生物农药的发展提供了巨大的机遇。

（2）发展畜牧业生产

① 动物的大量快速无性繁殖。植物细胞有全能性，因此可采用微培养技术实现大规模快速无性繁殖，达到工厂化育苗的目的。那么，动物细胞是否可能呢？在1997年之前，还只能证实高等动物的胚胎2细胞到64细胞团具有全能性，可进行分割培养，即所谓的胚胎分割技术。1997年2月，英国Roslin研究所在世界著名的权威刊物 *Nature* 杂志上刊登了用绵羊乳腺细胞培育出一只小羊"多莉"。这意味着动物体细胞也具有全能性，同样有可能进行动物的大量、快速无性繁殖。随后，世界各地开展的多种动物的体细胞克隆取得了令人瞩目的成果。2018年伊始，中国科学院宣布，我国在国际上首次实现了非人灵长类动物（猴）的体细胞克隆。该成果标志着中国率先开启了以体细胞克隆猴作为实验动物模型的新时代，实现了我国在非人灵长类研究领域由国际"并跑"到"领跑"的转变。

② 培育动物的优良品系。利用转基因技术，将与动物优良品质有关的基因转移到动物体内，使动物获得新的品质。人类第一例转基因动物产生于1983年，美国学者将大鼠的生长激素基因导入到小鼠的受精卵里，再把受精卵转移到借腹怀胎的雌鼠内。生下来的小鼠因带有大鼠的生长激素基因生长速度比普通小鼠快50%，并可遗传给下一代。除了小鼠外，科学家们已成功地培育了转基因羊、转基因兔、转基因猪、转基因鱼等多种动物新品系。我国在转基因动物研究方面同样做了大量的工作，有的已达到了国际领先水平。先后培育了生长激素转基因猪、抗猪瘟病转基因猪、生长激素转基因鱼（包括红鲤、泥鳅、鲴鱼、鲫鱼）等。

2. 提高生命质量，延长人类寿命

医药生物技术是生物技术领域中最活跃、产业发展最迅速、效益最显著的技术。其投资比例及产品市场均占生物技术领域的首位，约占整个生物技术领域的70%。这是因为生物技术为探索妨碍人类健康的因素和提高生命质量提供了最有效的手段。生物技术在医药领域的应用涉及新药开发、新诊断技术、预防措施及新的治疗技术。

（1）开发制造奇特而又贵重的新型药品 抗生素是人们最为熟悉、应用最为广泛的生物技术药物。目前已分离出数万种具有抗生活性的天然物质，其中约100多种被广泛使用，2018年全球抗生素市场规模已达400亿美元以上。

1977年，美国首先采用大肠杆菌生产了人类第一个基因工程药物——人生长激素释放抑制激素，开辟了药物生产的新纪元。该激素可抑制生长激素、胰岛素和胰高血糖素的分泌，用来治疗肢端肥大症和急性胰腺炎。如果用常规方法生产该激素，50万头羊的下丘脑才能生产5mg；而用大肠杆菌生产，只需9L细菌发酵液。这使其价格降至每克300美元。

由于细菌与人体在遗传体制上的差异较大，许多人类所需的蛋白质类药物用细菌生产往往是没有生物活性的。人们不得不放弃用细菌发酵这种最简单的方法而另找其他途径。利用细胞培养技术或转基因动物来生产这些蛋白质药物是近几年发展起来的另一种生产技术，例如，转基因羊生产人凝血因子Ⅸ、转基因牛生产人促红细胞生成素，转基因猪生产人体球蛋白等。

用基因工程生产的药物，除了人生长激素释放抑制激素外，还有人胰岛素、人生长激素、人心房钠尿肽（又称心钠素）、人干扰素、肿瘤坏死因子等。自从1982年美国批准的第一个基因工程药物重组胰岛素上市以来，现已有近百种基因工程蛋白质药物投放市场，主要用于治疗癌症、血液病、艾滋病、乙型肝炎、丙型肝炎、细菌感染、骨损伤、创伤、代谢病、外周神经病、矮小症、心血管病、糖尿病、不孕症等疑难病。医药行业是全球增长速度最快的行业之一，生物医药产值占医药产业的比重持续上升。1987年，所有上市的基因工程药品产值仅有 5.4 亿美元，2020 年全球医药市场规模高达 3276 亿美元。我国生物药品也保持高速增长，1990 年中国生物技术药品产值仅为 18 亿元，到 2019 年生物制药已实现产值 2644.13 亿元。近年来，由于生活方式、环境变化及人口老龄化等因素，全球肿瘤、心血管病和遗传性疾病患者大幅增加，我国也不例外，以上疾病已经成为我国患者人数最多的病种，患者人数年增长速度超过 10%。由于生物药品在治疗以上疾病方面比传统药品效果更显著，人们对生物药品的需求日益增大。这清楚地表明，基因工程药物的产业前景十分光明，21 世纪整个医药工业的产品将更新换代。

(2) 疾病的预防和诊断　前面提到，我国早在公元 10 世纪就开始种痘预防天花，这是利用生物技术手段达到疾病预防的最早例子。但传统的疫苗生产方法使某些疫苗的生产和使用存在免疫效果不够理想、被免疫者有被感染的风险等不足，科学家们一直在寻找新的生产手段和工艺，而用基因工程生产重组疫苗可以达到安全、高效的目的。例如，已经上市或已进入临床试验的病毒性肝炎疫苗（包括甲型和乙型肝炎等）、肠道传染病疫苗（包括霍乱、痢疾等）、寄生虫疫苗（包括血吸虫、疟疾等）、流行性出血热疫苗、EB 病毒疫苗等。1998 年初，美国食品药品监督管理局（FDA）批准了首个艾滋病疫苗进入人体实验，其后又有多个新型疫苗进入人体实验。这预示着艾滋病或许可以像乙型肝炎、脊髓灰质炎等病毒性疾病那样得到有效的预防。用基因工程技术还可生产诊断用的 DNA 试剂（也称 DNA 探针），主要用来诊断遗传性疾病和传染性疾病。新型冠状病毒疫苗是针对新型冠状病毒的疫苗，截至 2021 年 2 月 25 日，中国已经上市的新冠疫苗已经达到 4 个，其中三个灭活疫苗，一个腺病毒载体疫苗，中国科学家用中国智慧为中国人民筑建了一道"免疫长城"。

利用细胞工程技术可以生产单克隆抗体。单克隆抗体既可用于疾病治疗，又可用于疾病的诊断。自从 1986 年美国 FDA 批准鼠抗 CD3 单克隆抗体用于抗移植排斥反应的预防性治疗，截至 2018 年底，全球批准上市的单抗药物共计 80 多种。另有 500 多种抗体药物处于临床研发阶段，超过 50 个品种已进入了三期临床研究阶段。抗体药物已成为整个制药行业中发展最快的领域之一。2018 年，全球单抗药物市场规模为 1448 亿美元，中国单抗药物市场规模为 160 亿元，远低于全球水平，未来发展空间巨大。

(3) 基因治疗　导入正常的基因来治疗由于基因缺陷而引起的疾病，一直是人们长期以来追求的目标。但由于其技术难度很大，困难重重。一直到 1990 年 9 月，美国 FDA 批准了用 ada（腺苷脱氨酶基因）基因治疗严重联合型免疫缺陷病（一种单基因遗传病），并取得了较满意的结果，这标志着人类疾病基因治疗的开始。目前已有涉及恶性肿瘤、遗传病、代谢性疾病、传染病等多个治疗方案正在实施中。我国则有涉及血友病、地中海贫血、恶性肿瘤等多个基因治疗方案正在实施中。

(4) 人类基因组计划（HGP）　1986 年，美国生物学家、诺贝尔奖获得者 Dulbecco 首先倡议，全世界的科学家联合起来，从整体上研究人类的基因组，分析人类基因组的全部序列以获得人类基因组所携带的全部遗传信息。毫无疑问，该项工作的完成，将使人们深入认识许多困扰人类的重大疾病的发病机制，阐明种族和民族的起源与演进，进一步揭示生命的奥秘。1990 年春，美国国立卫生研究院（NIH）和能源部（DOE）联合发表了美国的人类基因组计划，1990 年 10 月 1 日正式启动，历时三个五年计划（1990～2005 年），耗资 30 亿美元。

人类基因组计划与阿波罗登月计划、曼哈顿原子弹计划并称为人类科学史上的三大计划。经过参与国众多科学家的共同努力，2000 年 6 月 26 日，美国总统克林顿在白宫举行记者招待会，郑重宣布：经过上千名科学家的共同努力，被喻为生命天书的人类基因组草图已经基本完成（测序完成 97%，序列组装完成 85%）。2001 年 2 月 12 日，由美国、日本、德国、法国、英国和中国组成的国际人类基因组计划及美国 Celera 公司联合宣布对人类基因组的初步分析结果；2003年4月15日，美国、英国、德国、日本、法国、中国6个国家共同宣布人类基因组序列图完成，人类基因组计划的所有目标全部实现；2004年10月，人类基因组完成图公布。

3. 解决能源危机，治理环境污染

(1) 解决能源危机 人们日常生活中的每一个方面，包括衣、食、住、行都离不开能源。目前，石油和煤炭是人们生活中的主要能源。然而，地球上的这些化石能源是不可再生的，也终将枯竭。寻找新的替代能源将是人类面临的一个重大课题。生物能源将是最有希望的新能源之一，而其中又以乙醇最有希望成为新的替代能源。

远古时代，人们就已开始了乙醇的发酵生产。但由于它使用谷物作为原料，且发酵得率较低，成本较高，不适合能源生产。科学家们希望找到一种特殊的微生物，这种微生物可以利用大量的农业废弃物，如杂草、木屑、植物的秸秆等纤维素或木质素类物质或其他工业废弃物作为原料。同时改进生产工艺以提高乙醇得率，降低生产成本。通过微生物发酵或固定化酶技术，将农业或工业的废弃物变成沼气或氢气，这是一种取之不尽、用之不竭的能源。

生物技术还可用来提高石油的开采率。目前石油的一次采油，仅能开采储量的30%。二次采油需加压、注水，也只能获得储量的20%。深层石油由于吸附在岩石空隙间，难以开采。加入能分解蜡质的微生物后，利用微生物分解蜡质使石油流动性增加而获取石油，称为三次采油。

(2) 保护环境 传统的化学工业生产过程大多在高温高压下进行，呈现在人们面前的几乎都是大烟囱冒浓烟的景象。这是一个典型的耗能过程并带来环境的严重恶化。如果改用生物技术方法来生产，不仅可以节约能源还可以避免环境污染。例如，用化学方法生产农药，不仅耗能而且严重污染环境，如果改用苏云金杆菌生产毒性蛋白，则可节约能源，而且该蛋白质对人体无毒。

现代农业及石油、化工等现代工业的发展，开发了一大批天然或合成的有机化合物，如农药、石油及其化工产品、塑料、染料等工业产品，这些物质连同生产过程中大量排放的工业废水、废气、废物已给人们赖以生存的地球带来了严重的污染。目前已发现有致癌作用的污染物达1100多种，严重威胁着人类的健康。但是小小的微生物有着惊人的降解这些污染物的能力。人们可以利用这些微生物净化有毒的化合物、降解石油污染、清除有毒气体和恶臭物质、综合利用废水和废渣、处理有毒金属等，达到净化环境、保护环境、废物利用并获得新的产品的目的。

4. 制造工业原料，生产贵重金属

(1) 制造工业原料 利用微生物在生长过程中积累的代谢产物，生产食品工业原料，种类繁多。概括起来，主要有以下几个大类：①氨基酸类。目前能够工业化生产的氨基酸有20多种，大部分为发酵技术生产的产品，主要的有谷氨酸（即味精）、赖氨酸、异亮氨酸、丙氨酸、天冬氨酸、缬氨酸等。②酸味剂。主要有柠檬酸、乳酸、苹果酸、维生素C等。③甜味剂。主要有高果糖浆、天冬精（甜味是砂糖的2400倍）、氯化砂糖（甜味是砂糖的600倍）。

发酵技术还可用来生产化学工业原料。主要有传统的通用型化工原料，如乙醇、丙酮、丁醇等产品。还有特殊用途的化工原料，如制造尼龙、香料的原料癸二酸，石油开采使用的原料丙烯酰胺，制造电子材料的粘康酸，制造合成树脂、纤维、塑料等制品的主要原料衣康酸，制造工程塑料、树脂、尼龙的重要原料长链二羧酸，合成橡胶的原料2,3-丁二醇，合成化纤、涤纶的主要原料乙烯等。

(2) 生产贵重金属 在冶金工业方面，高品位富矿不断耗尽。面对数量庞大的废渣矿、贫矿、尾矿、废矿，采用一般的采矿技术已无能为力，唯有利用细菌的浸矿技术才能对这类矿石进行提炼。可浸提的金属包括金、银、铜、铀、锰、钼、锌、钴、镍、钡、铊等10多种贵重金属和稀有金属。

5. 生物技术的安全及其对伦理、道德、法律的影响

生物技术是一把双刃剑。人们在享受生物技术所带来的种种好处的同时，生物技术也可能给人类社会带来意想不到的冲击，还可能产生人们始料不及的严重后果。人们的担忧主要来自以下5个方面：

① 基因工程对微生物的改造是否会产生某种有致病性的微生物，这些微生物都带有特殊的致病基因，如果它们从实验室逸出并且扩散，有可能造成类似鼠疫那样的可怕疾病的流行。

② 转基因作物及食品的生产和销售，是否对人类和环境造成长期的影响，擅自改变植物基因是否可能引起一些难以预料的危险？

③ 分子克隆技术在人类身上的应用可能造成巨大的社会问题，并对人类自身的进化产生影响；而应用在其他生物上同样具有危险性，这是因为所创出的新物种有可能具有极强的破坏力，从而引发一场浩劫。

④ 生物技术的发展将不可避免地推动生物武器的研制与发展，使笼罩在人类头上的生存阴影越来越大。

⑤ 动物克隆技术的建立，如果被某些人用来制造克隆人、超人，将可能破坏整个人类社会的和平。

应该说，上述种种忧虑在理论上都是有一定道理并且都有着其现实基础的，因此，人们从生物技术诞生那天起就一直对其加以关注并采取防御措施。

人们除了对生物技术的安全性表示关注外，近年来人们对生物技术可能带来的对人类社会的伦理、道德、法律的冲击越来越关注。目前人们主要关注以下3个方面：

① 转基因技术。将某些宗教团体禁止食用的动物基因转入他们通常食用的动物中，就可能触怒这些团体，如将猪的基因转入绵羊。将动物基因转入食用植物可能会引起一些素食主义者的特别关注。用含人类基因的生物体作为动物饲料可能引发伦理问题。

② 动物克隆技术。前文已经提到人的克隆可能给人类社会带来破坏。从法律层面看，人的克隆同样给人们带来困扰，提供体细胞的人与被克隆的人从法律上无法确定其父子、母子或兄弟关系。

③ 人类基因组与基因诊断技术。一个人的遗传信息（基因组序列）是不是一种隐私？基因诊断过程会不会侵犯个人隐私？保险公司或工厂的雇主是否有权力要求投保人或被雇佣者进行基因组检测，预测他们将来可能罹患某些疾病，再决定是否接受投保或雇佣？

生物技术是一项高新技术，它具有高新技术的诸多特征，被许多国家确定为增强国力和经济实力的关键性技术之一，受到了许多国家的高度重视。生物技术是指人们以现代生命科学为基础，结合其他学科的科学原理，采用先进的工程技术手段，按照预先的设计改造生物体或加工生物原料，为人类生产出所需的产品或达到某种目的的技术。它至少包括基因工程、细胞工程、酶工程、发酵工程和蛋白质工程5项技术。这5项技术是互相联系、互相渗

透的，其中以基因工程为核心。现代生物技术是以 20 世纪 70 年代 DNA 重组技术的建立为标志的。现代生物技术是一门生物学、医学、化学工程学、数学、计算机科学、信息学等多学科互相渗透的综合性学科。从生物技术发展过程的技术特征来看，人们通常将生物技术划分为传统生物技术、近代生物技术和现代生物技术 3 个不同的发展阶段。生物技术的应用领域非常广泛，它对人类社会产生了巨大的影响。其应用领域包括医药、农业、畜牧业、食品、化工、林业、环境保护、采矿冶金、材料、能源等。这些领域的应用又必然对人类社会的政治、经济、军事等方面产生影响。生物技术是一把双刃剑。它在给人类带来种种好处的同时，也可能给人类带来安全隐患，以及对人类社会的伦理、道德、法律等方面产生冲击。

复习思考题

一、名词解释

生物技术　基因工程　细胞工程　酶工程　发酵工程　蛋白质工程

二、判断题

（　）1. 现代生物技术的核心是基因工程。

（　）2. 人类历史上最早掌握的生物技术是细胞工程。

（　）3. 现代生物技术包括五项技术，它们是相互独立的。

（　）4. 现代生物技术是以 Watson 和 Crick 的 DNA 双螺旋结构及阐明 DNA 的半保留复制模式的发现为标志的。

（　）5. 生物技术是一门新兴的综合性学科。

（　）6. 动物克隆技术的建立可能破坏整个人类社会的和平。

（　）7. 生物技术只涉及生命科学的次级学科。

（　）8. 植物细胞全能性是植物组织培养的理论基础。

三、选择题

1. _____与阿波罗登月计划、曼哈顿原子弹计划并称为人类科学史上的三大计划。

　A. 人类基因组计划　　　　　　B. 人类克隆计划

　C. "国家科技支撑"规划　　　　D. 嫦娥登月计划

2. 先进的工程技术手段是指基因工程、细胞工程、酶工程、发酵工程和_____等新技术。

　A. 蛋白质工程　　　　　　　　B. 人类基因组工程

　C. 微生物工程　　　　　　　　D. 化学工程

3. 生物技术的核心技术是_____。

　A. 基因工程技术　　　　　　　B. 细胞培养技术

　C. 微生物发酵技术　　　　　　D. 酶工程技术

4. _____人类基因组计划正式启动。

　A. 1996 年 11 月 1 日　　　　　B. 2000 年 11 月 1 日

　C. 1990 年 10 月 1 日　　　　　D. 1999 年 11 月 1 日

5. 1977 年，美国首先采用大肠杆菌生产了人类第一个基因工程药物是_____。

　A. 人生长激素释放抑制激素　　B. 人生长激素

　C. 胰岛素　　　　　　　　　　D. 胰高血糖素

四、填空题

1. 现代生物技术是以 20 世纪 70 年代_____的建立为标志的。

2. 生物技术具有高_____、高_____、高_____、高_____、高_____、高_____等"六高"的基本特征。

3. 现代生物技术是20世纪70年代末80年代初发展起来的，以_____为基础，以_____为核心的新兴学科。

4. 生物技术的应用领域非常广泛，包括农业、医药、_____、_____、_____、_____、_____、_____、_____等领域。

5. _____是一个国家经济健康发展的基础。

五、简述题

1. 现代生物技术5大工程的联系。
2. 简述生物技术发展过程3个阶段的主要技术特点。
3. 为什么说现代生物技术是综合性的科学与技术体系？
4. 比较生物技术发展不同时期的技术、产品及其附加值有何不同。
5. 生物技术的应用包括哪些领域？它对人类社会将产生什么样的影响？

第一章 基因工程

 学习目标与思政素养目标

1. 掌握基因工程的基本原理、关键技术及操作流程。
2. 了解基因工程在食品等领域中的应用。
3. 了解基因工程的未来发展趋势和发展动态。
4. 掌握基因工程操作的关键技术，能够进行基因工程操作的简单设计。
5. 培养科学思维和创新意识，求新求变，运用转基因技术服务于人类健康。

第一节 基因工程概述

一、基因工程的含义

基因工程诞生于20世纪70年代初，是用人工的方法把不同生物的基因分离出来，在体外进行剪切、拼接、重组，形成基因重组体，然后再把重组体引入宿主细胞或个体中以得到高效表达，最终获得人们所需要的基因产物。可见，基因工程的基本过程是利用重组 DNA 技术，在体外通过人工"剪切"和"拼接"等方法，对生物的基因进行改造和重新组合，然后导入受体细胞内增殖，并使重组基因在受体内表达，产生人类需要的基因产物。

从实质上讲，基因工程的定义强调了外源 DNA 分子的新组合被引入一种新寄主生物中进行繁殖。这种 DNA 分子的新组合是按工程学方法进行设计和操作，这就赋予基因工程跨越天然物种屏障的能力，克服了固有的生物种间限制，扩大和带来了定向创造生物的可能性。基于该优点，科技工作者可以不断创造出新的物种，满足人们和社会对多种物资的需求，在工业、农业、医学、国防、能源、环保等领域成果累累，对人类生活产生了越来越重要的影响。

食品基因工程是指利用基因工程的技术和手段，在分子水平上定向重组遗传物质，以改良食品的品质和性状，提高食品的营养价值、贮藏加工性状及感官性状的技术。

二、基因工程研究的理论依据和技术支撑

1. 基因工程研究的理论依据

(1) 不同基因具有相同的物质基础 地球上一切生物的基因都是一个具有遗传功能特定核苷酸序列的 DNA 片段,而所有生物 DNA 的基本结构都是一样的。因此,不同生物基因(DNA 片段)原则上是可以重组互换的。

虽然某些病毒的基因定位在 RNA 上,但是这些病毒的 RNA 仍可以通过反转录产生互补 DNA,并不影响不同基因的重组或互换。

(2) 基因是可切割的 基因直线排列在 DNA 分子上。除少数基因重叠排列外,大多数基因彼此之间存在着间隔序列。因此,作为 DNA 分子上一个特定核苷酸序列的基因,允许从 DNA 分子上一个一个完整地切割下来。即使是重叠排列的基因,也可以把指定的基因切割下来,尽管破坏了其他基因。

(3) 基因是可以转移的 基因不仅可以被切割,而且发现生物体内有的基因可以在染色体 DNA 上移动,甚至可以在不同染色体间进行跳跃,插入靶 DNA 分子之中。转移后的基因一般仍有功能。

(4) 多肽与基因之间存在对应关系 现在普遍认为,一种多肽就有一种相对应的基因。因此,基因的转移或重组可以根据其表达产物多肽的性质来检测。

(5) 遗传密码是通用的 一系列三联密码子同氨基酸之间的对应关系(表 1-1),在所有生物中(有极少数例外)都是相同的,即遗传密码是通用的。重组 DNA 分子不管导入什么样的生物细胞中,只要具备转录翻译的条件,遗传密码均能转录翻译出一样的氨基酸。即使人工合成的 DNA 分子(基因)同样可以转录翻译出相应的氨基酸。

表 1-1 编码氨基酸的三联密码子

氨基酸	单字母缩写	密码子	氨基酸	单字母缩写	密码子
丙氨酸	A	GCU、GCC、GCA、GCG	亮氨酸	L	UUA、UUG、CUU、CUC、CUA、CUG
精氨酸	R	CGU、CGC、CGA、CGG、AGA、AGG	赖氨酸	K	AAA、AAG
天冬酰胺	N	AAU、AAC	甲硫氨酸	M	AUG
天冬氨酸	D	GAU、GAC	苯丙氨酸	F	UUU、UUC
半胱氨酸	C	UGU、UGC	脯氨酸	P	CCU、CCC、CCA、CCG
谷氨酸	E	GAA、GAG	丝氨酸	S	UCU、UCC、UCA、UCG、AGU、AGC
谷氨酰胺	Q	CAA、CAG	苏氨酸	T	ACU、ACC、ACA、ACG
甘氨酸	G	GGU、GGC、GGA、GGG	色氨酸	W	UGG
组氨酸	H	CAU、CAC	酪氨酸	Y	UAU、UAC
异亮氨酸	I	AUU、AUC、AUA	缬氨酸	V	GUU、GUC、GUA、GUG

(6) 基因可以通过复制传递遗传信息 经重组的基因在合适的条件下是能传代的,可以获得相对稳定的转基因生物。

2. 基因工程研究的技术支撑

(1) DNA 的提取和纯化 基因操作的核心是 DNA 操作,因此,提取 DNA 是基础操作技术之一。基因工程中常用的有质粒 DNA、基因组 DNA 的提取及纯度测定技术。离心分离、碱变性分离、CTAB 等是较常使用的提取 DNA 的方法。

(2) 核酸凝胶电泳技术 凝胶电泳是分析复杂 DNA 混合物、DNA 相对含量的一种方法。该技术操作简便快捷,可分辨 DNA 片段,也可以确定 DNA 片段在凝胶中的位置,并能从电泳凝胶中回收 DNA 条带,用于后续克隆操作。目前,实验室电泳常用的凝胶介质主要有琼脂糖(或琼脂)和聚丙烯酰胺等两类。前者主要用于核酸电泳,其分辨范围从 50 到

几千个核苷酸，后者则主要用于蛋白质和核酸分析，分离范围为1～1000bp，分辨率很高。

（3）分子杂交技术 将特定的单链DNA或RNA分子混合在一起，其相应的同源区段就会退火形成双链结构。能够杂交形成杂合分子的不同来源的DNA分子，其亲缘关系较近；反之，不能形成杂合分子的DNA之间亲缘关系则比较远。因此，核酸分子的杂交试验，可以用来检测特定生物有机体之间是否存在着亲缘关系，而形成DNA-RNA间杂合分子的能力可被用来揭示核酸片段中某一特定基因的位置。

（4）聚合酶链（PCR）反应 PCR反应是一种指数式反应，能够特异地扩增任何所希望的目的基因或DNA片段，其可在短时间内使目的片段的扩增达到10^6倍，可从极微量的DNA乃至单细胞含有的DNA开始，扩增出μg级的PCR产物。该技术现已应用于基因克隆、分子诊断、遗传病传染病监测、物种起源、生物进化、法医、食品、考古等各个领域。

（5）DNA序列分析技术 该技术是指对一段DNA分子或片段的核苷酸序列测定DNA分子的A、T、C、G的排列顺序。目前，核苷酸序列测定的方法有化学降解法、酶促法（双脱氧终止法）、自动测序法、PCR测序新方法等。

（6）基因定点突变技术 基因定点突变技术是指有目的性地在已知DNA序列中取代、插入或缺失一定的核苷酸片段，改变DNA序列中的碱基次序。它不仅可以用来阐述基因的调控机理，也可以用来研究蛋白质结构与功能之间的关系。突变技术使得人类可以按照自己的意愿改造基因或蛋白质的产物，从而取得改变后的产物，造福人类。

三、基因工程操作的基本技术路线

基因工程是一项非常繁杂的技术，它的基本操作的技术步骤有如下几点（图1-1）。

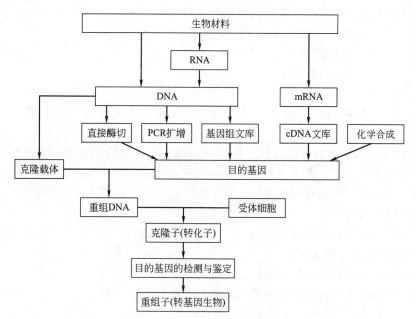

图1-1 基因工程的基本技术路线

第二节 基因工程工具酶

基因工程的基本技术是人工进行基因的剪切、拼接、组合，而这些操作依赖于一些重要的酶作为工具来进行,这些酶被称为工具酶。基因工程操作主要涉及限制酶、连接酶、聚合酶和修饰酶等工具酶。常用的主要工具酶及主要功能见表1-2。

表1-2 常用的主要工具酶及主要功能

名称	主要功能
限制性核酸内切酶	识别特定序列,切断DNA双链
DNA连接酶	连接两个DNA分子或片段
DNA聚合酶Ⅰ或其大片段(Klenow)	按5′到3′方向加入新的核苷酸,补平双链DNA中的缺口
反转录酶	以RNA为模板合成cDNA
多核苷酸激酶	催化多核苷酸5′羟基末端磷酸化
末端转移酶	在双链核酸的3′末端加上多聚单核苷酸
S1核酸酶	降解单链DNA或RNA
碱性磷酸酶	切除DNA链5′或3′末端的磷酸基团

一、限制性核酸内切酶

在基因工程实验中,用得相对较多的是核酸水解酶,简称核酸酶。核酸酶是通过切割相邻的两个核苷酸残基之间的磷酸二酯键导致多核苷酸链发生水解断裂的蛋白酶的统称。按照断裂方式的不同,核酸酶又可分为两类:一类是从核酸分子末端开始一个核苷酸接一个核苷酸消化降解核酸分子,称核酸外切酶;另一类是从核酸分子内部切割使核酸分子断裂形成小片段,称核酸内切酶。基因工程起步和发展中,限制性核酸内切酶起了重要的作用。

1. 限制性核酸内切酶的命名和分类

为了区分越来越多被发现的限制性核酸内切酶,最早由Smith和Nathams于1973年提出命名原则,后经Roberts进行修订,命名的规律如下:

① 用具有某限制性核酸内切酶的有机体学名来命名,多采用三个字母。有机体微生物属名的首字母大写,种名的前两个字母小写。

② 若该微生物有不同的变种或品系,则再加上该变种或品系的第一个字母,但需大写。从同一种微生物中发现的多种限制性核酸内切酶,依发现和分离的前后顺序用罗马数字区分。

③ 限制性核酸内切酶名称的前三个字母用斜体表示,后面的字母、罗马数字等均为正体。同时,字母之间、罗马数字与前面的字母之间不应有空格(但因大多数软件排版时,会自动在罗马数字和前面的字母间拉开半个汉字的空格,故在印刷体的书刊中就会看到罗马数字与前面的字母之间有空格)。

例如,从大肠杆菌(*Escherichia coli*) RT株中分离的第一种和第五种限制性核酸内切酶,分别表示为*Eco*RⅠ和*Eco*RⅤ。

根据限制性核酸内切酶的作用和特点,可将限制性核酸内切酶分为Ⅰ型、Ⅱ型、Ⅲ型三种类型。其中Ⅱ型限制性核酸内切酶的识别和切割核苷酸位点都是专一的,已被广泛应用于基因工程中,是DNA重组技术中最常用的工具酶之一。因此,以下重点介绍Ⅱ型限制性核酸内切酶。

2. 限制性核酸内切酶的识别特点和切割方式

(1) 限制性核酸内切酶的识别特点 Ⅱ型限制性核酸内切酶对DNA序列的识别一般具有以下四个特征。

① 大多数酶的识别序列很严格,少有变动的余地。如*Hind*Ⅱ的识别位点是GTYUAC,

其中 Y 代表 C 或 T，而 U 代表 A 或 G。

② 识别序列的碱基数一般为 4～8 个碱基对，以 6 对最为常见，一般都富含 GC。

③ 大多数识别位点具有 180°旋转对称的回文序列，即有一个中心对称轴，从这个轴朝两个方向"读"都完全相同。如 Eco R I 的识别序列为：

$$5'……GAA|TTC……3'$$
$$3'……CTT|AAG……5'$$

竖线表示中心对称轴，从两侧"读"核苷酸顺序都是 5'-GAATTC-3'，这就是回文序列。

④ 识别序列中的碱基被甲基化修饰后会影响部分酶的切割作用效果。

(2) 限制性核酸内切酶的切割方式 在限制性核酸内切酶的作用下，DNA 链上磷酸二酯键断裂的位置被称为切割位点，用 ↓ 或 / 表示。Ⅱ型限制性核酸内切酶的切割位点绝大多数都在识别序列中，如 G↓GATCC、AT↓CGAT、GTC↓GAC 等。少数限制性核酸内切酶在 DNA 上的切割位点在识别序列的两侧，如↓GATC、CATG↓等。

切割方式总的来说分为以下两种。

① 在双链上磷酸二酯键断开的位置是交错开的，切割位点在识别序列中心轴的两侧。切割得到两个 DNA 片段，片段末端的一条单链比另一条单链多出一个或几个核苷酸，两个片段末端可以通过互补核苷酸连接起来，称这样的 DNA 片段末端为黏性末端。如果 DNA 片段末端的 3'端比 5'端长，称 3'黏性末端。同样，如果 DNA 片段末端的 5'端比 3'端长，称 5'端黏性末端。

② 切割位点在识别序列中心轴处，这样切割产生的 DNA 片段末端是平齐的，称平末端。

3. 限制性核酸内切酶的主要用途

对于基因克隆来说，Ⅱ型限制性核酸内切酶的重要性是毋庸置疑的。如果用不同的限制性核酸内切酶酶解同一个 DNA 分子，然后用琼脂糖凝胶电泳的方法对酶解过的 DNA 片段的大小进行比较，最后将这一 DNA 片段上的限制性核酸内切酶位点的顺序标出来，就可以制出酶切位点的物理图谱。其另一个重要用途是，同一种黏性末端酶酶切后的不同 DNA 分子，能产生相同的黏性末端，方便进行黏性末端的互补拼接，会产生新的杂合分子。总之，在 DNA 重组技术中，限制性核酸内切酶的主要用途有：

① 在特异性位点上切割 DNA，产生特异的限制性核酸内切酶切割的 DNA 片段。
② 建立 DNA 分子的限制性核酸内切酶物理图谱。
③ 构建基因文库。
④ 用限制性核酸内切酶切出相同的黏性末端，以便重组 DNA。

二、DNA 连接酶

将两段 DNA 拼接起来的酶，叫 DNA 连接酶。它借助 ATP 或 NAD^+ 水解提供的能量催化 DNA 链相邻的 5'磷酸基团与 3'羟基末端间形成磷酸二酯键，将 DNA 单链缺口封合起来。用于共价连接 DNA 限制片段的连接酶有两个不同的来源，一种是来源于大肠杆菌染色体编码的 $E.\,coli$ DNA 连接酶，另一种是由大肠杆菌 T_4 噬菌体 DNA 编码的 T_4DNA 连接酶。这两种 DNA 连接酶，除了前者用 NAD^+ 作能源辅因子，后者用 ATP 作能源辅因子，其他作用机理没有什么差别。T_4DNA 连接酶既可连接平末端，也可连接黏性末端，甚至可以修复双链

DNA 连接酶

DNA、RNA 或 DNA/RNA 杂交双链中的单链切口。E.coli DNA 连接酶只能够催化双链 DNA 片段互补黏性末端之间的连接，不能催化双链 DNA 片段平末端之间的连接。

三、DNA 聚合酶

DNA 聚合酶的种类很多，它们在细胞中 DNA 的复制过程里起着重要的作用，而且分子克隆中的许多步骤也都涉及在 DNA 聚合酶催化下的 DNA 体外合成反应。这些酶作用时大多需要模板，合成产物的序列与模板互补。基因工程中常用的 DNA 聚合酶有：①大肠杆菌 DNA 聚合酶 I（全酶）；②大肠杆菌 DNA 聚合酶 I 大片段（Klenow 片段）；③T$_4$ 噬菌体 DNA 聚合酶；④T$_7$ 噬菌体聚合酶及经修饰的 T$_7$ 噬菌体聚合酶（测序酶）；⑤耐热 DNA 聚合酶（Taq DNA 聚合酶）；⑥末端转移酶（末端脱氧核苷酸转移酶，也属 DNA 聚合酶）；⑦逆转录酶（依赖于 RNA 的 DNA 聚合酶）。这些 DNA 聚合酶的共同特点在于，它们都能够把脱氧核糖核苷酸连续地加到双链 DNA 分子引物链的 3′-OH 末端，催化核苷酸的聚合作用，而不从引物模板上解离下来。下面介绍几种常用的 DNA 聚合酶。

1. 大肠杆菌 DNA 聚合酶 I（全酶）

大肠杆菌 DNA 聚合酶 I 具有 3 种活性，即 5′→3′ DNA 聚合酶活性、3′→5′ 外切酶活性及 5′→3′ DNA 外切酶活性。

(1) 5′→3′ DNA 聚合酶活性 催化结合在 DNA 模板链上的引物核酸 3′—OH 与底物 dNTP 的 5′—PO$_4$ 之间形成磷酸二酯键，释放出焦磷酸并使链延长，延长方向从 5′→3′，新合成链的核苷酸顺序与模板互补。反应需要 Mg^{2+}，需要以单链 DNA 作模板，并需要引物，该引物的 3′ 为—OH。

(2) 3′→5′ 外切酶活性 即从游离的 3′—OH 末端降解单链或双链 DNA 成为单核苷酸，其意义在于识别和消除不配对的核苷酸，保证 DNA 复制的忠实性。

(3) 5′→3′ 外切酶活性 从 5′ 末端降解双链 DNA 成单核苷酸或寡核苷酸，也降解 DNA/RNA 杂交体的 RNA 成分（本核酸酶具有 RNA 酶 H 活性）。利用 5′→3′ 外切酶活性，可进行切口平移法标记 DNA，即在 5′ 端除去核苷酸，同时又在切口的 3′ 端补上核苷酸，从而使切口沿着 DNA 链移动。

2. 大肠杆菌 DNA 聚合酶 I 大片段（Klenow 片段）

该酶是用枯草杆菌蛋白酶或胰蛋白酶处理大肠杆菌 DNA 聚合酶 I，而得到的 N 端 2/3 的大片段，亦称 Klenow 片段或 Klenow 大片段酶，该酶保留了 5′→3′ DNA 聚合酶活性和 3′→5′ 外切酶活性，但失去了 5′→3′ 外切酶活性。

Klenow 片段的主要用途是：①补平限制性内切酶切割 DNA 产生的 3′凹端；②用[^{32}P] dNTP 补平 3′凹端，对 DNA 片段进行末端标记；③对带 3′突出端的 DNA 分子进行末端标记；④cDNA 克隆中，用于合成 cDNA 第二链；⑤在体外诱变中，用于从单链模板合成双链 DNA；⑥应用双脱氧链末端终止法进行 DNA 测序。

3. T$_4$ 噬菌体 DNA 聚合酶

T$_4$ DNA 聚合酶是从 T$_4$ 噬菌体感染的大肠杆菌中分离出来的，功能与 Klenow 片段相似，都具有 5′→3′ 聚合酶活性及 3′→5′ 外切酶活性，但其 3′→5′ 外切酶活性对单链 DNA 的作用比对双链 DNA 的作用更强，而且外切酶活性比 Klenow 片段要强 200 倍。它的主要用途是：①补平或标记限制性内切酶消化 DNA 后产生的 3′凹端；②对带有 3′突出端的 DNA 分子进行末端标记；③标记用作探针的 DNA 片段；④将双链 DNA 的末端转化成为平末端；⑤使结合于单链 DNA 模板上的诱变寡核苷酸引物得到延伸。

4. 耐热 DNA 聚合酶（Taq DNA 酶）

最初从嗜热的水生菌 *Thermus aquaticus* 中纯化得来，是一种耐热的依赖 DNA 的 DNA 聚合酶。现在可以用基因工程技术生产并出售 Ampli Taq™。它具有依赖于聚合物的 $5'\rightarrow 3'$ 外切酶活性，可用于：①DNA 测序；②聚合酶链反应（PCR）对 DNA 片段进行体外扩增。

四、其他常用工具酶

逆转录酶又称依赖 RNA 的 DNA 聚合酶。该酶催化以单链 RNA 为模板生成双链 DNA 的反应。由于这一反应中的遗传信息的流动方向正好与绝大多数生物转录生成方向（以 DNA 为模板转录生成 RNA 的方向）相反，所以此反应称为逆转录作用。逆转录酶具有 3 种活性：①RNA 指导的 DNA 合成反应；②DNA 指导的 DNA 合成反应；③RNA 的水解反应。

其他常用的工具酶还有碱性磷酸酶、T_4 多核苷酸激酶（简称为 T_4 激酶）、S_1 核酸酶等。

第三节 基因克隆载体

单独一个基因是不容易进入受体细胞的，即使采用理化方法进入细胞后，也不容易在受体细胞内稳定维持。承载目的基因或外源 DNA 片段进入宿主细胞，并且使其得以维持的 DNA 分子称为基因克隆载体。载体在基因工程中占有十分重要的地位。目的基因能否有效转入受体细胞，并在其中维持和高效表达，在很大程度上取决于载体。

一、载体的基本条件

作为基因载体一般应该具备以下条件：

① 在载体上具有合适的限制性核酸内切酶位点。这样的内切酶位点在载体上应尽可能多且唯一，克隆载体中往往组装一个含多种限制性核酸内切酶识别序列的多克隆位点（MCS），这样可以使多种类型末端的 DNA 片段定向插入。

② 载体必须具有复制原点，能够自主复制。在携带外源 DNA 片段（基因）进入受体细胞后，能停留在细胞质中进行自我复制；或能整合到染色体 DNA、线粒体 DNA 和叶绿体 DNA 中，且随之进行 DNA 同步复制。

③ 载体必须含有供选择转化子的标记基因。如根据转化子抗药性进行筛选的氨苄青霉素抗性基因（Amp^r）、氯霉素抗性基因（Cm^r）、卡那霉素抗性基因（Kan^r）、链霉素抗性基因（Str^r）、四环素抗性基因（Tet^r）等，根据转化子蓝白颜色进行筛选的 β-半乳糖苷酶基因（$lacZ'$），以及表达产物容易观察和检测的报告基因 *gus*（β-葡萄糖苷酸酶基因）、*gfp*（绿色荧光蛋白基因）等。

④ 载体在细胞内的拷贝数要多，这样才能使外源基因得以扩增。

⑤ 载体在细胞内的稳定性要高，这样可以保证重组体稳定传代而不易丢失。

⑥ 载体本身分子量要小，这样可以容纳较大的外源 DNA 插入片段。载体的分子量太大将影响重组体和载体本身的转化效率。

根据构建载体所用的 DNA 来源可分为质粒载体、病毒或噬菌体载体、质粒 DNA 与病毒或噬菌体 DNA 组成的载体以及质粒 DNA 与染色体 DNA 片段组成的载体等；从功能上又可分为克隆载体、表达载体和克隆兼表达载体，表达载体又可分为胞内表达和分泌表达载体。以下以几种典型的载体为例进行介绍。

二、质粒载体

质粒广泛存在于多种生物的细胞中,在原核生物大肠杆菌、乳酸杆菌、蓝藻、绿藻和真核生物酵母等生物中均发现质粒的存在。质粒是一种存在于宿主细胞染色体外的裸露 DNA 分子,一个质粒就是一个 DNA 分子,质粒的大小差异很大,小的不到 2kb,大的超过 200kb 以上。质粒含有复制起始位点,能在相应的宿主细胞内进行自我复制,但不会像某些病毒那样进行无限制复制,导致宿主细胞崩溃。作为一种自主性自我复制的遗传因子,质粒具有携带外源 DNA、成为克隆载体的潜在可能性,但质粒要变成克隆载体,需要对它进行遗传改造。

质粒载体是以质粒 DNA 分子为基础构建而成的克隆载体,含有质粒的复制起始位点,能够按质粒复制的形式进行复制。一种理想的用作克隆载体的质粒必须满足以下几个要求。

① 具有复制起始位点。构建的质粒载体应该在转化的受体细胞中能进行有效的复制,并且具有较多的拷贝数。

② 质粒载体的分子量应尽可能小。质粒转化受体细胞同质粒 DNA 分子大小相关,小分子质粒的转化率较高。实验证明,质粒大于 15kb 时,其将外源 DNA 转入大肠杆菌的效率就大大降低。另外,低分子量的质粒往往含有较高的拷贝数,这有利于质粒 DNA 的制备。

③ 应该有用来克隆外源 DNA 的单一的限制性核酸内切酶识别位点。这种单一的限制性核酸内切酶位点数量要尽可能多,质粒载体中,一个小的区域或位点内含有连续多个的单一限制性核酸内切酶,被称为多克隆位点。一方面多克隆位点便于基因的克隆和重组载体的构建,另一方面不影响质粒的复制。

④ 应该有一个或多个选择标记基因。一个理想的质粒克隆载体最好有两种标记基因,以便为宿主细胞提供容易检测的表型性状作为选择记号。在选择标记基因区内有合适的克隆位点,当外源 DNA 插入后使得标记基因失活,成为选择重组子的依据。

大肠杆菌质粒载体是一类应用广泛的克隆载体,含有大肠杆菌质粒的复制起始位点,能够在转化的大肠杆菌中按质粒复制的形式进行复制。pBR322 和 pUC18/19 是常用的大肠杆菌质粒载体。

1. pBR322 载体

pBR322 是目前使用最广泛的质粒载体之一(图 1-2)。pBR322 中小写的 p 代表质粒,大写字母 BR 代表研究出这个质粒载体的研究者 Bolivar 和 Rogigerus,322 是与这两个科学家有关的数字编号。

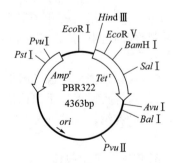

图 1-2 质粒载体 pBR322

pBR322 大小为 4363bp,含有复制起始位点(Col-ori),能在大肠杆菌细胞中高拷贝复制,经氯霉素扩增(可抑制大肠杆菌基因组 DNA 复制和细胞分裂,但不抑制质粒的复制)

后，拷贝数可达1000～30000个/细胞。pBR322含有两个抗生素抗性基因（抗氨苄青霉素基因Amp^r和抗四环素基因Tet^r），作为筛选转化子的选择标记基因。在Amp^r基因区有限制性核酸内切酶PstⅠ、ScaⅠ的识别序列，在Tet^r基因区有限制性核酸内切酶BamHⅠ、SalⅠ、EcoRⅤ的识别序列。并且这些限制性核酸内切酶在此质粒载体上只有一个识别序列，因此均可作为克隆外源DNA片段的克隆位点。

pBR322质粒载体有3个优点。其一，具有较小的分子量，不仅易于自身的纯化，而且即使克隆了一段大小为6kb的外源DNA，其重组体分子的大小仍然能满足实验的需要。其二，该质粒具有两种抗生素抗性基因可作为转化子的选择标记。EcoRⅤ、NheⅠ、BamHⅠ、SphⅠ、SalⅠ、XamⅢ和NruⅠ位点插入外源DNA会导致四环素抗性基因失活，在PstⅠ、ScaⅠ位点插入外源DNA会导致氨苄青霉素抗性基因失活，这种插入失活效应为基因克隆重组子的选择提供了方便。其三，该质粒具有较高的拷贝数，重组体DNA的制备变得极其方便。

2. pUC18和pUC19载体

另一类常用的质粒载体是pUC系列质粒，它是在pBR322的基础上发展的克隆载体。pUC系列质粒载体弥补了pBR322的单一克隆位点较少、筛选程序费时的不足。它有pBR322的复制起始位点和氨苄青霉素抗性基因，增加了大肠杆菌乳糖操纵子的启动子和$lacZ'$基因部分区，为了便于外源DNA片段的克隆，在$lacZ'$基因片段中加入了多克隆位点（MCS），而且每个限制性核酸内切酶位点在整个载体中是唯一的，它们之间的区别在于多克隆位点处的核苷酸序列不同。如常用的质粒载体pUC18和pUC19（如图1-3）的差别只是多克隆位点的方向相反。

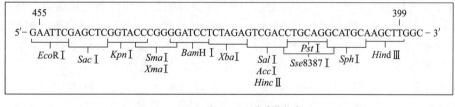

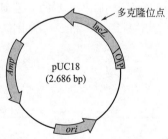

图1-3 pUC质粒结构与多克隆位点图

pUC19长2686bp，在细胞中的拷贝数可达500～700个，有一个氨苄青霉素抗性基因和一个大肠杆菌乳糖操纵子半乳糖苷酶基因（$lacZ'$）的调节片段，后者编码半乳糖苷酶的N端，它可以和宿主菌株（DH5α）产生的半乳糖苷酶C端互补，将乳糖分解为葡萄糖和半乳糖，或将5-溴-4-氯-3-吲哚-β-D-半乳糖（X-gal）分解为蓝色产物，$lacZ'$可以被异丙基-β-D-硫代半乳糖苷（IPTG）所诱导，释放出的蓝色物质可以将整个菌落染成蓝色，非常容易辨别，如果$lacZ'$基因被插入了外源DNA片段而被破坏，菌落则是无色的。

与pBR322相比，pUC18/19有3方面的优点。第一，具有更小的分子量和更高的拷贝数。第二，适用于组织化学方法检测重组体，由于其含有大肠杆菌操纵子的 *lacZ'* 基因，所编码的 α-肽链可参与 α-互补作用，可用 X-gal 显色的组织化学方法一步实现对重组转化子的鉴定。第三，具有多克隆位点 MCS 区，在这个区域有连续 10 个单一限制核酸内切酶位点，为基因的克隆和重组提供极大的方便。

三、病毒（噬菌体）克隆载体

病毒主要由 DNA（或 RNA）和外壳蛋白组成，经包装后成为病毒颗粒。经过感染，病毒颗粒进入宿主细胞，利用宿主细胞的 DNA（或 RNA）复制系统和蛋白质合成系统进行 DNA（或 RNA）的复制和外壳蛋白的合成，实现病毒颗粒的增殖。将感染细菌的病毒专门称为噬菌体，由此构建的载体则称为噬菌体载体。

1. λ 噬菌体克隆载体

λ 噬菌体由 DNA（λDNA）和外壳蛋白组成，对大肠杆菌具有很高的感染能力。野生型 λ 噬菌体 DNA 全长 48.5kb，为双链线性 DNA 分子，两端带有 12 个碱基的 5′ 突出黏性末端，称为 *cos* 位点，且两者的核苷酸序列互补，λ 噬菌体通过黏性末端的核苷酸配对形成环状分子可以进入大肠杆菌，也可以整合进入宿主细胞基因组中，因此，它既可溶菌生长，又可溶原生长。λDNA 的 1/3 中间区域不是噬菌体生长必需的，因此可以通过基因改造，在 λ 噬菌体 DNA 的适当位置设置便于外源基因插入的多克隆位点，可构建用于克隆或表达的 λ 噬菌体源的载体。

λDNA 必须包装上蛋白质外壳后才能感染大肠杆菌，而包装对 λDNA 的大小有严格的要求，只有相当于野生型基因组长度的 75%～105% 这一范围的 DNA 才能被包装成噬菌体颗粒。将 λ 噬菌体的非必需区作部分切除，使之减少或增加某些限制性核酸内切酶的酶切位点，或者插入某种报告基因，便构成了两类 λ 噬菌体载体。一种是可被外源 DNA 置换的 λ 噬菌体，非必需区两侧有一对限制性核酸酶切位点的载体，被称为置换型载体；另一种是只含有一个限制性位点可供插入外源 DNA 的载体，被称为插入型载体。

目前应用较广的是 EMBL 系列（如图 1-4），可以插入大片段的染色体 DNA。λDNA 也可直接插入小于 10kb 的外源目的 DNA 片段，利用 *lacZ'* 的 α-互补蓝白斑筛选，能获得重组噬菌体，也可以用正选择系统获得重组噬菌体（因 *red* 和 *gam* 基因缺失，重组噬菌体可正常生长）。

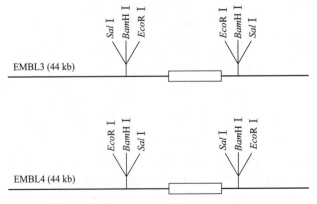

图 1-4　EMBL13 和 EMBL14 的结构图

2. cosmid 载体

cosmid 载体又称柯斯质粒、黏性质粒、黏粒，它是由 λDNA 的 *cos* 区与质粒相结合构建的克隆载体，其克隆容量可达 40~50kb。柯斯质粒具有下列特点（图 1-5）：①含有质粒的抗性基因如 Amp^r 基因或 Tet^r 基因及自主复制系统。所以当体外重组的柯斯质粒包装成病毒颗粒并感染大肠杆菌后，可按质粒的方式复制，并使宿主获得抗药性，因此可用适当的抗生素对带有重组柯斯质粒的细菌进行筛选。②带有 λ 噬菌体的黏性末端（cos 区）。这一黏性末端是体外包装系统必不可少的成分，可将外源 DNA 包装到 λ 噬菌体颗粒中去。③具有一个或多个限制性核酸内切酶的酶切位点。④柯斯质粒本身只有 5~7kb，由于非重组体柯斯质粒很小，不能在体外包装，因而重组体的本底很低，更加利于筛选。

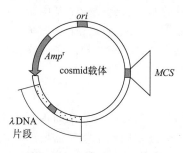

图 1-5　cos 载体示意图

四、人工染色体克隆载体

以 λ 噬菌体为基础构建的载体能装载的外源 DNA 片段只有 24kb 左右，而柯斯质粒载体也只能容纳 35~45kb。伴随着结构基因组学和基因组学的发展，以及实施人类基因组、水稻基因组工程的工作需要容纳几十万到几百万对碱基的大片段，因此，能承载大片段 DNA 的人工染色体载体应运而生。人工染色体是指能在宿主细胞中稳定复制并准确传递给子细胞的人工构建的染色体。由于人工染色体能承载 100kb 以上的 DNA 大片段，因此又称为大 DNA 片段克隆载体。目前，已构建的人工染色体按其结构可分为两类，即线形的人工染色体和环状的人工染色体。

人工染色体作为载体能容纳比较大的插入 DNA 片段，因此，这类载体的构建成功，大大推动了包括人类在内的高等生物分子生物学研究的迅速发展，成为生物物种改良的可靠、快捷途径，并且在人类基因治疗方面将起到重要作用。

第四节　目的基因的获取

基因工程流程的第一步就是获得目的基因，如何分离目的基因是基因工程操作的关键步骤之一。所谓的目的基因是指被用于基因重组、改变受体细胞性状和获得预期表达产物的基因。由于生物的多样性，DNA 分子结构的复杂性，每个 DNA 分子中的基因也很多，这就需要从数以万计的核苷酸序列中把需要的基因找出来。目前采用的分离、合成目的基因的方法有很多，对于某些序列较短的目的基因可以用化学方法人工合成，从基因组中获取包含某一特定基因的 DNA 片段的方法主要是制备文库或 PCR 扩增，本节主要介绍几种获得目的基因的常用方法及其原理。

一、目的基因的来源

作为目的基因，其表达产物应该有较大的经济效益或社会效益，如那些特效药物相关的基因和降解毒物相关的基因等。但是那些表达产物有害的基因，也不是绝对不能作为目的基因，往往在特殊需要的情况下也作为目的基因进行使用，如毒素基因等。

目前，目的基因主要来源于各种生物。真核生物染色体基因组，特别是人和动植物染色体基因组中蕴藏着大量的基因，是获得目的基因的主要来源。虽然原核生物的染色体基因组比较简单，但也有几百上千个基因，也是目的基因来源的候选者。此外，质粒基因组、病毒（噬菌体）基因组、线粒体基因组和叶绿体基因组也有少量的基因，往往也可从中获得目的基因。

二、目的基因的获得途径

根据实验需要，待分离的目的基因可能是一个基因编码区，或者包含启动子和终止子的功能基因；可能是一个完整的操纵子，或者由几个功能基因、几个操纵子聚集在一起的基因簇；也可能只是一个基因的编码序列，甚至是启动子或终止子等元件。而且不同基因的大小和组成也各不相同，因此获得目的基因有多种方法。

1. 直接分离法

（1）限制性核酸内切酶酶切法　这是一种非常简单而实用的分离目的基因的方法。该方法直接用限制性核酸内切酶从载体或基因组上将所需要的基因或基因片段切割下来，然后通过凝胶电泳，把 DNA 片段分离开来并回收。限制性核酸内切酶酶切法分离基因的前提，就是对目的基因所在载体或基因组上的位置、酶切位点十分清楚，如果在基因组上，则基因组必须比较小。

（2）物理化学法　该方法是利用核酸 DNA 双螺旋之间存在着碱基 G 和 C 配对、A 和 T 配对的这一特性，从生物基因组分离目的基因。常用的物理化学法分离基因的主要方法有：密度梯度离心法、单链酶法、分子杂交法。

① 密度梯度离心法：根据液体在离心时其密度随转轴距离而增加，碱基 GC 配对的双链 DNA 片段密度较大，利用精密的密度梯度超离心技术可使切割适当片段的不同 DNA 按密度大小分布开来，进而通过与某种放射性标记的 mRNA 杂交来检验，分离相应的基因。

② 单链酶法：碱基 GC 配对之间有 3 个氢键，比 AT 配对的稳定性高。当用加热或其他变性试剂处理 DNA 时，双链上 AT 配对较多的部位先变成单链，应用单链特异的 S_1 核酸酶切除单链，再经氯化铯超速离心，获得无单链切口的 DNA。

③ 分子杂交法：单链 DNA 与其互补的序列总有"配对成双"的倾向，如 DNA-DNA 配对或者 DNA-RNA 配对，这就是分子杂交的原理。利用分子杂交的基本原理既可以分离又可以鉴别某一基因。

（3）逆转录获取法　逆转录获取法是分离真核生物体内目的基因的常用方法。提取真核生物的 mRNA，以 mRNA 为模板，通过逆转录酶的作用合成 cDNA。cDNA 经过合适引物和 *Taq* 酶的作用大量扩增目的基因片段，将基因片段电泳回收后，连接到相应载体进行重组，从而获得大量的目的基因。这是逆转录获取法分离基因的一般过程。利用该方法可以很容易分离得到目的基因，不过该方法要求目的基因的序列比较清楚，所选的生物材料中有一定丰度的 mRNA。

2. 鸟枪法

这是一种由生物基因组提取目的基因的方法，可以说这是利用"散弹射击"原理去"命中"某个基因。由于目的基因在整个基因组中太小，在相当程度上还得靠"碰运气"，所以人们称这个方法为"鸟枪法"或"散弹枪"实验法。

标准鸟枪法操作程序如下：

① 目的基因组片段的制备。使用机械切割（如剪切力、超声波等）或酶化学方法（如

限制性核酸内切酶）将生物细胞染色体 DNA 切割成为基因水平的许多片段。

② 外源 DNA 片段的全克隆。鸟枪法一般选择质粒或 λDNA 作为克隆载体与这些片段结合，将重组 DNA 转入受体菌扩增（如大肠杆菌），获得无性繁殖的基因文库。

③ 目的重组子筛选。采用简便的筛选方法，比如菌落（菌斑）原位杂交或外源基因产物功能检测法，从众多的转化子菌株中选出含有某一基因特性的菌株。

④ 重组 DNA 的分离、回收。

在一般情况下，利用探针原位杂交筛选和检测重组质粒可以较为简便地获得目的基因片段，但若没有合适的探针可用，鸟枪法克隆目的基因的工作量很大，如同盲人打鸟，鸟枪法因此得名。鸟枪法在基因工程初期曾发挥了重要的作用，但是鸟枪法从巨大的真核生物基因组中分离出某一个目的基因，需要很大的运气成分，消耗很大的人力、物力、财力。

3. 构建基因组文库或 cDNA 文库

(1) 基因组文库分离目的基因

① 基因文库的基本概念。基因库是指特定生物体全基因组的集合（天然存在）；基因文库是指从特定生物个体中分离的全部基因，这些基因以克隆的形式存在（人工构建）。根据构建方法的不同，基因文库可分为基因组文库（含有全部基因）和 cDNA 文库（含有全部蛋白质编码的结构基因）。

② 基因文库构建的基本战略。用鸟枪法构建基因组文库，材料来自染色体 DNA；用 cDNA 法构建 cDNA 文库，材料来自 mRNA；在高度分化的生物体中，不同组织和细胞在不同时段的 mRNA 种类不同（即基因的表达谱不同）。因此，同种生物体的 cDNA 文库一般还有组织细胞的界定，如肝组织 cDNA 文库或胚胎组织 cDNA 文库等。很显然，cDNA 文库的信息量远小于基因组文库。

③ 基因文库的构建程序

a. 基因组 DNA 的制备：为了最大限度地保证基因在克隆过程中的完整性，用于基因组文库构建的 DNA 在分离纯化操作中应尽量避免过度的断裂。制备的 DNA 分子量越大，经切割处理后的样品中含有不规则末端的 DNA 片段的比率就越低，重组率和完备性也就越高。

b. 基因组 DNA 的切割：用于基因组文库构建的 DNA 片段的切割一般采用超声波处理和限制性核酸内切酶部分酶切两种方法，其目的一是保证 DNA 片段之间存在部分重叠区，二是保证 DNA 片段大小均一。超声波处理后的 DNA 片段呈平末端，需加装人工接头。部分酶切法一般选用四对碱基识别序列的限制性内切酶，如 $Sau3A\,I$ 或 $Mbo\,I$ 等，这样 DNA 酶解片段的大小可控。连接前，上述处理的 DNA 片段必须根据载体的装载量进行分级分离，以杜绝不相干的 DNA 片段随机连为一体。

c. 载体和受体的选择：出于压缩重组克隆的数量，用于基因组文库构建的载体通常选装载量较大的 λDNA 或柯斯质粒。对于大型基因组（如动植物和人类）需使用 YAC 或 BAC 载体。由于绝大多数真核生物的 mRNA 小于 10kb，因此用于 cDNA 文库构建的载体，通常选质粒。用于基因文库构建的受体则根据载体使用大肠杆菌或酵母菌。

d. 从基因文库中筛选目的基因：大型基因组文库一般由数十万甚至上百万个重组克隆组成。除了一些具有特殊功能的蛋白质编码基因（如抗药性基因、结合蛋白编码基因等）可以采用特殊的正选择筛选程序（如抗药性筛选法、酵母双杂交技术等）直接筛选外，一般的基因组文库筛选均需多轮操作步骤。为了减轻筛选工作的压力，重组子克隆数不宜过大，原则上重组子越少越好。

基因文库的构建流程见图 1-6。

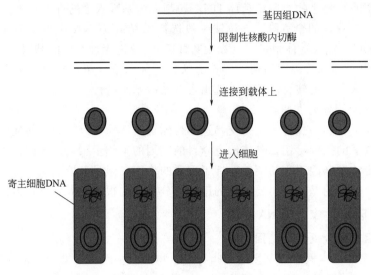

图 1-6 基因文库的构建流程

(2) cDNA 文库分离目的基因 我们知道,真核生物基因组 DNA 十分庞大,其复杂程度是蛋白质和 mRNA 的 100 倍左右,而且含有大量的重复序列。采用电泳分离和杂交的方法,都难以直接分离到目的基因。这是以染色体 DNA 为出发材料直接克隆目的基因的一个主要困难。然而高等生物一般具有 10^5 种左右不同的基因,但在一定时间阶段的单个细胞或个体中,只有 15% 左右的基因得以表达,产生约 15000 种不同的 mRNA 分子。

从真核生物的组织或细胞中提取 mRNA,通过酶促反应逆转录合成 cDNA 的第一链和第二链,将双链 cDNA 和载体连接,然后转化扩增,即可获得 cDNA 文库。自 20 世纪 70 年代中叶首例 cDNA 克隆问世以来,已发展了许多种提高 cDNA 合成效率的方法,并大大改进了载体系统,目前 cDNA 合成试剂已商品化。cDNA 合成及克隆的基本步骤包括用逆转录酶合成 cDNA 第一链、聚合酶合成 cDNA 第二链、加入合成接头以及将双链 DNA 克隆到适当载体(噬菌体或质粒)。可见,从 cDNA 文库中获得的是已经经过剪切、去除了内含子的 cDNA,所以 cDNA 文库显然比基因组 DNA 文库小很多,能够比较容易地从中筛选克隆得到细胞特异表达的基因,其构建流程如图 1-7。

cDNA 法克隆目的基因的局限性:①并非所有的 mRNA 分子都具有 polyA 结构;②细菌或原核生物的 mRNA 半衰期很短;③mRNA 在细胞中含量少,对酶和碱极为敏感,分离纯化困难;④仅限于克隆蛋白质编码基因。

4. 聚合酶链反应法

聚合酶链反应(PCR)是美国 Cetus 公司人类遗传研究室的科学家 Kary Mullis 于 1983 年发明的,是一种在体外快速扩增特定核酸序列的方法,故又称为基因的体外扩增法。它具有特异、敏感、产率高、快速、简便、重复性好、易自动化等突出优点;能在实验室里的一支试管内,将所要研究的一个目的基因或某一段 DNA 片段,在数小时内扩增至百万乃至千百万倍,使得皮克(pg)水平的起始物达到微克(μg)水平的量。PCR 扩增技术已广泛地应用在各种领域,同时也是分离目的基因的重要手段。

(1) PCR 基本原理 以单链 DNA 为模板,四种 dNTP 为底物,在模板 3′端有引物存在的情况下,用酶进行互补链的延伸,多次反复循环使微量的模板 DNA 得到极大程度的扩增。PCR 可简单概括为高温变性、低温退火和适温延伸三个步骤反复的热循环(图 1-8)。

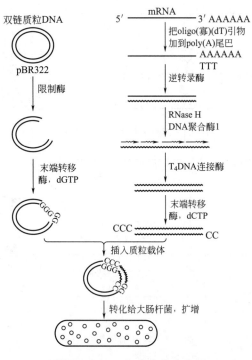

图 1-7 cDNA 文库的构建流程

① 变性：循环程序中一般变性温度与时间为 94℃、30~60s。在变性温度下，双链 DNA 解链只需几秒钟即可，所耗时间主要是为使反应体系完全达到适当的温度。对于富含 G+C 的序列，适当提高变性温度。但变性温度过高或时间过长都会导致酶活性的损失。

② 退火（复性）：模板 DNA 经加热变性成单链后，温度降至 55℃ 左右，引物与模板 DNA 单链的互补序列配对结合。引物退火的温度和所需时间的长短取决于引物的碱基组成、引物的长度、引物与模板的配对程度以及引物的浓度。实际使用的退火温度比扩增引物的解链温度（T_m）值约低 5℃。通常退火温度和时间为 40~60℃、1~2min。

③ 延伸：延伸反应通常为 70~72℃、30~60s，接近于 Taq DNA 聚合酶的最适反应温度 75℃，以 dNTP 为反应原料，靶序列为模板，按碱基配对与半保留复制原理，合成一条新的与模板 DNA 链互补的半保留复制链。延伸反应时间的长短取决于目的序列的长度和浓度。延伸时间过长会导致产物非特异性增加。但对很低浓度的目的序列则可适当增加延伸反应的时间。

这样，每一双链的 DNA 模板，经过一次变性、退火、延伸三个步骤的热循环后就成了两条双链 DNA 分子，上一次循环合成的两条互补链均可作为下一次循环的模板 DNA 链，所以每循环一次，底物 DNA 的拷贝数增加一倍。因此 PCR 经过 n 次循环后，待扩增的特异性 DNA 片段基本上达到 2^n 个拷贝数。如经过 25 次循环后，则可产生 2^{25} 个拷贝数的特异性 DNA 片段，即 3.4×10^7 倍待扩增的 DNA 片段。但是，由于每次 PCR 的效率并非 100%，并且扩增产物中还有部分 PCR 的中间产物，所以 25 次循环后的实际扩增倍数为 $1 \times 10^6 \sim 3 \times 10^6$。采用不同 PCR 扩增系统，扩增的 DNA 片段长度可从几百碱基对（bp）到数万碱基对。如果知道目的基因的全序列或其两侧的序列，可以通过合成一对与模板 DNA 互补的引物，十分有效地扩增出含目的基因的 DNA 片段。

(2) PCR 的反应体系 一个完整的 PCR 反应具备以下条件：①要有与被分离目的基因

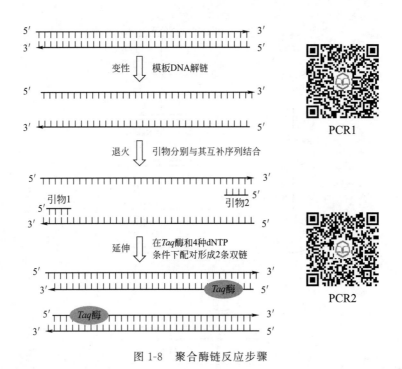

图1-8 聚合酶链反应步骤

的DNA双链两端序列相互补的DNA引物（约20个碱基）；②具有热稳定性的酶，如Taq DNA聚合酶；③dNTP；④作为模板的目的DNA序列；⑤反应缓冲液。一般PCR反应可扩增出100~5000bp的目的基因。

PCR反应因其最终扩增产物的特异性非常强，因此在实际应用中可用于痕量DNA样品中特定DNA的检测，如血迹、头发及牙签，对于刑侦和法医鉴定具有非常重要的作用。PCR反应的应用非常广泛，可用于生物学的各个领域，如已知和未知基因的克隆、基因序列测定、基因表达、基因重组和突变、基因检测、疾病诊断、分子进化分析等。除了生物学研究，还可应用于农学、食品、医学、环境保护等领域。

5. 化学合成法

由于基因就是具有一定功能的核苷酸序列，因此可以直接用化学的方法进行合成。如果已知某种基因的核苷酸序列，或者根据某种基因产物的氨基酸序列，仔细选择密码子，可以推导出该多肽编码基因的核苷酸序列，就可以将核苷酸或寡核苷酸片段，一个一个地或一片段一片段地接合起来，成为一个一个基因的核苷酸片段。为了保证定向合成，需要将一个分子的5′端与另一个分子的3′端封闭保护。这种封闭可用磷酸化等方法，必要时可以酸或碱解除封闭。目前有关寡核苷酸片段合成的方法有磷酸二酯法、磷酸三酯法、亚磷酸三酯法等。化学直接合成法对于较长基因片段，其缺点就是价格较为昂贵，如果用其他方法不能得到该基因片段，可以考虑使用化学直接合成法。

除了直接合成相关的基因片段，化学合成法还可以合成PCR扩增的引物、基因序列分析的引物、核酸分子杂交的引物，基因定点诱变，重组DNA连接的构建等。目前单链DNA短片段的合成已经成为分子生物学和生物技术实验室的常规技术。

第五节　基因与载体的连接

在获得了目的基因，选择和构建了合适的载体之后，就要考虑如何将目的基因与载体连接起来,即 DNA 的体外重组。在一定条件下,载体和目的 DNA 片段能在 DNA 连接酶的作用下连接成为一个完整的重组环状分子,形成重组 DNA,这就是重组 DNA 中常说的连接反应。

一、互补黏性末端 DNA 片段之间的连接

连接反应可用 E. coli DNA 连接酶,也可用 T_4 DNA 连接酶。待连接的两个 DNA 片段的末端如果是用同一种限制性核酸内切酶酶切产生的,连接后仍保留原限制性核酸内切酶的识别序列。如果是用两种同尾酶酶切的,虽然产生相同的互补黏性末端,可以有效地进行连接,但是获得的重组 DNA 分子往往失去了原来用于酶切的那两种限制性核酸内切酶的识别序列。具体连接方法见图 1-9。

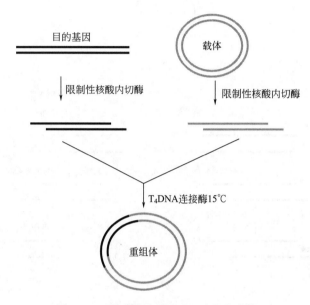

图 1-9　互补黏性末端 DNA 片段的连接

二、平末端 DNA 片段之间的连接

连接反应必须用 T_4 DNA 连接酶进行。只要两个 DNA 片段的末端是平末端的,不管是用什么限制性核酸内切酶酶切后产生的,还是用其他方法产生的,都同样可以进行连接(图1-10)。如果用两种不同限制性核酸内切酶酶切后产生的平末端 DNA 片段进行连接,连接后的 DNA 分子失去了那两种限制性核酸内切酶的识别序列。如果两个 DNA 片段的末端是用同一种限制性核酸内切酶酶切后产生的,连接后的 DNA 分子仍保留那种酶的识别序列,有时还会出现另一种新的限制性核酸内切酶的识别序列。

三、DNA 片段末端修饰后进行连接

待连接的两个 DNA 片段经过不同限制性核酸内切酶酶切后,产生的末端未必是互补黏性末端,或者未必都是平末端,因此无法进行连接。在这种情况下,连接之前必须对两个末端或一个末端进行修饰。修饰的方式主要是采用核酸外切酶Ⅶ将黏性末端修饰成平末端;在末端转移酶的作用下,在 DNA 片段平末端加上同聚物序列,制造出互补黏性末端,再进行连接(图 1-11)。有时为了避免待连接的两个 DNA 片段自行连接成环形 DNA,或自行连

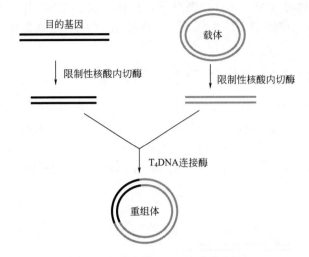

图 1-10 平末端 DNA 片段的连接

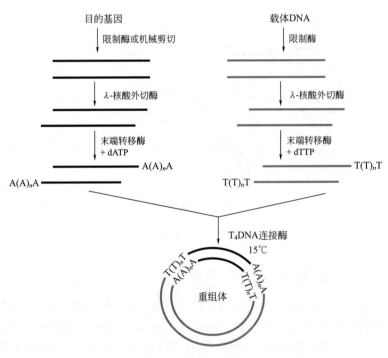

图 1-11 DNA 片段末端修饰后连接

成二聚体或多聚体,可采用碱性磷酸酯酶将其中一种 DNA 片段 5′末端的—P 修饰成—OH,即脱磷酸化。

四、DNA 片段加连杆或衔接头后连接

如果要连接既不具互补黏性末端又不具平末端的两种 DNA 片段,除了用上述修饰一种或两种 DNA 片段末端后进行连接的方法外,还可以采用人工合成的连杆或衔接头。先将连杆连接到待连接的一种或两种 DNA 片段的末端,然后用合适的限制性核酸内切酶酶切连杆,使待连接的两种 DNA 片段具有互补黏性末端,最后在 DNA 连接酶催化下使两种 DNA 片段连接,产生重组 DNA 分子。

此外，也可以根据两种 DNA 片段的末端，选用合适的衔接头直接把两种 DNA 片段连接在一起（图 1-12）。

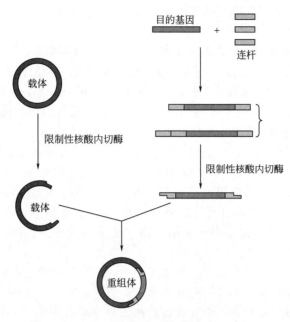

图 1-12　DNA 片段加连杆后连接

第六节　目的基因导入受体细胞

重组 DNA 分子只有进入适宜的受体细胞后才能进行大量的扩增和有效的表达。目的基因能否有效地进入受体细胞，除了选用合适的克隆载体外，还取决于选用的受体细胞和转移方法。

一、受体细胞

受体细胞又称宿主细胞或寄主细胞，从实验技术上讲是能摄取外源 DNA（基因）并使其稳定维持的细胞；从实验目的上讲是有应用价值或理论研究价值的细胞。自然界中发现的受体细胞有很多，但不是所有细胞都可以作为受体细胞。作为基因工程的受体细胞必须要具备以下特性：①便于重组 DNA 分子的导入；②便于重组 DNA 分子稳定存在于受体细胞中；③便于重组子筛选；④遗传稳定性高，对遗传密码的应用上无明显偏倚性，易于扩大培养或发酵；⑤具有较好的翻译后加工机制，便于真核目的基因的高效表达；⑥安全性高，不会对外界环境造成生物污染；⑦在理论研究或生产实践上有较高的应用价值。基因工程中，常用的受体细胞有原核生物细胞（最主要是大肠杆菌）和真核生物细胞（酵母菌、植物细胞、动物细胞）。

二、重组 DNA 分子导入受体细胞

重组 DNA 分子导入受体细胞的途径包括物理、化学、生物学等方法。将外源裸露 DNA 引入受体细胞，并在受体细胞内稳定表达，此过程称为转化；如果引入受体细胞的是病毒或噬菌体的裸露 DNA，那么此过程称为转染。

1. 外源 DNA 转化方法

目前用于重组 DNA 分子导入受体细胞的途径很多，具体采用哪一种方法，应根据选用的载体系统和受体细胞类型而定。下面是几种比较常用的细菌转化受体细胞的方法。

DNA 转化

(1) 化合物诱导转化法 外源基因能够转入细菌跟细菌的状态有关，能够吸收游离 DNA 片段的细菌细胞称为感受态细胞。在 DNA 重组的转化实验中，很少采取自然转化的方法，通常的做法是先采用人工的方法将细菌制成感受态细胞，然后再进行转化处理。

用二价阳离子（如 Mg^{2+}、Ca^{2+}、Mn^{2+}）处理某些受体细胞，可以使其成为感受态细胞，即处于能够摄取外源 DNA 分子的生理状态的细胞。当外源 DNA 分子溶液同感受态细胞混合时，DNA 分子便可进入细胞，达到转化的目的。对这种感受态细胞进行转化，每 μg 质粒 DNA 可以获得 $5\times10^6 \sim 2\times10^7$ 个转化菌落，完全可以满足质粒的常规克隆的需要。

外源 DNA 与多聚物和二价阳离子混合，再与受体细胞或原生质体混合，也可使外源 DNA 进入细胞。常用的多聚物有聚乙二醇（PEG）、多聚赖氨酸、多聚鸟氨酸等，尤其以 PEG 应用最广，这种方法不仅适用于芽孢杆菌和链霉菌等革兰氏阳性细菌，也对酵母菌、霉菌甚至植物等真核细胞有效。

(2) 电穿孔转化法 电穿孔法是一种电场介导的细胞膜可渗透化处理技术。受体细胞在电场脉冲的作用下，细胞壁上形成一些微孔通道，使得 DNA 分子直接与裸露的细胞膜的脂双层结构接触，并引发吸收过程。电穿孔转化法的效率受电场强度、脉冲时间和外源 DNA 浓度等参数的影响，通过优化这些参数，每 μg DNA 可以得到 $10^9 \sim 10^{10}$ 转化子。用电穿孔转化法处理细胞也比感受态细胞的制备容易得多。此方法可用于微生物细胞、动植物悬浮细胞和原生质体的基因转化。

(3) 基因枪法 又称微弹轰击转化法，这是利用高速运行的金属颗粒轰击细胞，将包裹在金属颗粒（钨或金颗粒）表面的外源 DNA 分子随金属颗粒导入细胞的基因转化方法。其具体操作方法是用直径 $1\mu m$ 左右的惰性重金属粉（钨粉或金粉）作为微弹，其上沾有 DNA，置于挡板的凹穴内。当用火药或高压气体发射弹头撞击挡板时，微弹即以极高的速度射入靶细胞，从而将附着其上的外源 DNA 导入细胞。基因枪法的操作对象可以是完整的细胞或组织，也不必制备原生质体，实验步骤比较简单易行，具有相当广泛的应用范围，已经成为研究植物细胞转化和培养转基因植物的最有效的手段之一。而且其转化效率较高，枪击几天后便能区分整合与非整合细胞。

(4) 体内注射转化法 这是一种利用注射仪将外源 DNA 直接注射到受体细胞的转化方法，可用于动植物外源 DNA 的转化。此方法操作较为烦琐耗时，但其突出优点是转化率高，以原生质体作为受体细胞，平均转化率达 $10\% \sim 20\%$，有的高达 60% 以上，并且可以把外源 DNA 直接转入细胞器。

(5) 脂质体介导法 脂质体是由磷脂组成的膜状结构，用它包装外源 DNA 分子，然后与植物原生质体共保温，于是脂质体与原生质体膜结构之间发生相互作用，然后通过细胞的内吞作用而将外源 DNA 高效地导入植物的原生质体。这种方法具有多方面的优点，包括可保护 DNA 在导入细胞之前免受核酸酶的降解作用，降低了对细胞的毒性效应，适用的植物种类广泛，重复性高，包装在脂质体内的 DNA 可稳定地贮藏等优点。

2. 病毒（噬菌体）颗粒转导法

用病毒（噬菌体）的 DNA（或 RT-DNA）构建的克隆载体（或携带目的基因），在体外包装成病毒颗粒后，感染受体细胞，使其携带重组 DNA 进入受体细胞，此过程称为病毒（噬菌体）颗粒转导法。目前该方法主要用于构建基因文库和动物转基因。

第七节 克隆子的筛选

通常将导入外源 DNA 分子后能稳定维持的受体细胞称为克隆子，把采用转化、转染或转导等方法获得的克隆子叫作转化子，不过现在这两者有通用的趋向。而含有重组 DNA 分子的转化子被称为重组子，如果重组子中含有外源目的基因则又称为阳性克隆或期望重组子。在重组 DNA 分子的转化、转染或转导过程中，并非所有的受体细胞都能被导入重组 DNA 分子，一般仅有少数重组 DNA 分子能进入受体细胞，同时也只有极少数的受体细胞在吸纳重组 DNA 分子之后能良好增殖。以重组质粒对大肠杆菌的转化为例，假如受体菌细胞数为 10^8，转化效率为 10^{-6}，则只有 100 个受体细胞真正被转化，并且它们是与其他大量未被转化的受体菌细胞混杂在一起。再者，在这些被转化的受体细胞中，除部分含有我们所期待的重组 DNA 分子外，另外一些还可能是由于载体自身或一个载体与多个外源 DNA 片段形成的非期待重组 DNA 分子导入所致。因此，需要采用合适的方法从大量的受体细胞背景中筛选出期待的转化子。

一、根据载体标记基因筛选转化子

在构建基因工程载体系统时，载体 DNA 分子上通常携带了一定的选择性遗传标记基因，转化或转染宿主细胞后可以使后者呈现出特殊的表型或遗传学特性，据此可进行转化子或重组子的初步筛选。一般的做法是将转化处理后的菌液（包括对照处理）适量涂布在选择培养基上，在最适生长温度条件下培养一定时间，观察菌落生长情况，即可挑选出转化子。选择培养基是根据宿主细胞类型配置的培养基，对于细菌受体细胞而言，通常用 LB 培养基，在 LB 培养基中加入适量的某种选择物，即为选择培养基。选择物是由载体 DNA 分子上携带的选择标记基因所决定，一般与标记基因的遗传表型相对应。

1. 根据载体抗生素抗性基因筛选转化子

（1）抗药性筛选 抗药性筛选主要用于重组质粒 DNA 分子的转化子的筛选。因为重组质粒 DNA 分子携带特定的抗药性选择标记基因，转化受体菌后能使后者在含有相应选择药物的选择培养基上正常生长，而不含重组质粒 DNA 分子的受体菌则不能存活，这是一种正向选择方式。以常见的 pBR322 质粒载体为例，该载体含有的氨苄青霉素抗性基因（Amp^r）和四环素抗性基因（Tet^r）。如果外源 DNA 是插在 pBR322 的 Bam H I 位点上，则可将转化反应物涂布在含有氨苄青霉素的选择培养基固体平板上，长出的菌落便是转化子；如果外源 DNA 插在 pBR322 的 Pst I 位点上，则可利用四环素进行转化子的正向选择。

挑选转化子菌落时，必须根据转化处理时对照处理组菌落生长的情况来定。一般 DNA 对照组和感受态细胞对照组不应长菌落，而感受态细胞有效性对照组应长菌落，如其中一项不符，就有出现假转化子菌落的可能，这样的菌落不宜作为转化子用于进一步的实验材料。值得注意的是，如果用四环素、氯霉素、氨苄青霉素等抗生素作为选择药物，观察和确定转化子菌落的培养时间不宜过长，以 12～16h 为宜，否则会出现假转化子菌落。这是因为转化子菌落会降解选择药物，导致菌落周围选择药物浓度降低，从而长出非抗生素的菌落。此外，在培养过程中，这些选择药物会自然降解，导致药物浓度降低长出假转化子菌落。

（2）插入失活筛选法 经过上述抗药性筛选获得的大量转化子中既包括需要的重组子，也含有不需要的非重组子。为了进一步筛选出重组子，可利用质粒载体的双抗药性进行再次筛选。一种典型的做法是将 Amp^r 对的转化子影印至含四环素的平板上。由于外源DNA片段插入载体DNA的 BamHⅠ位点，导致载体 Tet^r 失活因此待选择的重组子具有 Amp^rTet^s 的遗传表型，而非重组子则为 Amp^rTet^r。也就是说，重组子只能在含氨苄青霉素平板上形成菌落而不能在含四环素平板上生长，非重组子却在两种平板上都能生长。比较两种平板上对应转化子的生长状况，即可在含氨苄青霉素平板上挑出重组子（图1-13）。但是，如果含氨苄青霉素平板的转化子密度较高则在影印过程中容易导致菌落遗漏或混杂，造成假阴性或假阳性重组子现象。

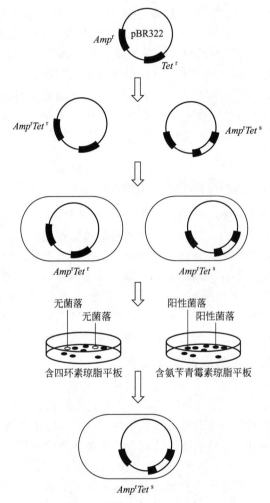

图1-13 插入失活法筛选重组子

2. 根据载体除草剂抗性基因筛选转化子

由于植物细胞对多数抗生素不敏感，所以常用抗除草剂的基因作为选择标记基因。pat基因编码磷化乙酰转移酶（PAT），使转化子对含有磷化麦黄酮（PPT）成分的除草剂具有抗性。sul 基因来源于抗药性质粒R46，编码二氢蝶呤合成酶，使转化子对磺胺类除草剂有抗性。EPSPs 基因表达产物是 5-烯醇丙酮酸莽草酸-3磷酸合成酶 EPSP 突变体，使转化子能抗草甘膦。

3. 根据 lacZ′ 基因互补显色筛选转化子

此方法主要用于原核生物。lacZ′ 是β-半乳糖苷酶基因部分缺失的DNA片段，含 lacZ′

的重组载体转化 lacZ' 互补型菌株,可转译生成 β-半乳糖苷酶,在含有 X-gal（5-溴-4-氯-3-吲哚-β-D 半乳糖苷）和 IPTG（异丙基-β-D-硫代半乳糖苷）的培养基上使转化子成为蓝色菌落,而 lacZ' 互补型菌株本身为白色菌落。当载体的 lacZ' 区插入外源基因后,再转化 lacZ' 互补型菌株,由于不能翻译 β-半乳糖苷酶,转化子即使在含有 X-gal 和 IPTG 的培养基上也只能长成白色菌落。这样可以区分含外源基因和不含外源基因的转化子。为了避免 lacZ' 互补型菌本身长成的白色菌落的干扰,往往在构建载体时再组装一种供抗药性筛选的基因。

4. 根据生长调节剂非依赖型筛选转化子

这类选择标记基因产物是激素合成所必需的酶类,离体培养不含这类选择基因的细胞时,必须添加外源激素,变为激素自养型。因此在培养基中不添加外源激素的情况下,只有转化子才能生长。此类选择标记基因常用于筛选植物转化子。这样的基因如色氨酸单加氧酶基因（iaaM）和吲哚乙酰胺水解酶基因（iaaH）,其表达产物可将色氨酸转化为吲哚乙酸。

5. 根据核苷酸合成代谢相关酶基因缺失互补筛选转化子

胸腺核苷激酶基因（tk）、二氢叶酸还原酶基因（dhfr）及次黄嘌呤-鸟嘌呤磷酸核糖转移酶基因（hgprt）等的表达产物直接或间接参与核苷酸合成代谢。这些基因缺失的缺陷型细胞因核苷酸合成代谢失调而死亡,只有在添加某些核苷酸的培养基中才能生长。如果用这样的缺陷型细胞作为受体细胞,导入含有这些基因的外源 DNA,补充原来缺失的基因,使核苷酸合成代谢恢复正常,可以在不添加核苷酸的培养基中正常生长。根据这一性质可以在不添加核苷酸的培养基中筛选出转化子。该方法主要用于筛选动物转化子。

二、根据报告基因筛选转化子

报告基因多数是酶的基因,或组装在载体中,或作为外源 DNA 的一部分。由于受体细胞内报告基因的表达,出现新的遗传性状,以此识别被转化的细胞与未被转化的细胞。作为报告基因,其表达产物应便于检测和定量分析,并且灵敏度很高。

1. β-葡萄糖苷酸酶基因（gus）

gus 基因产物 β-葡萄糖苷酸酶（GUS）能够催化 4-甲基伞形花酮-β-D-葡萄糖苷酸,产生荧光物质 4-甲基伞形花酮,以此筛选含 gus 基因的转化子。植物细胞 GUS 本底非常低,因此广泛地应用于筛选植物转化子。尤其是 gus 基因的 3' 端与其他结构基因连接产生的嵌合基因仍能正常表达,产生的融合蛋白中仍有 GUS 活性,可用于外源基因在转化生物体中的定位分析。

2. 萤火虫荧光素酶基因（luc）

luc 基因产物萤火虫荧光素酶（LUC）在 Mg^{2+} 的作用下,可以与荧光素和 ATP 底物发生反应,形成与酶结合的腺苷酸荧光素酰化复合物,经过氧化脱羧作用后,该复合物转变成为处于激活状态的氧化荧光素,可以用荧光测定仪快速灵敏地检测出产生的荧光,是目前研究动植物转基因很好用的一种报告基因。

3. 绿色荧光蛋白基因（gfp）

当绿色荧光蛋白暴露于 395nm 波长的灯光下,便会被激发出荧光。已广泛地用水母绿色荧光蛋白基因作为筛选动植物转化子的报告基因。

三、根据形成噬菌斑筛选转化子

对于 λDNA 载体系统而言,外源 DNA 插入 λ 噬菌体载体后,重组 DNA 分子大小必须

在野生型 λDNA 长度的 75%～105% 内，才可以在体外包装成具有感染活性的噬菌体颗粒。构建的 λDNA 载体本身的大小一般都小于野生型 λDNA 长度的 75%，不能在体外包装成具有感染活性的噬菌体颗粒。因此，外源 DNA 与 λDNA 载体重组处理后，只有重组 DNA 分子才能体外包装和转导受体菌，在培养基上形成噬菌斑，并且未转导的受体菌继续正常生长。

第八节　重组子的鉴定

通过筛选获得的转化子中，常有一些假阳性细胞或个体，为了确定获得的转化子是预期的转化子，还需检测获得的转化子中的重组 DNA 分子（片段）、目的基因转录的 mRNA 和翻译的多肽（蛋白质、酶）。一般将真正含有预期重组 DNA 分子的转化子称为重组子。

一、根据重组 DNA 分子检测结果来鉴定重组子

为鉴定转化子是真正预期的转化子，即重组子，首先必须检测获得的转化子中是否存在预期的重组 DNA 分子。检测方法通常有如下 5 种：

凝胶电泳

1. 检测重组 DNA 分子的大小和限制性核酸内切酶酶切图谱

这是对重组子进行分析鉴定的最简单的方法，主要是根据插入外源 DNA 片段的载体（即重组 DNA 分子）与原载体 DNA 分子之间有大小之别。分别提取获得的不同转化子的 DNA，经琼脂糖凝胶电泳，由于载体 DNA 中插入了外源 DNA 片段，其分子量大于原载体 DNA 分子，在琼脂糖凝胶板上的 DNA 条带中，若出现分子量较大的条带，则表明原载体 DNA 分子中插入了外源 DNA 片段，是重组 DNA 分子的条带。用此方法可初步鉴定含较大条带的转化子或重组子。接着从初步鉴定为重组子的转化子中提取 DNA，用合适的限制性核酸内切酶酶切，经琼脂糖凝胶电泳，获得酶切图谱，如果酶切片段的数量和大小同预期的一致，则可进一步证明被检测的转化子是预期的重组子。

2. PCR 方法扩增外源 DNA 片段

由于在载体 DNA 分子中，外源 DNA 插入位点的两侧载体 DNA 序列多数是已知的，可以设计合成相应的 PCR 引物，并且分别从获得的不同转化子提取 DNA，以此作为模板进行 PCR 扩增，扩增产物经琼脂糖凝胶电泳，若出现特异性扩增 DNA 条带，并且其 DNA 片段大小同预先插入的外源 DNA 一致，则可确定待鉴定的转化子是预期的重组子。

3. 采用 DNA 杂交法鉴定重组子

当两个不同来源的单链 DNA 分子（DNA 片段）的核苷酸序列互补时，在复性条件下可以通过碱基互补配对成为双链 DNA 分子（DNA 片段），即 DNA 杂交。如果其中一个单链 DNA 分子（DNA 片段）带有容易检测的标记物（DNA 探针），经杂交后就可以检测到另一个单链 DNA 分子（DNA 片段），分别从获得的不同转化子提取总 DNA，经过变性处理成为单链 DNA 分子（DNA 片段），用预先根据待检测的重组 DNA 分子制备的 DNA 探针与其杂交，进一步根据标志物检测杂交的 DNA 片段，出现阳性杂交的转化子就是预期的重组子。杂交的方法有 Southern 印迹杂交、斑点印迹杂交和菌落（或噬菌斑）原位杂交等。

Southern 印迹杂交是先从转化子中提取总 DNA，经限制性核酸内切酶酶切及琼脂糖凝胶电泳分带，转移到用于杂交的膜上，变性处理后再用 DNA 探针与其杂交。斑点印迹杂交是把提取的转化子总 DNA 直接点样到用于杂交的膜上，变性处理后再用 DNA 探针与其杂交。菌落（或噬菌斑）原位杂交是直接把菌落或噬菌斑印迹转移到用于杂交的膜上，经溶菌

和变性处理后使DNA暴露出来并与滤膜原位结合,再用DNA探针与其杂交。用Southern印迹杂交法不仅可以鉴定重组子中是否含有重组DNA分子,而且还可以知道待检测的DNA分子(DNA片段)的大小及待检测的DNA片段在重组DNA分子中的位置,但操作比较麻烦。斑点印迹杂交和菌落(或噬菌斑)原位杂交操作比较简单,但只能区别是否含有检测重组DNA分子的重组子。菌落(或噬菌斑)原位杂交已广泛用于从基因组DNA文库和cDNA文库中筛选含目的基因的重组子。

DNA杂交探针是指带有某种标记物的特异性核苷酸序列,能与该核苷酸序列互补的DNA进行退火杂交,并且可以根据标记物的性质进行有效的检测。早期用得较多的是^{32}P等放射性物标记的DNA杂交探针,具有放射性,可用放射自显影检测,灵敏度高,但安全性低。^{32}P标记的核苷酸半衰期短(14.3d),探针不能长期保存。目前已广泛使用生物素、地高辛、荧光素等非放射性物标记的DNA杂交探针,可以根据各自的生物化学性质或光学特性进行检测。虽然灵敏度低于放射性标记,但安全、保存期长。

4. 应用DNA芯片鉴定重组子

DNA芯片是利用反相杂交原理,使用固定化的探针阵列与样品杂交,通过荧光扫描和计算机分析,获得样品中大量基因及表达信息的一种高通量生物信息分析技术。DNA芯片又称为DNA阵列或核酸微芯片等,是生物芯片中的一种。

基因芯片

DNA芯片由载体、连接层和DNA分子探针阵列三部分构成。载体是DNA分子探针阵列的承载物,一般是玻璃片,有的也用硅片、塑料片、尼龙膜、硝化纤维膜等。连接层是把阵列固定在载体表面的物质,种类繁多,有硅化醛、硅化氨、氨基活化的聚丙烯酰胺、链霉亲和素等。DNA探针阵列由大量的点构成,每一点都由一种序列特定的DNA单链分子构成。集成在芯片上的DNA片段有两种来源:①8~20bp(低于50bp)长的寡聚DNA片段,按寡聚DNA片段核苷酸序列采用光蚀刻法原位合成固定在芯片上,也可以预先合成寡聚核苷酸后再通过机械接触固定在芯片上。②克隆的cDNA,先将mRNA反转录成cDNA,然后对cDNA进行PCR扩增,并分别等量转入微量滴定板的小孔内,利用微量液体枪,将cDNA"转印"至玻璃板或其他载体上,经化学和热处理使cDNA附着于载体表面并使之变性,制作成cDNA阵列杂交板。

使用DNA芯片的步骤:①利用常规方法,提取、纯化待测材料的DNA或RNA样品。并用荧光予以标记,与基因芯片进行分子杂交。②经过杂交,与探针互补的样品结合后,呈现阳性荧光信号,通过激光扫描,将采集的大量信号传送至计算机系统并进行处理鉴定。

DNA芯片技术突出的特点就在于它具有高度并行性、多样性,微型化和自动化进行DNA分析,同时可以测定成千上万个基因。目前DNA芯片技术已应用于研究生物体的生长发育机制、不同个体的基因变异、诊断疾病、筛选药物及生物产品的鉴定等。但DNA芯片技术也存在一些问题。在DNA阵列方面,存在探针自身杂交的问题,大规模制备中,会出现错误的核苷酸序列。在杂交方面,芯片上的所有探针只能使用同一杂交条件,因此有些非特异性杂交不能排除,有些弱杂交不能发现。在生产方面,芯片制作设备极其昂贵,成品芯片售价很高。

5. 根据DNA核苷酸序列鉴定重组子

通过以上方法确定重组子的重组DNA分子中含有外源DNA片段后,为了进一步确定该外源DNA片段是(或者含有)预期的DNA片段(目的基因),及判断该DNA片段核苷酸序列的正确性,可以对外源DNA片段进行核酸序列的测定。如果测定结果与预期DNA

片段（目的基因）的核苷酸序列一致，表明待鉴定的重组子是真正含有预期 DNA 片段（目的基因）的重组子。

二、根据目的基因转录产物 mRNA 鉴定重组子

从外源基因转录产物 mRNA 水平鉴定重组子主要采用 Northern 杂交法。利用 Northern 杂交技术可以检测外源基因是否转录出 mRNA。Northern 杂交的过程类似于 Southern 杂交，不同的是用 DNA 探针检测 RNA 分子。从转化子或重组子中提取总 RNA，可以进一步利用亲和层析的原理纯化 mRNA，将 RNA 转移到供杂交的膜上，然后用预先根据待检测 mRNA 序列合成的同源 DNA 探针或 cDNA 探针与其杂交，出现阳性杂交带的转化子是外源基因能有效转录的重组子，并且还能确定转录产物 mRNA 的分子量大小及丰度。斑点印迹杂交法和菌落（噬菌斑）原位杂交法也同样适用于从 mRNA 水平鉴定重组子。

检测外源基因转录产物还可采用反转录-聚合酶链反应（RT-PCR）的方法。从获得的转化子中提取总 RNA 或 mRNA，然后以它作为模板进行反转录，再进行 PCR 扩增，若获得了特异的 cDNA 片段则表明外源基因在转化子中已进行了转录，是含有外源基因的重组子。

三、根据目的基因翻译产物蛋白质、多肽鉴定重组子

如果能检测到转化子中目的基因的翻译产物，同样能表明该转化子是含有目的基因的重组子。这是根据基因与表达产物蛋白质（酶）、多肽对应关系鉴定重组子最有效的方法。检测方法包括蛋白质凝胶电泳检测法、生化反应检测法、免疫学检测法、生物学活性检测法和质谱分析法等。当转化的外源目的基因的表达产物不能直接用这些方法检测时，可用外源基因与报告基因一起构成嵌合基因，通过检测嵌合基因中的报告基因可间接确定目的基因的存在和表达。

1. 蛋白质凝胶电泳检测法鉴定重组子

转化子由于含有外源基因，如果能够正确表达，在总的表达产物中增加了外源基因表达的多肽（蛋白质），所以从转化子中提取的总蛋白质进行凝胶电泳时，电泳图谱上会出现新的与预期分子量一致的蛋白带，根据这一现象就可以初步鉴定是重组子。

2. 免疫学检测法鉴定重组子

免疫学检测法是以目的蛋白为抗原，用对应的特异性抗体鉴定重组子的方法。免疫学检测法具有专一性强、灵敏度高的特点。但使用这种方法的前提条件是可以获得外源基因表达产物的对应抗体。对特定基因表达产物的免疫学检测法主要有酶联免疫吸附法、Western 印迹法、固相放射免疫法和免疫沉淀法等。

(1) 酶联免疫吸附法 酶联免疫吸附法（ELISA）是利用固-液、抗原-抗体反应体系，通过酶反应检测抗体与抗原结合的方法。由于酶催化的反应具有放大作用，使得待测定的灵敏度大大提高，可检测出 1pg 的目的蛋白，同时由于酶反应还具有很强的特异性，因此 ELISA 方法是基因表达研究中最常用的方法之一。该方法首先必须制备特异抗原的酶标一抗或针对一抗的酶标二抗，通过抗体与抗原的包被、免疫反应，根据采用的酶标抗体检测特异性表达产物。

(2) Western 印迹法 Western 印迹法是将蛋白质电泳、印迹和免疫测定结合在一起的检测方法。在转化子菌落中提取总蛋白质，通过 SDS-聚丙烯酰胺凝胶电泳分带，印迹转移

到固相膜上，然后用针对目的蛋白的抗体（一抗）和能与一抗结合、带有特定标记的二抗进行反应，并显色检测，若呈现阳性反应，表明被检测的转化子是重组子。

3. 质谱分析法鉴定重组子

当某生物（重组子）的基因组中增加的外源基因得以表达后，其蛋白质组中必将呈现额外的蛋白质，可按上述凝胶电泳法做初步鉴定。为了进一步准确鉴定，可采用蛋白质双向凝胶电泳和质谱分析技术，如果出现外源基因表达的蛋白质，基本上就可确定待分析的材料是重组子。

小　结

基因工程的操作对象是含有特定核苷酸序列的基因，操作流程主要包括目的基因分离，与克隆载体相连，转入受体细胞，克隆子的筛选和鉴定。基因工程常用的工具酶有限制性核酸内切酶、聚合酶类、修饰酶类等。常用的克隆载体有大肠杆菌克隆载体、农杆菌 Ti 质粒载体、λ噬菌体克隆载体、cosmid 质粒载体、人工染色体载体、T-克隆载体、大肠杆菌表达载体、酵母表达载体等。分离目的基因常采用限制性核酸内切酶酶切、基因组文库或 cDNA 文库分离、PCR 直接扩增、化学合成等方式。含目的基因的 DNA 片段与克隆载体在 DNA 连接酶的作用下连接成为重组 DNA 分子。在连接之前，一般先分别用限制性核酸内切酶切割，如有必要再用酶修饰末端，使待连接的两个 DNA 片段末端成为互补黏性末端或平末端。重组 DNA 分子可通过物理、化学、生物学等方法将外源 DNA 导入受体细胞，并在受体细胞内稳定表达。筛选转化子常采用克隆载体携带的选择标记基因、报告基因等方法。进一步鉴定重组子可采用限制性核酸内切酶分析法、分子杂交法、PCR 法、DNA 测序法和免疫法等。

一、名词解释

基因工程　工具酶　载体　核酸内切酶　质粒　PCR　基因组文库　cDNA 文库　目的基因　受体细胞　重组子　感受态细胞　Southern 印迹杂交

二、填空题

1. 限制性核酸内切酶的三字母命名法，首字母为微生物来源菌株的_____名_____字母，且为_____写，_____名的前两个字母_____写。
2. Ⅱ型限制性内切酶的大多数识别序列具有_____特征。
3. 基因工程中常用的工具酶类主要有_____、_____、_____和_____。
4. 限制性核酸内切酶的切割方式包括：_____和_____。
5. 基因工程中常用的两种 DNA 连接酶是_____和_____。
6. 载体和目的 DNA 片段能在_____的作用下连接成为_____DNA。
7. 导入外源 DNA 分子后能稳定存在的受体细胞称为_____。基因工程中，常用的受体细胞里，原核生物细胞为_____。
8. DNA 芯片由_____、_____、_____三部分构成。
9. 用细菌制作感受态细胞时，应采用处于_____期的细菌。
10. 电穿孔法是一种电场介导的_____处理技术。

11. 对特定基因表达产物的免疫学检测法主要有_____、_____、_____、固相放射免疫法等。

三、判断题

（　　）1. 限制性核酸内切酶交错切方式会产生两种性质的黏性末端。
（　　）2. 末端转移酶发挥聚合活性时，它不需要模板。
（　　）3. T_4 多核苷酸激酶不能催化 5'-OH 加上磷酸基团。
（　　）4. 质粒是独立于染色体之外，可以自主复制，共价闭合的环状双链 DNA 分子。
（　　）5. 构建基因组文库和 cDNA 文库用的都是基因组 DNA。
（　　）6. T_4DNA 连接酶，既能连接黏性末端分子，也能连接平末端分子。
（　　）7. 基因组文库比 cDNA 文库要大。

四、选择题

1. 基因工程作为一种技术诞生于哪个年代？_____
   A. 20 世纪 50 年代初　　　　　　B. 20 世纪 60 年代初
   C. 20 世纪 70 年代初　　　　　　D. 20 世纪 80 年代初
2. 下列哪个选项不是 Ⅱ 型限制性内切酶的特点？_____
   A. 识别序列相对严格固定　　　　B. 识别碱基数一般为 4～8bp
   C. 具有回文序列特征　　　　　　D. 切割位点不确定
3. 下列哪个选项不是大肠杆菌 DNA 聚合酶 Ⅰ 的活性？_____
   A. 3'→5'外切酶活性　　　　　　B. 5'→3'DNA 外切酶活性
   C. 5'→3'DNA 聚合酶活性　　　　D. 以上都不是
4. 下列哪个是碱性磷酸酯酶的主要性质？_____
   A. 5'-磷酸基转变为 5'-羟基末端　B. 5'→3'DNA 外切酶活性
   C. 5'-羟基末端转变为 5'-磷酸基　D. 以上都不是
5. 下列哪个选项不是 S_1 核酸酶的用途？_____
   A. 去除 DNA 片段的单链突出端　　B. 除 cDNA 合成时形成的发夹结构
   C. 分析 DNA/RNA 杂交体的结构　　D. 聚合活性
6. pBR322 载体在 Amp^r 基因区的单一酶切位点插入外源基因后的重组遗传表现为下列哪个？_____
   A. $Amp^r Tet^r$　　　　　　　　B. $Amp^s Tet^s$
   C. $Amp^s Tet^r$　　　　　　　　D. $Amp^r Tet^s$
7. 使用农杆菌 Ti 质粒载体时，外源基因的克隆位置在载体的哪个区域？_____
   A. T-DNA　　　　　　　　　　　B. *vir* 区域
   C. 农杆碱代谢区　　　　　　　　D. 以上区域都可以
8. λDNA 在哪个范围才可被包装成噬菌体颗粒？_____
   A. 75%～100%　　　　　　　　　B. 75%～105%
   C. 95%～105%　　　　　　　　　D. 5%～25%
9. 以下哪个载体承载的外源基因最大？_____
   A. 人工染色体克隆载体　　　　　B. λDNA 噬菌体载体
   C. 农杆菌 Ti 质粒载体　　　　　D. 黏粒
10. 以下哪个载体方便与使用 *Taq* 酶的 PCR 产物进行连接？_____
    A. 人工染色体克隆载体　　　　　B. T-克隆载体
    C. 农杆菌 Ti 质粒载体　　　　　D. 黏粒

五、简述题

1. 基因工程研究的理论依据有哪些？
2. 简述基因工程的操作步骤。
3. 基因工程研究的常用的技术支撑有哪些？
4. 简述限制性核酸内切酶的识别特点。
5. 限制性核酸内切酶的主要用途有哪些？
6. 简述 Klenow 片段的主要功能。
7. 举例说明质粒载体的特点及其克隆目的基因的使用过程。
8. 从基因组文库和 cDNA 文库中获得的目的基因有什么不同？
9. 如何使用 PCR 技术分离获得目的基因？
10. 基因工程的受体细胞必须要具备哪些特性？
11. 重组子鉴定通常有哪些方法？
12. 常见外源 DNA 转化方法有哪些？
13. 简述核酸分子杂交技术的基本原理。
14. 基因与载体连接有哪几种类型？
15. 根据 DNA 分子检测来鉴定重组子有哪些方法？
16. 基因工程有哪些安全方面的问题？

第二章 细胞工程

 学习目标与思政素养目标

1. 掌握细胞工程的基本理论和基本技术。
2. 了解进行植物细胞和组织培养的方法和主要应用领域。
3. 认识单倍体植物的诱导、植物脱毒技术和人工种子制备的应用意义。
4. 掌握动物细胞工程的基本原理和应用领域。
5. 了解动物体细胞克隆技术的基本方法和重要意义。
6. 掌握植物组织培养、细胞培养、微生物原生质体融合的原理和过程。
7. 能够对干细胞等前沿敏感领域有清晰的认识,恪守生命伦理、法律法规,树立正确的科学观和价值观。

细胞工程是指以细胞为基本单位,在体外条件下进行培养、繁殖,或人为地使细胞某些生物学特性按人们的意愿发生改变,从而达到改良生物品种和创造新品种,或加速繁育动植物个体,以获得某种有用物质的一门综合性科学技术。

迄今为止,人们已经从染色体水平、细胞器水平以及细胞水平开展了多层次的大量工作,在细胞培养、细胞融合、细胞代谢产物的生产和生物克隆等诸多领域取得一系列令人瞩目的成果。

第一节 细胞工程概述

一、细胞工程发展历史

1902年,在Schleiden和Schwann创立的细胞学说基础上,德国植物生理学家Haberlandt提出了植物细胞全能性概念,认为植物细胞有再生出完整植株的潜在能力。1934年,White正式提出植物细胞全能性学说并出版了《植物组织培养手册》,使植物组织培养开始成为一门新兴学科。1958年,Steward等使悬浮培养的胡萝卜髓细胞形成了体细胞胚,并发育成完整植株。该实验充分证明了植物细胞全能性学说,这是植物组织培养的第一大突破,影响深远。1907年,美国生物学家Harrison以淋巴液为培养基,观察了蛙胚神经细胞突起的生长过程，首创了体外组织培养法。1958年，冈田善雄发现，已经灭活的仙台病毒可以诱使艾氏腹水肿瘤细胞融合，从此开创了动物细胞融合的崭新领域。植物细胞融合技术也是在动物细胞融合的基础上发展起来的。1997年，Wilmut领导的小组用体细胞核克隆出"多莉"绵羊，使哺乳动物的克隆成为现实。

二、细胞工程的基本概念

广义的细胞工程包括所有的生物组织、器官及细胞离体操作与培养。狭义的细胞工程是指细胞融合和细胞培养技术。

细胞工程涉及的领域相当广泛，根据研究对象的不同，分为植物细胞工程、动物细胞工程、微生物细胞工程三大类。

其中植物细胞工程是细胞工程的一个重要分支，它是以植物组织、细胞为基本单位，在离体条件下进行培养、繁殖或其他人为的精细操作，使细胞的某些生物学特性按人们的意愿发生改变，从而改良品种或创造新物种，或加速繁殖植物个体，或获得有用物质的过程。就培养层次而言，植物细胞工程包括植物组织培养、器官培养、细胞培养、原生质体培养等培养技术。组织培养是指植物各部分组织的离体培养，使之形成愈伤组织。器官培养是指对植物根、茎、叶、花、果实以及各部位原基（芽原基、根原基）的培养。细胞培养是指用能保持较好分散性的植物细胞或很小的细胞团（6～7个细胞）进行离体培养，如生殖细胞（小孢子）、根尖细胞、叶肉细胞等。原生质体培养是指利用某些方法去除植物细胞的细胞壁，培养裸露的原生质体，使其在特定的培养基上重新形成细胞壁并进行分裂、分化形成植株的技术。由上述基本的培养技术和在此基础上延伸出的细胞融合、离体快繁、脱毒技术、超低温冷冻储藏、人工种子等，构成了植物细胞工程的主要内容。

动物细胞工程是细胞工程的另一个重要的分支，包括动物细胞、组织和器官培养、细胞融合、细胞重组、遗传物质转移和生殖工程等，从细胞水平改变动物细胞的遗传物质，用于生产特定生物制品、培育动物新品种。就技术范围而言，动物细胞工程包括细胞培养技术（组织培养、细胞培养）、细胞融合技术、胚胎工程技术（核移植、胚胎分割等）、克隆技术（单细胞系克隆、器官克隆、个体克隆等）。

三、细胞工程基本技术

1. 无菌操作技术

细胞工程的所有实验都要求在无菌条件下进行，稍有疏忽都可能导致实验失败，因此实验人员一定要有十分严格的无菌操作意识。实验操作应在无菌室内进行。无菌室应定期用紫外线或化学试剂消毒，实验前后还应各消毒一次。无菌室外有间缓冲室，实验人员在此换鞋、更衣、戴帽，做好准备后方可进入无菌室。此外还应注意周围环境的卫生整洁。超净工作台是最基本的实验设备，一切操作都应在超净工作台上进行才能达到较高的无菌要求。此外，对生物材料进行彻底的消毒与除菌是实验成功的前提，实验所用的一切器械、器皿和药品都应进行灭菌或除菌，实验者的双手应戴无菌手套。实验者一定要十分认真细心地把好这道关，以保证无菌操作的顺利进行。

2. 细胞培养技术

细胞培养是指动物、植物和微生物细胞在体外无菌条件下的保存和生长。首先，要取材和除菌。除了淋巴细胞可直接抽取以外，植物材料在取材后、动物材料在取材前都要用一定的化学试剂进行严格的表面清洗、消毒。有时还需借助某些特定的酶对材料进行预处理，以期得到分散生长的细胞。其次,根据各类细胞的特点,配制细胞培养基,对培养基进行灭菌或除菌。再次,采用无菌操作技术,将生物材料接种于培养基中。最后,将接种后的培养基放入培养室或培养箱中,提供各类细胞生长所需的最佳培养条件,如温度、湿度、光照、氧气及二氧化碳等。当细胞达到一定生物量时应及时收获或传代。

3. 细胞融合技术

两个或多个细胞相互接触后,其细胞膜发生分子重排,导致细胞合并、染色体等遗传物质重组的过程称为细胞融合,其主要过程包括:

(1) 制备原生质体 微生物及植物细胞具有坚硬的细胞壁,因此通常需用酶将其降解。动物细胞则无此障碍。

(2) 诱导细胞融合 两亲本细胞(原生质体)的悬浮液调至一定细胞密度,按1:1的比例混合后,逐渐滴入高浓度的聚乙二醇(PEG)诱导融合,或用电激的方法促进融合。

(3) 筛选杂合细胞 将上述混合液移到特定的筛选培养基上,让杂合细胞有选择地长出,其他未融合细胞无法生长。

经过上述过程可获得具有双亲遗传特性的杂合细胞。

上述细胞培养技术、细胞融合技术以及其他有关实验原理和技术的细节将以下各节中分述。

第二节 植物细胞工程

植物细胞工程主要包括植物组织培养、植物细胞培养、植物细胞融合、次级代谢物的生产、人工种子的研制等几个方面。

一、植物组织培养

植物组织培养是在无菌和人为控制外因(营养成分、光照、温度、湿度)条件下,培养和研究植物组织、器官,或者进而从中分化、发育出整株植株的技术。组织培养的优点在于可以研究被培养部分(这部分称为外植体)在不受植物体其他部分干扰下的生长和分化的规律,并且可以用各种培养条件影响它们的生长和分化,以解决理论上和生产上的问题。

1. 组织培养的理论依据

组织培养的理论依据是植物细胞具有全能性。细胞的全能性是指离体的体细胞或性细胞在一定的培养条件下,可以长出再生植株,再生植株具有与母株相同的全部遗传信息。即植物的每个细胞中都包含着产生完整有机体的全部基因,在适当的条件下可以形成一个完整的植物体。

2. 培养方法

(1) 培养类型 根据培养对象,组织培养可分为器官培养、组织培养、胚胎培养、细胞培养和原生质体培养等。根据培养过程,将从植物体上分离下来的第一次培养,称为初代培养,以后将培养体转移到新的培养基上,则统称继代培养。根据培养基物理状态,把加琼脂而培养基呈固体的,称为固体培养,不加琼脂而培养基呈液体的,称为液体培养。液体培养又分静止和振荡两类。

(2) 培养条件 组织培养所需温度一般是25~27℃,但组织不同,所需温度也略有差异。例如,培养喜温植物的茎尖,温度可以提高到30℃,有些植物(如大蒜)在恒温条件下会进入休眠,这就有必要进行低温处理来破除休眠。花与果实培养最好有昼夜温差,昼温

23～25℃，夜温15～17℃。

组织培养对光照的要求，也因组织不同而异。茎尖、叶片组织培养需要光照，以便进行光合作用；花果培养要避免直射光；以散射光或暗处培养较宜；根组织培养通常在暗处进行。

3. 培养过程

组织培养是在无菌条件下培养植物的离体组织，所以，植物材料必须完全无菌。次氯酸钙、过氧化氢、氯化汞等是常用的消毒剂。材料消毒后就放在无菌培养基中培养。进行植物组织培养，一般要经历以下5个阶段：

(1) 预备阶段

① 选择合适的外植体。外植体，即能被诱导产生无性增殖系的器官或组织切段。选择外植体大小要适宜，外植体的组织块要达到2万个细胞（即5～10mg）以上才容易成活。同一植物不同部位的外植体，其细胞的分化能力、分化条件及分化类型有相当大的差别，因而一般以幼嫩的组织或器官为宜。

② 外植体的消毒灭菌。选择外观健康的外植体，尽可能除净外植体表面的各种微生物是成功进行植物组织培养的前提。消毒剂的选择和处理时间的长短与外植体对所用试剂的敏感性密切相关。通常幼嫩材料处理时间比成熟材料要短些。

③ 配制适宜的培养基。由于物种的不同、外植体的差异，组织培养的培养基多种多样。目前，在植物组织培养中主要应用的是MS培养基，一般是由无机营养物、碳源、维生素、生长调节物质和有机附加物等五类物质组成。其中，生长调节物质的变动幅度较大，这主要因培养目的不同而异。一般生长素与细胞分裂素的比值较高有利于诱导外植体产生愈伤组织，反之则促进胚芽和胚根的分化。

(2) 诱导去分化阶段 组织培养的第一步就是让外植体去分化，即让各细胞重新处于旺盛有丝分裂的分生状态。因此培养基中一般应添加较高浓度的生长素类激素。诱导外植体去分化可以采用固体培养基，这种方法简便易行、占地面积小，可在培养室中多层培养，空间利用率大。外植体表面除菌后，切成小片（段）插入或贴放培养基即可。本阶段为植物细胞依赖培养基中的有机物等进行的异养生长，原则上无须光照。人们通常把它们置于人工照明条件下培养，以期得到绿色愈伤组织。

(3) 继代增殖阶段 愈伤组织长出后经过4～6周的迅速细胞分裂，原有培养基中的水分及营养成分多已耗完，细胞的有害代谢物已在培养基中积累，因此必须进行移植，即继代增殖。同时，通过移植，愈伤组织的细胞数大大扩增，有利于下阶段收获更多的胚状体或小苗。继代培养增殖在种苗的工厂化生产上有很大意义。

(4) 生根成芽阶段 愈伤组织只有经过重新分化才能形成胚状体，继而长成小植株。所谓胚状体指的是在组织培养中分化产生的具有芽端和根端类似合子胚的构造。通常要将愈伤组织移植于含适量细胞分裂素，没有或仅含少量生长素的分化培养基中，才能诱导胚状体的生成。光照是本阶段的必备外因。根据实验工作的需要，有时也可不经愈伤组织阶段而直接诱导外植体分生、分化长成一定数量的丛生芽。然后再诱导其生根。

(5) 移栽成活阶段 生长于人工照明玻璃瓶中的小苗，要适时移栽室外以利生长。要使试管苗逐渐适应自然条件，需要有一个驯化过程，才能移出试管，在人工气候室中锻炼一段时间（称为炼苗）能大大提高幼苗的成活率。这些措施包括：使用生长调节剂降低株高，增加根数和加粗茎秆；打开封口以降低湿度，增强光照；使用保湿性好，透气和排水性好的移植基质材料；使用遮阳网降低太阳光照；喷几次水以提高空气湿度等。

二、植物细胞培养和次级代谢物的生产

早在20世纪50年代，人们就发现离体培养的高等植物细胞具有合成并积累次级代谢产物的潜力。植物细胞培养是在植物组织培养基础之上发展起来的。理论基础也是植物细胞全能性。植物细胞培养是指在离体条件下，将愈伤组织或其他易分散的组织置于液体培养基中，进行振荡培养，得到分散成游离状的悬浮细胞，通过继代培养使细胞增殖，从而获得大量的细胞群体的一种技术。目前利用植物细胞培养技术生产植物产品已成为工业化生产植物产品的一条有效途径。这些产品既可用作药物生产的原料，也可作为工业、农业、食品添加剂等的原料。但目前存在的主要问题是代谢产物的含量低，由此造成成本和产品价格高。由于植物细胞悬浮培养技术的发展，加之各种新型生物反应器的问世，使得植物细胞有可能像微生物那样在发酵罐中大量连续培养。

与整株植物栽培相比，细胞培养的优点包括：①代谢产物的生产是在控制条件下进行的，因此可以通过选择优良细胞系和优化培养条件等方法得到超越整株植物产量的代谢产物。不仅节约能源，减少耕地占用面积，而且不受季节、地域的限制。②细胞培养是在无菌条件下进行的，因此可以排除病菌和害虫的影响。③可以通过特定的生物转化途径获得均一的有效成分。④可以探索新的合成路线，获得新的有用物质。总之，继微生物发酵技术以后，植物细胞培养用于具有生理活性的次级代谢产物的生产方面现已成为当代生物技术的一个重要应用技术。

1. 植物细胞培养系统

植物中含有数量极为可观的次级代谢物质，但植物生长缓慢，自然灾害频繁，即使是大规模人工栽培仍然不能从根本上满足人类对经济植物日益增长的需求。因此早在1956年，Routier和Nickell就提出工业化培养植物细胞以提取其天然产物的大胆设想。目前世界上工业化培养植物细胞（人参细胞）已达130t/个发酵罐的生产水平。

工业化植物细胞培养系统主要有两大类：悬浮细胞培养系统和固定化细胞培养系统。前者适于大量快速地增殖细胞，但往往不利于次级产物的积累；后者则相反，细胞生长缓慢，但次级产物含量相对较高。

(1) 悬浮细胞培养系统 1953年Muir成功地对烟草和直立万寿菊的愈伤组织进行了悬浮培养。此后，Tulecke和Nickell于1959年推出了一个20L的封闭式植物悬浮细胞培养系统（图2-1）。该系统由培养罐及四根导管连通辅助设备构成。经蒸汽灭菌后接入目的培养物，以无菌压缩空气进行搅拌。当营养耗尽，细胞数目不再增加且次级产物达一定浓度时，

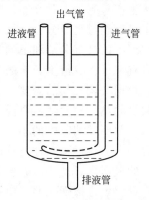

图 2-1 封闭式植物悬浮细胞培养系统

收获细胞，提取产物。他们用此系统成功地培养了银杏、冬青、黑麦草和蔷薇等细胞。本系统的突出优点是结构简单，易于操作。但它的生产效率不够高，次级产物累积的量也较少。后人在此基础上进行了改进，包括：①半连续培养方法，即每隔一定时间（如 1~2d）收获部分培养物，再加入等量培养基的方法。②连续培养方法，即培养若干天后连续收获细胞的同时不断补充培养液的方法。这两个系统较明显地提高了细胞的生产率，但由于收获的是快速生长的细胞，其中的次级代谢物含量依然很低。看来有必要控制不同的参数分阶段培养细胞。如前阶段营养充足，加大通气，促进细胞大量生长，后阶段由于营养短缺、溶解氧供应不足导致细胞代谢途径改变，转而累积较高含量的次级产物。

（2）固定化细胞培养系统 针对上述悬浮细胞培养的缺点，Brodelius 等（1979）首次报道了用褐藻酸钙成功地固定培养橘叶鸡眼藤、长春花、希腊毛地黄细胞。细胞固定化后的密集而缓慢的生长有利于细胞的分化和组织化，从而有利于次级产物的合成。此外，细胞固定化后不仅便于对环境因子的参数进行调控，而且有利于在细胞团间形成各种化学物质和物理因素的梯度，这可能是调控高产次级产物的关键。

细胞固定化是将细胞包埋在惰性支持物的内部或贴附在它的表面。其前提是通过悬浮培养获得足够数量的细胞。常见的固定化细胞培养系统有以下两大类：

① 平床培养系统。本系统由培养床、贮液罐和蠕动泵等构成（图 2-2）。新鲜的细胞被固定在床底部由聚丙烯等材料编织成的无菌平垫上。无菌贮液罐被紧固在培养床的上方，通过管道向下滴注培养液。培养床上的营养液再通过蠕动泵循环送回贮液罐中。本系统设备较简单，比悬浮培养体系能更有效地合成次级产物（表 2-2）。不过它占地面积较大，累积次级代谢物较多的滴液区所占比例不高；而且在这密闭的体系中氧气的供应时常成为限制因子，经常还得附加提供无菌空气的设备。

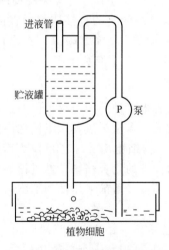

图 2-2 植物细胞平床培养系统

表 2-1 平床培养与悬浮培养的龙葵细胞特性比较

培养方式	培养时间/d	鲜重增加量/%	细胞生活力/%	生物碱/(mg/g 干重)
悬浮培养	18	866	73.9	10
平床培养	7	7	71.6	12

② 立柱培养系统。本方法将植物细胞与琼脂或褐藻酸钠混合，制成一个个 1~2cm³ 的细胞团块，并将它们集中于无菌立柱中（图 2-3）。这样，贮液罐中下滴的营养液流经大部

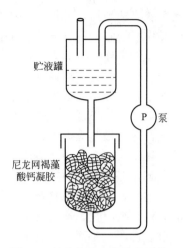

图 2-3　植物细胞立柱培养系统

分细胞，亦即"滴液区"比例大大提高，次级产物的合成速度大大加快，同时占地面积大大减小。

以下简要介绍褐藻酸钙固定植物细胞的技术路线：

在立柱培养系统中，由于细胞被固定化，因此应尽可能选择那些次级产物能自然地或经诱导后能逸出胞外的细胞株系。此外，为了提高次级产物的产量，还应注意：a. 要选用高产细胞株系。b. 在营养液中加入目的产物的直接或接近直接前体物质，往往对增产目的产物有特效。c. 对各类细胞的培养都应反复摸索碳源、氮源和生长调节物质的配比，找出最佳方案。d. 适量光照及通气在多数情况下有利于产物的生成。

2. 植物细胞培养产品类型

（1）药用代谢产物　目前已有很多种药用植物可以通过细胞培养技术生产内含药物，其中许多培养的细胞中积累的药物成分含量超过其亲本植株内的含量，如人参皂苷、蒽醌、小檗碱、迷迭香酸、辅酶 Q_{10} 等。植物细胞培养除了可以生产原植物本身含有的天然药物外，还可进行生物转化和生产原植物没有的化合药物。通过植物细胞培养技术生产珍贵药物代表了植物细胞培养的一个主要研究领域。目前采用植物细胞培养生产的药物成分主要包括以下几类。

① 苷类：包括皂苷（人参皂苷、三七皂苷、柴胡皂苷、薯蓣皂苷元等）、强心苷（强心醇苷、毛地黄毒素及衍生物等）、甘草甜苷、香豆精苷等。

② 甾醇：包括菜油甾醇、豆甾醇、谷甾醇、胆甾醇、异岩藻甾醇等。

③ 生物碱：主要有吡啶、喹啉、异喹啉等。

④ 醌类：包括蒽醌、奈醌、泛醌等。

⑤ 蛋白质类：主要有胰岛素、氨基酸、蛋白酶抑制剂、植物病毒抑制剂等。

（2）天然食品、食品添加剂　天然的食品添加剂越来越受到消费者青睐。利用植物细胞培养技术生产天然食品或食品添加剂已展现了诱人的前景。比如：从咖啡培养细胞中可收集可可碱和咖啡碱；从海藻（如石花菜、江篱等）的愈伤组织培养物中可生产琼脂；培养甜菜、菠菜等的愈伤组织细胞可以收获甜菜苷类红色素；培养甜菊叶的细胞可以制取甜菊苷天然甜味剂；培养辣椒细胞可以获得辣椒素。此外，利用植物细胞大规模培养技术也已能生产出许多种香料物质，如培养玫瑰细胞可以获得许多酚类物质；培养洋葱细胞可以得到香料的前体物质。

（3）杀虫剂、杀菌剂　利用植物培养技术生产的杀虫剂、杀菌剂种类较多。例如：从万寿菊的培养组织或细胞中可以收获农药噻吩烷；从鹰嘴豆和扫帚艾的愈伤组织或细胞中可以得到三种鱼藤生物碱、灰叶素、鱼藤酮以及除虫菊脂等；从葫芦巴（香草）静态培养物中能分离得到蓝鱼藤酮、粉红鱼藤酮等杀虫剂；从锦葵叶愈伤组织细胞中可以收集生物碱等等。

（4）饲料、精细化工等产品　蚕的饲料生产是一个很好的代表。蚕需要专门的植物做饲料，如桑、蓖麻、榆等，自然界这些原料来源容易受到季节、地域等条件限制。通过培养这些植物的细胞，收获、混合后再配合一些附加物如大豆粉、蔗糖、淀粉等制成饲料，就很好地解决了蚕饲养的饲料供给问题。另外，利用植物细胞培养技术还可以从银胶菊愈伤组织细胞中生产橡胶。

总之，人类迄今通过植物细胞培养获得的生物碱、维生素、色素、抗生素以及抗肿瘤药物等不下 50 多个大类，其中已有 30 多种次级产物的含量在人工培养时已达到或超过亲本植物的水平。在已研究过的 200 多种植物细胞培养物中，已发现可产生 300 余种对人类有用的成分，其中不乏临床上广为应用的重要药物。利用培养植物细胞工厂化生产生物天然次级代谢产物的美好前景已经十分清楚地展现在我们面前。

三、植物细胞原生质体制备与融合

细胞融合又称体细胞杂交，是指将不同来源的原生质体（除去细胞壁的细胞）相融合并使之分化再生、形成新物种或新品种的技术。

人们很早就发现在生物界中有自发的细胞融合现象。然而常规的杂交育种由于物种间难以逾越的天然屏障而举步维艰。科学家们受细胞全能性理论及组织培养成功的启示，逐渐将眼光转向细胞融合，试图用这种崭新的手段冲破自然界的禁锢。1937 年 Michel 率先尝试植物细胞融合的试验。但如何去除坚韧的细胞壁成了生物学工作者必须解决的首要难题。1960 年该领域出现了重大突破。由英国诺丁汉大学 Cocking 教授领导的小组率先利用真菌纤维素酶，成功地制备出了大量具有高度活性可再生的番茄幼根细胞原生质体，开辟了原生质体融合研究的新阶段。

植物细胞原生质体是指那些已去除全部细胞壁的细胞。细胞外仅由细胞膜包裹，呈圆形，要在高渗液中才能维持细胞的相对稳定。在酶解过程中残存少量细胞壁的原生质体称为原生质球或球状体。它们都是进行原生质体融合的好材料。

原生质体融合的一个有效方法是 1973 年 Keller 提出的高钙高 pH 法。第二年，加拿大籍华人高国楠首创聚乙二醇（PEG）法诱导原生质体融合；1977 年，他又把聚乙二醇法与高钙高 pH 法结合，显著提高了原生质体的融合率。1978 年，Melchers 用此法获得了番茄与马铃薯细胞融合的杂种。1979 年，Senda 发明了以电激法提高原生质体融合率的新方法。由于这一系列方法的提出和建立，促使原生质体融合实验蓬勃地开展起来。

1. 细胞融合的基本原理

对于植物细胞而言，一般先将两种不同植物的体细胞（来自其叶或根）经过纤维素酶、果胶酶消化，除去其细胞壁，得到原生质体；而后通过物理或化学方法诱导其细胞融合形成杂合细胞；继而再以适当的技术进行杂合细胞的分检和培养，促使杂合细胞分裂形成细胞团、愈伤组织，直至形成杂种植株，从而实现基因在远缘物种间的转移。由于这个新细胞得到了来自两个细胞的染色体组和细胞质，在适宜的条件下培养，长成的生物个体就是一个新的物种或品系。

图 2-4 所示的是两个不同的原生质体或细胞融合成一个新的融合细胞的原理示意图：将不同来源的两个原生质体或细胞通过细胞融合，得到含有两者遗传信息的新的杂合细胞，然后通过培养基筛选出这种杂合细胞，就有可能得到一个新生物。

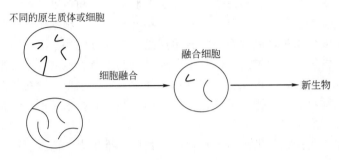

图 2-4　细胞融合的原理示意图

细胞融合主要经过了两个原生质体或细胞互相靠近、细胞桥形成、胞质渗透、细胞核融合等主要步骤。其中细胞桥的形成是细胞融合最关键的一步，融合过程中两个细胞膜从彼此接触到破裂形成细胞桥的具体变化过程如图 2-5 所示。

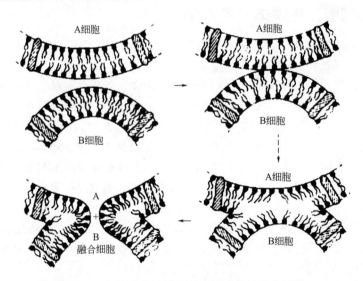

图 2-5　细胞融合过程中两个细胞膜的变化过程

2. 原生质体的制备

植物细胞质膜外面包裹一层细胞壁，各细胞壁间有果胶层将细胞联结在一起。为了促使这样的细胞发生融合就必须先得到单个细胞，除去细胞壁，才能获得植物原生质体。因此对于植物细胞的融合一般又可称为原生质体融合。原生质体的制备过程如下：

(1) 取材与除菌　原则上植物任何部位的外植体都可成为制备原生质体的材料。但人们往往对活跃生长的器官和组织更感兴趣，因为由此制得的原生质体一般都生命力较强，再生与分生比例较高。常用的外植体包括：种子根、子叶、下胚轴、胚细胞、花粉母细胞、悬浮培养细胞和嫩叶。

对外植体的除菌要因材而异。悬浮培养细胞一般无须除菌。对较脏的外植体往往要先用肥皂水清洗，再以清水洗2~3次，然后浸入70%酒精消毒后，再放进3%次氯酸钠处理。最后用无菌水漂洗数次，并用无菌滤纸吸干。

（2）酶解 植物细胞的细胞壁含纤维素、半纤维素、木质素以及果胶等成分，因此市售的纤维素酶实际上大多是含多种成分的复合酶，如纤维素酶、纤维素二糖酶及果胶酶等。此外直接从蜗牛消化道提取的蜗牛酶也有相当强的降解植物细胞壁的功能。

现以叶片为例说明如何制备植物原生质体。①配制酶解反应液。反应液应是一种pH在5.5~5.8的缓冲液，内含纤维素酶0.3%~3.0%以及渗透压稳定剂、细胞膜保护剂和表面活性剂等。②酶解。除菌后的叶片→撕去下表皮→切块放入反应液→不时轻摇（25~30℃，2~4h）→反应液转绿。反应液转绿是酶解成功的一项重要指标，说明已有不少原生质体游离在反应液中。经镜检确认后应及时终止反应，避免脆弱的原生质体受到更多的损害。

（3）分离 在反应液中除了大量的原生质体外，尚有一些残留的组织块和破碎的细胞。为了取得高纯度的原生质体就必须进行原生质体的分离。可选用200~400目的不锈钢网或尼龙布过滤除渣，也可采用低速离心法或比重漂浮法直接获取原生质体。

（4）洗涤 刚分离得到的原生质体往往还含有酶及其他不利于原生质体培养、再生的试剂，应以新的渗透压稳定剂或原生质体培养液离心洗涤2~4次。

（5）鉴定 只有经过鉴定确认已获得原生质体后才能进行下阶段的细胞融合工作。由于已去除全部或大部分细胞壁，此时植物细胞呈圆形。如果把它放入低渗溶液中，则很容易胀破。用荧光增白剂染色后置荧光显微镜下观察，残留的细胞壁呈现明显荧光。通过以上观测，基本上可判别是否为原生质体及其百分率。此外，可借助锥虫蓝（又称台盼蓝）活细胞染色、胞质环流观察以及测定光合作用、呼吸作用等参数定量检测原生质体的活力。

3. 原生质体融合

为了使制备好的原生质体能融合在一起，选择适宜有效的诱导融合方法很重要。诱导植物原生质体融合的方法有化学法、物理法。

（1）化学法诱导融合 化学法诱导融合无需贵重仪器，试剂易于得到，因此一直是细胞融合的主要方法。细胞融合中的化学法诱导主要包括：$NaNO_3$诱导法（$NaNO_3$可中和原生质体表面负电荷，促进原生质体聚集，对原生质体无损害，但融合效率低）、高Ca^{2+}高pH诱导法、PEG诱导法、PEG结合高Ca^{2+}高pH诱导法等。上面几种方法中以后者最为常用，下面逐一重点介绍：

① 基本原理。聚乙二醇（PEG）是一种多聚化合物，商品名卡波蜡。一般分子量1000以下者为液体，1000以上者为固体。1974年人们用它诱导大麦、大豆等植物原生质体融合，以后又用PEG诱导与高Ca^{2+}和高pH诱导相结合，极大地提高了融合效率。

② 基本过程。以白菜和甘蓝体细胞原生质体融合为例，PEG结合高Ca^{2+}高pH诱导法诱导原生质体融合的过程如图2-6所示。

即按比例混合双亲原生质体→滴加PEG溶液，摇匀，静置→滴加高Ca^{2+}高pH溶液，摇匀，静置→滴加原生质体培养液洗涤数次→离心获得原生质体细胞团→筛选鉴定→再生杂合细胞。

通常，在PEG处理阶段，原生质体间只发生凝集现象。加入高钙高pH溶液稀释后，紧挨着的原生质体间才出现大量的细胞融合，其融合率可达10%~50%。这是一种非选择性的融合，既可发生于同种细胞之间，也可能在异种细胞间出现。有些融合是两个原生质体的融合，但也经常可见两个以上的原生质体聚合成团，不过此类融合往往不大可能成功。应当指出，高浓度的PEG结合高Ca^{2+}高pH溶液对原生质体具有一定毒性，因此诱导融合的

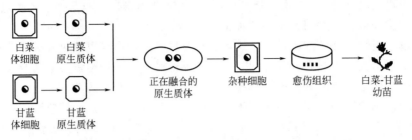

图 2-6　PEG 结合高 Ca^{2+} 高 pH 诱导法诱导白菜和甘蓝体

时间要适中。处理时间过短,融合率降低;处理时间过长,则会因原生质体活力明显下降而导致融合失败。

（2）物理法诱导融合　电融合法是 20 世纪 80 年代出现的细胞融合技术。在直流电脉冲的诱导下,原生质体质膜表面的电荷和氧化还原电位发生改变,使异种原生质体黏合并发生质膜瞬间破裂,进而质膜开始连接,直到闭合成完整的膜形成融合体。电融合装置的电极有两种:微电极型和平行多电极型(图 2-7)。微电极法诱导细胞融合是 1979 年 Senda 等发明的,平行电极法是 1981 年 Zimmermann 等提出的。它们的特点与操作如下:将制备好的双亲本原生质体溶液悬浮均匀混合后,放入融合小室中。平行电极型一般有 4 个小室(图 2-7-A),微电极型只有一个小室(图 2-7-B)。插入微电极,接通一定的交变电场。原生质体极化后顺着电场排列成紧密接触的念珠状(图 2-7-C)。此时,瞬间施以适当强度的电脉冲,则使原生质体质膜被击穿而发生融合。

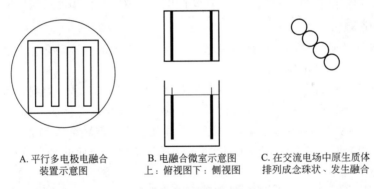

A. 平行多电极电融合　　B. 电融合微室示意图　　C. 在交流电场中原生质体
装置示意图　　　　　　上:俯视图下:侧视图　　　排列成念珠状、发生融合

图 2-7　电融合设备及原理图

与 PEG 法比较,电融合法优点较多,不使用有毒害作用的试剂,作用条件比较温和,而且基本上是同步发生融合,融合率高、重复性强、对原生质体伤害小;装置精巧、方便简单,可在显微镜下观察或录像融合过程;免去 PEG 诱导后的洗涤过程、诱导过程,可控制性强等。只要条件适当,亦可获得较高的融合率。

4. 融合细胞的鉴别与筛选

经过上述融合处理后再生的细胞株将可能出现以下几种类型:①亲本双方的细胞核和细胞质能融洽地合为一体,发育成为完全的杂合植株。这种例子不多。②融合细胞由一方细胞核与另一方细胞质构成,可能发育为核质异源的植株。亲缘关系越远的物种,某个亲本的染色体被丢失的现象就越严重。③融合细胞由双方胞质及一方胞核或再附加少量另一方染色体或 DNA 片段构成。④原生质体融合后两个细胞核尚未融合时就过早地被新出现的细胞壁分开,以后它们各自分生长成嵌合植株。

双亲本原生质体经融合处理后产生的杂合细胞,一般要经含有渗透压稳定剂的原生质体培养基培养(液体或固体),再生出细胞壁后转移到合适的培养基中。待长出愈伤组织后按常规方法诱导其长芽、生根、成苗。在此过程中可对是否杂合细胞或植株进行鉴别与筛选。对于如何筛选杂合细胞,尚无特定规律可循,需对不同对象设计具体的筛选方案和选择体系,优先选择杂合细胞,或只允许杂合细胞生长,以淘汰亲本细胞。

(1) 杂合细胞的显微镜鉴别 根据以下特征可以在显微镜下直接识别杂合细胞:若一方细胞大,另一方细胞小,则大、小细胞融合的就是杂合细胞;若一方细胞基本无色,另一方为绿色,则白、绿色结合的细胞是杂合细胞;若双方原生质体在特殊显微镜下或双方经不同染料着色后可见不同的特征,则可作为识别杂合细胞的标志;发现上述杂合细胞后可借助显微操作仪在显微镜下直接取出,移置再生培养基培养。

(2) 互补法筛选杂合细胞 显微鉴别法虽然比较可信,但实验者有时会受到仪器的限制,工作进度慢且未知其能否存活与生长。遗传互补法则可弥补以上不足。

遗传互补法的前提是获得各种遗传突变细胞株系。例如,不同基因型的白化突变株 $aaBB \times AAbb$,可互补为绿色细胞株 $AaBb$,这叫作白化互补。再如,甲细胞株缺外源激素 A 不能生长,乙细胞株需要提供外源激素 B 才能生长,则甲株与乙株融合,杂合细胞在不含激素 A、B 的选择培养基上可以生长。这种选择类型称生长互补。假如某个细胞株具有某种抗性(如抗氨苄青霉素),另一个细胞株具有另一种抗性(例如抗卡那霉素),则它们的杂合株将可在含上述两种抗生素的培养基上再生与分裂。这种筛选方式即所谓的抗性互补筛选。此外,根据碘代乙酰胺能抑制细胞代谢的特点,用它处理受体原生质体,只有融合后的供体细胞质才能使细胞活性得到恢复,这就是代谢互补筛选。

(3) 采用细胞与分子生物学的方法鉴别杂合体 经细胞融合后长出的愈伤组织或植株,可进行染色体核型分析、染色体显带分析、同工酶分析以及更为精细的核酸分子杂交、限制性核酸内切酶片段长度多态性(RFLP)和随机扩增多态性DNA(RAPD)分析,以确定其是否结合了双亲本的遗传物质。

此外,采用显微操作技术也能分离。因为如果是融合细胞,就必定具有与双亲本不同的荧光标记,所以科学家发明了一种普遍适用的方法,即采用无毒的荧光素标记双亲原生质体。融合后利用一种电子荧光激活选择器自动分类和选择融合细胞。

5. 植物原生质体融合技术的应用

植物原生质体融合的研究已有90多年的历史。但现代植物细胞融合技术研究是从20世纪60年代才开始的。20世纪70年代,一些科学家探讨了植物细胞杂交的内容、方法和意义,并提出了非常具有吸引力的以番茄和马铃薯为细胞杂交亲本的细胞杂交模型,推动了原生质体融合技术研究的广泛开展。此后,逐步形成了通过细胞杂交进行作物改良的新观念。1972年美国科学家卡尔逊开发出杂种烟草。1978年德国科学家梅歇尔斯首次将番茄与马铃薯细胞融合成功,获得的番茄-马铃薯杂交株(图2-8),基本像马铃薯那样蔓生,能开花,并长出2~11cm的果实。成熟时果实黄色,具番茄气味,但高度不育,这是一种人为设计的理想蔬菜新品种,预示了地上结西红柿、地下结土豆的新植物的可能。细胞融合、染色体工程等许多遗传育种技术往往与组织、细胞培养技术结合在一起,就能快速培养出具有优良遗传性状的新型物种。具体的操作过程可利用前面介绍的方法分离纯化植物原生质体,进而获得融合的杂合细胞,然后通过组织培养的方法来获得个体。

四、单倍体植物的诱发和利用

单倍体生物是指细胞中仅含一组染色体的个体。1921年,Bergner首次在高等植物曼陀

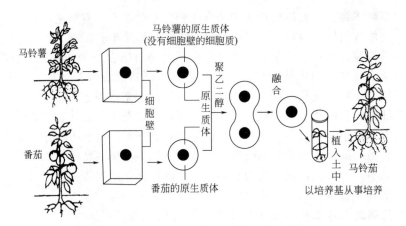

图 2-8　马铃薯与番茄经细胞融合而成的马铃茄

罗中发现了单倍体植物。此类植物与正常二倍体植物相比，叶小、株矮，生命力弱，且高度不育。然而由于它们种质纯，不受显性等位基因的掩盖与遮蔽效应影响，人们易于从中挑选出具有可用性状的隐性突变体。而且，由单倍体诱导产生的二倍体的所有基因是纯合的，即所谓的纯系，其后代不会产生分离，因而遗传性是稳定的。所以这种植株的经济意义十分显著。因此，Blakeslee等（1924年）提出了在育种中培植利用单倍体生物，然后加倍获得正常二倍体植株的设想。这是一条十分诱人的技术路线，其核心问题是单倍体植株的成功诱导与栽培。由于技术上的限制，直到1964年才由Guha等率先人工诱导毛叶曼陀罗单倍体株成功。此后，世界上通过人工花粉和花药培养已经获得几百种植物的单倍体植株，其中我国科学工作者已培育40种以上，如小麦、玉米、辣椒、油菜、甘蔗和苹果等。

自然界中偶尔也能见到天然诱发的单倍体植株，它们多通过孤雌繁殖、孤雄繁殖或无融合生殖的途径发育而成。不过，自发产生单倍体植株的概率很低，小于千分之一。现在已可以通过实验室诱导，大量培育出符合需要的单倍体植株。

1. 花药培养

花药由花药壁和花粉囊构成。经过适当的诱导，花粉囊中的花粉（单倍体）可能去分化而发育成单倍体胚或愈伤组织，最终形成花粉植株。

(1) 选取成熟度适中的花蕾或幼穗　所谓成熟度适中是指花蕾或幼穗中的花粉正处于形成营养细胞和生殖细胞的阶段（对多数植物而言）。过早或过迟的花粉效果多不理想。

(2) 花药预处理　花药经无菌操作从上述材料中取出后，经下述方法之一进行预处理：①用甘露醇或其他糖、无机盐配成的高渗溶液（约25g/L）处理6~8min，或者低速（2000r/min）离心30min，将有利于单倍体愈伤组织的形成；②低温（4~10℃）或高温（35℃）处理2~20d，可明显提高某些植物单倍体胚的比例；③零磁空间处理，利用航天器将培养中的花药送入太空一段时间后再回收，有助于获得高质量的愈伤组织及其再生苗。

(3) 选择适当的培养基与培养条件　花药培养基大体有两种类型。对多数植物而言，在愈伤组织培养基中一般已添加适量的生长素类激素，如2,4-D、萘乙酸（NAA）或吲哚丁酸（IBA）等。此外，在培养基中加入适量的脯氨酸或羟脯氨酸，对促进单倍体愈伤组织的形成都有明显的作用。

此外，培养条件是一个值得注意的问题。花药中含有至今成分不明的水溶性"花药因子"，只有当培养基中的"花药因子"积累到一定程度，添加外源激素才会奏效。因此，适当密植花药是必要的。

无论是长出愈伤组织还是单倍体胚，都应像组织培养那样，适时转移至添加细胞分裂素类激素的分化培养基中，以利于植株生成。不过花药培养中双倍体植株所占百分比过高的问题仍未得到根本解决。

2. 花粉培养

由于花药培养时一些二倍性的花药壁细胞亦形成愈伤组织，从而增加了培育单倍体植株的难度。1974 年，Nitsch 等首创用挤压法分离花粉进行培养的方法。他们取下烟草成熟花蕾，在 5℃放置 48h 后进行表面消毒，取出花药。让花药在 28℃的液体培养基上漂浮光照预处理 4d。然后用器械挤破花药，制成花粉悬液。经过滤、离心、培养，只得到约 5%的花粉植株。究其成功率低的原因，一方面是由于挤压损伤了花粉，另一方面可能由于缺乏"花药因子"，花粉生长发育欠佳所致。为了克服上述缺点，1977 年，Sunderland 等提出了自然散开法收集花粉的方法。他们将花蕾或幼穗在 7℃冷处理两周后，让其在适当的液体培养基表面培养，待花药自然开裂散落出花粉后，离心收集花粉，置于含肌醇和谷酰胺的培养基中生长。虽然该方法使花粉成株率有所提高，但与花药培养相比仍然低得多。不过这些花粉培养一旦成功，则可较明确地判断为单倍体植株。虽然用花药与花粉培养单倍体植株目前都已取得长足的进展，但白化苗出现过多仍是亟待解决的问题。

3. 获得单倍体的其他方法

（1）未传粉子房、胚珠的培养　子房、胚珠的培养就是诱导胚囊内单倍性的核发育成单倍体植株。胚囊中的 8 个核都有可能发育成单倍体植株，一般多来自卵细胞、反足细胞和助细胞。1976 年，San Noeum 首先从大麦的未授粉子房培养获得单倍体植株。由于该方法诱导出的植株大多是单倍体绿苗，因此成为一个新的发展方向。

（2）杂交法获得单倍体植株　在远缘杂交过程中由于遗传上的不亲和性，受精后在幼胚的发育过程中，一方的染色体被排除，最终只得到仅含一方染色体的单倍体植株。这项技术首先在大麦的单倍体诱导中成功。1970 年 Kasha 用球茎大麦与栽培大麦杂交，由于球茎大麦的染色体被排除，最终得到栽培大麦的单倍体，这种技术已被称为"球茎大麦技术"。随后用普通小麦"中国春"与球茎大麦杂交，也成功得到普通小麦的单倍体。

4. 单倍体植株的加倍

我们之所以要得到单倍体培养物（愈伤组织、幼胚及植株），其目的是为了对它们进行染色体加倍，从而获得"纯系"的二倍体植物。染色体加倍的传统方法是用秋水仙素进行处理。秋水仙素是从百合科植物秋水仙的种子和球茎中分离出来的一种植物碱，能阻止细胞分裂时纺锤体的形成，因此形成二倍体或多倍体。在诱发单倍体植株的各阶段（形成愈伤组织、幼胚及小苗），都可用 0.2%～0.4%秋水仙素处理 24～48h，然后按常规途径培养，可得到染色体加倍能正常开花结果的二倍体植株。

5. 单倍性育种的意义

（1）加快育种速度　杂交育种中，杂交后代从第 2 代（F_2）起发生分离经过 7～8 代才能稳定，因而选择一个新品种需 10 年左右的时间；然而用单倍体技术，将杂交后杂种一代（F_1）的花药进行离体培养，得到单倍体后，人工加倍，就得到纯合二倍体，这种二倍体是由单倍体的染色体自我复制加倍而来，因而后代不会分离，这样就很快稳定下来，从而显著缩短育种年限。

（2）提高选择效率　前面已经提到，杂交育种时，从 F_2 代开始分离，如果在 F_2 代选择到纯合体，那将不分离，而 F_2 代纯合体选择的概率在杂交育种与单倍体育种上差异显著。

根据推算，假设涉及 n 对基因，那么在 F_2 代得到纯合体的概率，杂交育种时为 $1/2^{2n}$，单倍体育种为 $1/2^n$，可见单倍体育种时，纯合体的选择概率要远远高于杂交育种。

五、人工种子的制备

人工种子即人为制造的种子，它是一种含有植物胚状体或芽、营养成分、激素以及其他成分的人工胶囊。

1. 人工种子的构成及特点

人工种子由以下三部分构成（图 2-9）。

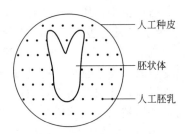

图 2-9　人工种子模式图

(1) 人工种皮　这是包裹在人工种子最外层的胶质化合物薄膜。这层薄膜既能允许内外气体交换畅通，又能防止人工胚乳中水分及各类营养物质的渗漏。此外还应具备一定的机械抗压力。

(2) 人工胚乳　这是人工配制的保证胚状体生长发育需要的营养物质，一般以生成胚状体的培养基为主要成分，再根据人们的需要外加一定量的植物激素、抗生素、农药及除草剂等物质，尽可能提供胚状体正常萌发生长所需的条件。

(3) 胚状体　胚状体是由组织培养产生的具有胚芽、胚根、类似天然种子胚的结构，具有萌发长成植株的能力。

人工种子具有以下突出的优点：①可以不受环境因素制约，一年四季进行工厂化生产；②由于胚状体是经人工无性繁育产生，有利于保存该种系的优良性状；③与试管苗相比，人工种子成本更低，便于运输和储藏，更适合于机械化田间播种；④可根据需要在人工胚乳中添加适量的营养物、激素、农药、抗生素、除草剂等，以利于胚状体的健康生长。

2. 人工种子的制备

(1) 胚状体的制备及其同步生长　通过多种途径都可获得数量可观的胚状体。但这些胚状体往往处于胚胎发育的不同时期，不符合大量制备人工种子的需要。因此诱导胚状体的同步化生长成了制备人工种子的核心问题。可采取低温法、抑制剂法、分离法、通气法、渗透压法等措施促进胚状体的同步生长，但总的来说，控制细胞及胚状体的同步化生长是一个尚未完全解决的问题。除了上述提出的外因干预以外，物种及不同外植体细胞的敏感性，对实现同步生长也有很大影响。只有经过实验摸索才可能成功。

此外，刚收获的胚状体水分很高，不够成熟，亦难以贮存。因此一般应经自然干燥 4～7d，使胚状体转为不透明状为宜。

(2) 人工胚乳的制备　人工胚乳的营养需求因种子而异，但与细胞、组织培养的培养基大体相仿，通常还要配加一定的天然大分子碳水化合物（淀粉、糖类）以减少营养物泄漏。常用人工胚乳有 MS（或 SH、White）培养基＋马铃薯淀粉水解物（1.5%）；0.5×SH 培养基＋麦芽糖（1.5%）等。还可根据需要在上述培养基中添加适量激素、抗生素、农药、除草剂等。

(3) 配制包埋剂及包埋 人工种子的制作过程中,包埋是非常重要的一个环节,主要包括包埋介质的选择和具体的包埋方法。前者主要是人工胚乳和人工种皮的选择。对于人工胚乳,理想的包埋介质应该满足以下条件:①对所要包埋的胚乳无伤害。②有足够的柔软性,可以保护胚乳,并允许其发育。③具有一定硬度,避免运输、操作过程中的伤害。④具有穿透性,传递细胞生长所需的营养;并能容纳其他附加成分,如防腐剂、杀虫剂等。⑤可以用现有的温室或农业机械进行播种。

褐藻酸钠是目前最好的人工种子包埋剂,经 $CaCl_2$ 离子交换后,机械性能较好。其次是琼脂、白明胶等。通常以人工胚乳溶液调配成 4% 的褐藻酸钠,再按一定比例加入胚状体,混匀后,逐滴滴到 2.0%~2.5% $CaCl_2$ 溶液中。经过 10~15min 的离子交换络合作用,即形成一个个圆形的具一定刚性的人工种子。而后以无菌水漂洗 20min,终止反应,捞起晾干。

滴液法获得的人工种子,其直径随滴管口径的大小而定;每颗种子内含胚状体数目主要取决于包埋剂中胚状体的密度;人工种皮的厚度则随人工种子在 $CaCl_2$ 溶液中离子交换时间的长短而定,一般掌握在 10~15min。种皮太厚,不利于胚状体萌发;种皮太薄,则在贮存、运输以及播种过程中都会遇到麻烦。

3. 人工种子的贮存与萌发

人工种子的贮存与萌发是迄今尚未攻克的难关。一般要将人工种子保存在低温(4~7℃)、干燥(相对湿度<67%)的条件下。有人将胡萝卜人工种子保存在上述条件下,两个月后的发芽率仍接近 100%。但这种贮存方式的费用是昂贵的。在自然条件下,人工种子的贮存时间较短,萌发率较低。

虽然人工种子的研制历经几十年已经取得了长足的进展,但是仍有一些关键技术尚未攻克。例如,人工种皮的性能尚不尽人意;还未找到一种符合多数物种需要的人工胚乳;如何让胚状体处于健康的休眠状态;怎样做到既延长人工种子的保存时间,又不明显降低萌发率等。有理由相信,不久的将来,人类终将摆脱大自然的羁绊,实现工厂化生产植物种子的目标。

六、植物脱病毒技术

植物受病毒侵染后往往导致品质和产量的下降。对于花卉而言会影响观赏效果,对于经济作物则直接影响产量。如病毒能使马铃薯减产 50% 左右;苹果被病毒感染后一般要减产 14%~45%,而且品质恶化、口感变差、不易储藏。因此除去植物中的病毒成为提高农作物经济性状的关键措施之一。

除去植物中寄生的病毒主要有以下几条途径。

(1) 生物学方法 怀特(White)早在 1943 年就发现植物生长点附近的病毒浓度很低甚至无病毒。因为该区无维管束,病毒难以进入,所以茎尖培养成为获得无病毒植株的重要途径。可以取一定大小的茎尖进行组织培养,再生的植株有可能不带病毒,从而获得脱病毒苗,再用它进行快速大量繁殖,种植的作物就不会或很少发生病毒病害。这是植物脱毒的主要方法。例如,马铃薯因病毒感染而退化,通过茎尖(长度不超过 0.5mm)培养,已获得无病毒原种,用于生产栽培。茎(根)尖越小越没病毒,但越小的外植体越难成活,因而一般要切取超过 2 万个细胞,或至少 3~10mg 茎(根)尖进行脱毒处理。

(2) 物理学方法 经实验,如果病毒和寄主的最适温度相差较大,尤其是寄主植物可以耐受较高的生长温度,则可以考虑让植物生长在较高温的环境中,那么其中的病毒则可能因耐受不了这种高温逆境而趋于死亡。如菊花在 35~38℃光照培养 2 个月后病毒可失活。

(3) 化学方法 既然病毒和寄主是两种不同的生物,那么它们所需的营养代谢物必然存在差异。实验者经过一番探索,寻找某种(些)能选择性地抑制病毒的繁殖而对寄主植物不伤害或危害较轻的化合物,施用这种(些)化合物后寄主植物中的病毒将显著减少。孔雀绿和利巴韦林等可在一定程度上干扰病毒的复制,减轻其危害,但往往难以达到完全脱毒的目的。

(4) 综合脱毒法 综合脱毒法是指综合采用上述三种或其中的两种方法脱除植物中寄生的病毒。经种种努力后脱除了病毒的无毒植物在田间种植若干代后很可能再次感染病毒。因此,培育抗病毒植株才是解决植物染毒、带毒的根本措施。

第三节 动物细胞工程

动物细胞工程是细胞工程的一个重要分支,它主要从细胞生物学和分子生物学的层次,根据人类的需要,一方面深入探索、改造生物遗传性;另一方面应用工程技术手段,大量培养细胞、组织或动物本身,以期收获细胞或其代谢产物,以及可供利用的动物。可见,动物细胞工程不仅具有重要的理论意义,而且应用前景也十分广阔。

早在 1885 年,Roux 就开创性地把鸡胚髓板在保温的生理盐水中保存了若干天。这是体外存活器官的首次记载。不过,Harrison 才是公认的动物组织培养的鼻祖。1907 年,他培养的蛙胚神经细胞不仅存活数周之久,而且还长出了轴突。在 20 世纪 40 年代,Carrel 和 Earle 分别建立了鸡胚心肌细胞和小鼠结缔组织 L 细胞系,证明了动物细胞体外培养的无限繁殖力。至今,科学家们建立的各种连续的或有限的细胞系(株)已超过 5000 种。1958 年,日本冈田善雄发现,已灭活的仙台病毒可以诱使艾氏腹水瘤细胞融合,从此开创了动物细胞融合的崭新领域。20 世纪 60 年代,童第周教授及其合作者独辟蹊径,在鱼类和两栖类中进行了大量核移植实验,在探讨细胞核质关系方面做出了重大贡献。1975 年,Kohler 和 Milstein 巧妙地创立了淋巴细胞杂交瘤技术,获得了珍贵的单克隆抗体,在免疫学领域取得了重大突破。1997 年,英国 Wilmut 领导的小组用体细胞核克隆出了"多莉"(Dolly)绵羊,把动物细胞工程推上辉煌的顶峰。如果说在 20 世纪初 Harrison 刚刚栽种下动物细胞工程这株小苗的话,那么经过一个世纪的发展,这株小苗已经长成枝繁叶茂、硕果累累的大树。

一、动物细胞与组织培养

1. 动物细胞培养与组织培养的区别

经常有人将细胞培养与组织培养混淆,其实它们是有区别的。细胞培养指的是离体细胞在无菌培养条件下的分裂、生长,在整个培养过程中细胞不出现分化,不再形成组织。而组织培养意味着取自动物体的某类组织,在体外培养时细胞一直保持原本已分化的特性,该组织的结构和功能持续无明显变化。

2. 动物细胞体外培养生长特性

体外培养的细胞根据其生长方式,主要可分为以下三种:

(1) 贴附型细胞 贴附生长本是大多数动物细胞在体内生存和生长发育的基本存在方式。贴附有两种含义:一是细胞之间相互接触;二是细胞与细胞外基质结合。正是基于这种贴附生长特性，才使得细胞与细胞之间相互结合形成组织，也才使细胞与周围环境保持联系。

动物细胞培养中，大多数哺乳动物细胞必须附壁即附着在固体表面生长，当细胞布满表面后即停止生长，这时若取走一片细胞，存留在表面上的细胞就会沿着表面生长而重新布满表面。从生长表面脱落进入液体的细胞通常不再生长而逐渐退化，这种细胞的培养称为单层贴壁培养。贴壁培养的细胞可用胰蛋白酶、酸、碱等试剂或机械方法处理，使之从生长表面脱落下来。大多数动物细胞体外培养时由于体内、体外环境不同，细胞贴附的方式也是不同的。在体外，细胞生长需要附着于某些带适量正电荷的固体或半固体表面，大多是只附着一个平面，因而培养的细胞的外形一般与在体内时明显不同。按照培养细胞的形态，主要可分为四类：成纤维细胞型细胞、上皮型细胞、游走型细胞、多形型细胞。

（2）悬浮型细胞 此类细胞体外生长不必贴壁，可在培养液中悬浮生长，因此也叫悬浮型细胞。一些在体内原本就以悬浮状态生长的细胞或微生物，当接种于体外环境中也可以以悬浮状态生长。血液白细胞、淋巴组织细胞和某些肿瘤细胞、杂交瘤细胞、转化细胞系等都属于此类细胞。这类细胞形态学特点是胞体始终为球形。

（3）兼性贴壁细胞 有些细胞并不严格地依赖支持物，它们既可以贴附于支持物表面生长，但在一定条件下，它们还可以在培养基中呈悬浮状态良好地生长，这类细胞称为兼性贴壁细胞。

3. 动物细胞培养的基本方法

动物细胞培养与微生物培养有很大不同，对于营养要求更加苛刻，除氨基酸、维生素、盐类、葡萄糖或半乳糖外，还需要血清。对于培养环境的适应性更差，生长缓慢，因此培养时间较长。动物细胞培养还需要防治污染问题，这些都给动物细胞培养带来了一定的难度。

（1）培养条件

① 温度。培养动物细胞首先应保证适宜的温度。与多数哺乳类动物体内温度相似，培养动物细胞的最适温度一般为37℃，偏离此温度，细胞的正常生长及代谢将会受到影响甚至导致死亡。

② pH。细胞培养的最适 pH 为 7.2~7.4 之间，当 pH 低于 6 或高于 7.6 时，细胞的生长会受到影响，甚至导致死亡。但是，多数类型的细胞对偏酸性的耐受性较强，而在偏碱性的情况下则会很快死亡。因此培养过程一定要控制 pH。

③ 气体条件。细胞的生长代谢离不开气体，因此，容器空间中提供一定比例的 O_2 及 CO_2。CO_2 培养箱可根据需要持续地提供一定比例的 CO_2 气体，这样便可以将培养环境中的氢离子浓度保持恒定，从而提供一个比较稳定的 pH 范围。

④ 营养条件。由于动物细胞的培养对营养的要求较高，往往需要多种氨基酸、维生素、辅酶、核酸、嘌呤、嘧啶、激素和生长因子，其中很多成分系用血清、胚胎浸出液等提供，在很多情况下还需加入 10% 的胎牛或小牛血清。只有满足了这些基本条件，细胞才能在体外正常存活、生长。

⑤ 培养基。动物细胞的培养基一般可分为天然、合成、无血清培养基3种，此外细胞培养还需要一些常用的溶液。

a. 天然培养基。直接采用取自动物体液或从组织中提取的成分做培养液，主要有血清、组织提取液、鸡胚汁等。天然培养基营养价值高，但成分复杂，来源有限。

b. 合成培养基。为了营造与细胞体内相似的生长环境，便于细胞体外生长，厄尔（Earle）于1951年开发了供动物细胞体外生长的人工合成培养基（Earle 基础合成培养基

MEM)。细胞种类和生长条件的不同,合成培养基的种类也相当多。但与天然培养基相比,有些天然的未知成分尚无法用已知的化学成分所替代。因此,细胞培养中使用的基础合成培养基还必须加入一定量的天然培养基成分,以克服合成培养基的不足。最普遍的做法是加入小牛血清。

c. 无血清培养基。动物血清成分复杂,各种生物大小分子混合在一起,有些成分至今尚未搞清楚,后期对培养产物的分离、提纯以及检测造成一定困难。为了深入研究细胞生长发育、分裂繁殖以及衰老分化的生物学机制,人们开发研制了无血清培养基。无血清培养基由于必须包括血清中的主要有效成分,组成相当复杂,一般包括三大部分:基础培养基;基质因子;生长因子、激素和维生素等约 30 种有机和无机微量物质。

(2) 动物细胞培养中其他必需的溶液

① 平衡盐水(BSS)。是由生理盐水和葡萄糖制成,其中无机离子是细胞的组成成分,它具有维持细胞渗透压和调控培养液酸碱度平衡的功能。

② pH 调整液。各种细胞对培养环境的酸碱度要求是十分严格的,培养前一定要用 pH 调整液将培养基的 pH 调到所需范围。pH 调整液应单独配制,单独灭菌,灭菌后的培养基使用前再加入。这样做也可以保证营养成分的稳定和延长其保存期。常用 pH 调整液有 $NaHCO_3$ 溶液、HEPES 液(二羟乙基哌嗪乙烷磺酸)等。

③ 细胞消化液。细胞培养前要用消化液把组织块解离成分散细胞,或传代培养时使细胞脱离贴壁器皿的表面并分散解离。常用消化液有两种:胰蛋白酶溶液、乙二胺四乙酸二钠(EDTA)溶液。

④ 抗生素溶液。细胞培养过程中,常在培养液中加入适量的抗生素,以防止微生物污染。常用抗生素有青霉素、链霉素、卡那霉素、制霉菌素等。

4. 体外培养细胞的生长与增殖过程

体内细胞生活在动态平衡过程中,而体外培养时是生活在容器中,生存空间和养料都是有限的。因此当细胞浓度达到一定密度后,就需要分离出一部分细胞或更换营养液,否则就会影响细胞的生长。另外,许多细胞在体外生存也不是无限的,有一个发展过程。一般经过组织获得、组织消化、接种、培养、传代等过程。

在进行正常细胞培养时,无论细胞的种类和供体的年龄如何,在细胞的全生长过程中大致都要经过图 2-10 所示的三个主要阶段。每一代细胞的生长特征与微生物的生长曲线基本一致,即包括了潜伏期、指数增长期、平衡期和衰亡期等。

(1) 原代培养期 原代培养期是指从体内取出组织接种培养到第一次传代培养这个阶段,一般持续 1~4 周。在这个阶段,细胞比较活跃,有细胞分裂,但不旺盛。细胞多呈二倍体核型。

(2) 传代期 原代培养细胞一经传代后便称为细胞株和细胞系。传代期的持续时间最长。在培养条件好的情况下,细胞增殖旺盛,并能维持二倍体核型,被称为二倍体细胞系。一般情况下,当传代 10~50 次后,细胞增殖逐渐缓慢,以致完全停止。之后进入第三阶段衰退期。

(3) 衰退期 该阶段细胞增殖很慢或不增殖。细胞形态轮廓增强,最后开始衰退凋亡。

5. 动物细胞培养法

动物细胞或组织培养就是将活的组织、细胞、器官或微小个体放在一个不会被其他微生物等污染的环境里(器皿或反应器)生存、生长。这里先介绍动物细胞培养的基本步骤(无菌条件下):①取出目的细胞所在组织,以培养液漂洗干净;②以锋利无菌刀具割舍多余部

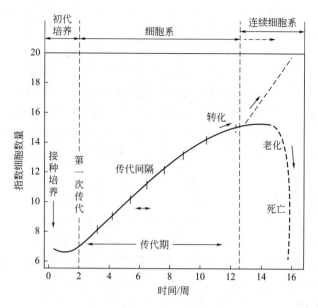

图 2-10 动物细胞培养过程生长曲线

分，切成小组织块；③将小组织块置消化液离散细胞；④低速离心洗涤细胞后，将目的细胞吸移培养瓶培养。

绝大多数哺乳动物细胞趋向于贴壁生长，细胞长满瓶壁后生长速度显著减慢，乃至不生长。因此哺乳动物细胞的大量培养需提供较大的支持面。以下三种方法是专为大量培养哺乳动物细胞设计的：

(1) 微导管培养法 该方法是理查德·克瑞克（Richard Kncazek）等在 1972 年发明的。他们将由硝酸纤维素或醋酸纤维素构成的外径不超过 1mm 的微导管平铺成层，根据设计由多层微导管构成培养系统的核心装置。整套微管床浸没于培养基中。动物细胞贴附生长于微管床表面。管内的无菌空气经扩散可进入营养液中（图 2-11）。微导管表面的细胞密度可达 100 万个/cm^2。这种方法在分离和纯化分泌物时比较方便，在生产激素和单克隆抗体时经常采用。目前，已开发出由硅胶、聚砜、聚丙烯等材料构建的微导管系统。

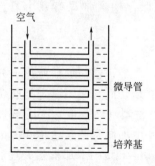

图 2-11 微导管培养系统示意图

(2) 微载体培养法 1967 年，凡·维茨尔（Van Wezel）发明了微载体系统培养贴壁细胞。微载体是以葡萄糖聚合物或其他聚合物制成与培养基比重基本相等的直径 60~250μm 的固体小珠。使用该系统培养细胞时，为了获得最大量的细胞，应通过试验选择合适的微载体类型，一般以微载体能全部悬浮在培养液内为最好。将微载体与培养基混合均匀，根据细胞类型决定接种浓度，通入无菌空气，动物细胞则贴附在微载体表面旺盛地生长，每毫升培养基可达到 1000 万个细胞的密度。传代培养或收获细胞时通常采用酶消化法使细胞脱离微载体，可采用胰蛋白酶-EDTA 法和胶原酶法。其中，胶原酶专一性强，不损伤细胞膜，效果较好。

(3) 微胶囊培养法 本方法与前述植物人工种子类似。将一定量动物细胞与褐藻酸钠混合后，滴到 $CaCl_2$ 溶液中，彼此发生离子交换而逐渐硬化成半透性微胶囊。可通过控制离子交换的时间调控微胶囊的刚性。细胞在微胶囊内生长，既可吸收外界营养，又可排出自身代谢废物。其最突出的优点是微胶囊内细胞及其产物可不受培养液中血清复杂成分的污染。细胞密度增加，纯度提高，为单克隆抗体、干扰素等有用产品的大规模生产提供了一条有效途径。

6. 动物组织培养技术

动物组织培养法与细胞培养法类似，主要区别在于省略了蛋白酶对组织的离散作用。其基本方法如下：①无菌操作取出目的组织，以培养液漂洗；②以锋利无菌刀具割舍多余部分，将该组织分切成 $1\sim 2mm^3$ 小块，移入培养瓶内；③加入合适的培养基静置 37℃ 培养。

7. 培养物的传代

悬浮培养的细胞只需定期吸移部分原培养细胞到新鲜培养基即可，比较方便。组织培养物的传代往往会遇到细胞贴壁生长的麻烦。在这种情况下可用物理法（培养液冲洗，刮刀刮取）或酶解法（0.25% 胰酶解析）剥离培养组织，视组织块大小进行适当切割后再漂洗、移置于新培养液中。

8. 培养物的长期保存

培养物的长期保存方法基本上有两大类：经典传代法和冷冻保存法。Carrel 是经典传代法的创始人之一和杰出代表，他在极简陋的条件下每隔几天把鸡胚心肌细胞传代一次。在令人难以置信的长达 34 年的时间里成功地无菌传代 3400 次。冷冻保存法具有操作简便、保存期长的特点。现以其中的液氮保存法为例简介如下：①将成熟培养物（细胞）与 5%～10% 的甘油或二甲亚砜混匀，封装于若干个安瓿瓶中；②缓慢降温（每分钟 1～3℃）至 -30℃；③继续降温（每分钟 15～30℃）至 -150℃；④转移至液氮冻存，可无限期保存。

若安瓿瓶置于 -70℃ 冷存，保存期通常只有几个月。在 -90℃ 下培养物可保存半年以上。

9. 细胞组织培养污染的防治

在进行细胞与组织培养的各个环节，都应如前所述十分重视灭菌与无菌操作。一旦发生染菌或交叉感染，抢救工作相当麻烦，而且还不一定能成功。对一般性细菌污染可使用氨苄青霉素（终浓度 $200\mu g/mL$）或链霉素（终浓度 $200\mu g/mL$）除菌。若霉菌蔓延，除小心地铲除菌落（丝）外，还应在培养基中加制霉菌素达 100U/mL 以抑杀散落的孢子和菌丝。支原体的感染非常棘手，即使以 $100\mu g/mL$ 的卡那霉素处理后也只能抑制其繁衍而不能根除。相比之下，一般性的病毒侵染在正常情况下不大影响细胞的生理功能和实验结果。

此外，细胞系（株）之间的交叉污染是一个值得重视的问题。一定要突出强调以下的规定：在一个工作区内不能同时放置两种以上细胞株，除非由于细胞融合等工作需要的暂时存放。同时，两种细胞株不能共用培养器具，即使器具消毒后也是如此。

总之，微生物污染与细胞株间的交叉感染是细胞、组织培养工作者必须时刻关注的问题。预防为主、防治结合是实验室工作的指导方针。

二、动物细胞融合

细胞融合已成为细胞工程的核心技术之一,不但在研究核质相互关系、基因的作用与定位、肿瘤的发生等方面有着重要作用,而且在植物微生物的改良、基因治疗、疾病诊断等应用领域也已展现出美好的前景。

1. 融合材料的获得

动物细胞虽然没有细胞壁,但细胞间的连接方式多样而复杂,在进行有效的细胞融合之前,也必须获得单个分散的细胞。主要步骤如下:

(1) **组织的获得** 采用各种适宜的方法处死动物,取出组织块放入小烧杯中,用剪刀将组织块剪碎成 $1mm^3$ 大小,用吸管吸取 Hanks 溶液冲下剪刀上的碎块,补加 3～5mL 的 Hanks 溶液,用吸管轻轻吹打,低速离心,弃去上清液,留下组织块。

(2) **组织的消化** 通过生物、化学的方法将剪碎的组织块分散成细胞团或单细胞。可根据不同的组织对象采用不同的酶消化液,如最常用的有胰蛋白酶和胶原酶等。其他的酶如链霉蛋白酶、黏蛋白酶、蜗牛酶等也可用于动物细胞的消化。EDTA 最适合消化传代细胞,常与胰蛋白酶搭配使用。

2. 动物细胞融合的途径

细胞融合是研究细胞间遗传信息转移、基因在染色体上的定位以及创造新细胞株的有效途径。诱导融合的方法可分为物理法、化学法及生物法。物理法主要指电激法诱导;化学法主要是用聚乙二醇(PEG)法;生物法有仙台病毒法等。具体应用时要根据不同对象选择不同的细胞融合方法和条件。

(1) **病毒诱导融合** 自从 1958 年日本学者冈田善雄偶然发现已灭活的仙台病毒(HVJ,一种副黏液病毒)可诱发两种不同的动物细胞之间发生凝集形成多核细胞以来,科学家们已经证实,其他的副黏液病毒和疱疹病毒也能诱导细胞融合。在动物细胞融合中,仙台病毒已成为产生细胞杂合的标准融合剂。

仙台病毒诱导细胞融合的方法如下:

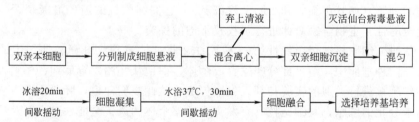

如果双亲本细胞都呈单层贴壁生长,则将它们混合培养后直接加入灭活的仙台病毒诱导融合即可。该方法虽然早建立,但由于病毒的致病性与寄生性,制备比较困难。该方法诱导产生的细胞融合率也比较低,重复性不够高,所以近年来已不多用。

(2) **化学诱导融合** PEG 诱导融合是动植物细胞融合的主要手段。对动物细胞而言,由于不具细胞壁,融合更加简便。动物细胞的 PEG 融合方法可参照前述植物细胞的 PEG 悬浮混合法进行。但由于动物细胞质的 pH 多为中性至弱碱性,PEG 溶液的 pH 应调至 7.4～8.0 为宜。此外,可将细胞与 PEG 的悬浮液进行适当离心处理,迫使细胞更紧密接触,提高融合率。

(3) **电激诱导融合** 方法参见植物原生质体融合(见本章第二节)。

在科学高度发展的今天,细胞融合已经比较容易做到,但这种融合的结果如何,要经过筛选和检测才能清楚。与植物杂合细胞筛选的模式类似，动物杂合细胞筛选也可采用抗药互补性筛选和营养缺陷性筛选方法。此外，也有人采用温度敏感突变等特征进行筛选。总之，细胞株具备越多可识别的突变性状，以它为亲本进行细胞融合和筛选也就越容易做到。

三、细胞核移植与动物克隆

近年来，动物细胞核，尤其是哺乳动物体细胞核经移植到卵细胞后重新发育成一个幼体的研究已经在不少国家争相开展，并取得了令人瞩目的成就。以下就这方面的工作做简要介绍。

1. 细胞核移植

细胞核移植技术是一种利用显微操作技术将一种动物的细胞核移入同种或异种动物的去核成熟卵内的精细技术。细胞核移植所得到的杂种称为核质杂种。利用该项技术可以实现不同细胞核和细胞质的组配，从而培育出新物种。

生物学家进行细胞核的移植试验基本上出于两方面的目的：研究异种细胞核质之间遗传相互关系；探讨已分化细胞核的遗传全能性问题。

① 异种细胞核质关系研究。本项研究的杰出代表是被誉为中国"克隆先驱"的童第周教授和美籍华人牛满江教授。他们在 20 世纪 60 年代就开展了鱼类核移植工作。他们取出鲤鱼囊胚期胚胎的细胞核，放入鲫鱼的去核受精卵中，结果有部分异核卵发育成鱼。经检查，这些鱼确为杂种鱼。它们的口须和咽区像鲤鱼，而脊椎骨的数目却像鲫鱼，侧线鳞片数为中间类型。血清及血红蛋白的电泳分析都支持杂种鱼的结论。此外，他们还进行了草鱼与团头鲂等组合的细胞核移植实验，均得到杂种鱼。这些杂种鱼有的为中间性状鱼，有的则像某一亲本。对于所出现的中间性状，人们众说纷纭，难道有某种遗传物质，能插入新移植进来的异种细胞核的基因组中，并发挥了作用？这是细胞核遗传理论难以解释的。异种细胞核质关系的研究是一个富有挑战性的领域，正等待科学家去开拓与耕耘。

② 细胞核遗传全能性研究。几乎所有的真核生物细胞都有细胞核（个别种类已分化的细胞，如人红细胞除外）。那么，处于个体发育各个时期（如胚胎期和成年期）的细胞，履行不同职责的细胞（如乳腺细胞和小肠上皮细胞），它们细胞核的遗传潜能是否一样？是否还具有遗传全能性？生物学家对此进行了孜孜不倦的探究。

Briggs 是研究细胞核遗传全能性第一人。1952 年，他将豹纹蛙囊胚期细胞的细胞核取出，送入去核同种蛙卵中，结果部分卵发育成个体；而他从胚胎发育后期、蝌蚪期、成蛙细胞中取出的细胞核进行类似的实验却都以失败告终。从此我们知道，胚胎早期（囊胚期）细胞是一些尚未分化的细胞，其细胞核具有发育成完整个体的遗传全能性；而胚胎后期乃至成体的细胞已出现明显分化，其细胞核已难以重演胚胎发育的过程。然而，1964 年南非科学家 Gurdon 的实验却取得了突破。他首次将非洲爪蟾体细胞（小肠上皮细胞）的细胞核取出，植入经紫外线辐射去核的同种卵中，竟然有 1.5% 的卵发育至蝌蚪期。虽然实验没有取得完全的成功，但至少提示了体细胞核具有遗传全能性，是可能去分化而重新发育的。

不过由于科学技术水平的限制，利用体细胞核发育成个体这条途径屡遭挫折，多数生物学家转向以未成熟胚胎细胞克隆动物的领域，并很快取得成效。1981 年 Illmenses 率先报告用小鼠幼胚细胞核克隆出正常小鼠。随后，1986 年英国 Willadsen 等用未发育成熟的羊胚细胞的细胞核克隆出一头羊。至此，利用幼胚细胞核克隆哺乳动物的技术几近成熟，世界许多国家和地区，如美国、英国、新西兰、中国、日本等纷纷报道克隆成功猴、猪、绵羊、牛、山羊、兔等。

2. 体细胞克隆

最让生物学家和全世界震惊的重大突破是英国 PPL 生物技术公司和罗斯林（Roslin）研究所的维尔穆特（Wilmut）博士等人于 1997 年 2 月 27 日在世界著名权威杂志 *Nature* 宣布的用乳腺细胞的细胞核克隆出一只绵羊"多莉"（Dolly）的消息。"多莉"的诞生，既说明了体细胞核的遗传全能性，也翻开了人类以体细胞核克隆哺乳动物的新篇章。此项技术因而荣登美国 *Science* 周刊评出的 1997 年十大科学发现的榜首。仅仅过了一年，新西兰、日本、法国的体细胞克隆牛相继出生。同年，一组科学家在美国檀香山宣布，他们用卵泡细胞的细胞核克隆的小鼠已被再次克隆，"祖孙"三代 22 只克隆鼠组成的大家庭具有完全一致的遗传基础。随后，利用体细胞克隆技术培育的克隆马、克隆狗、克隆猪、克隆猕猴等相继出生。由此可见，几个世纪以来人类梦寐以求的快速、大量繁殖纯种动物的夙愿，已经取得了重大突破。

那么，"多莉"绵羊是如何克隆诞生的呢？现简介如下（图 2-12）。

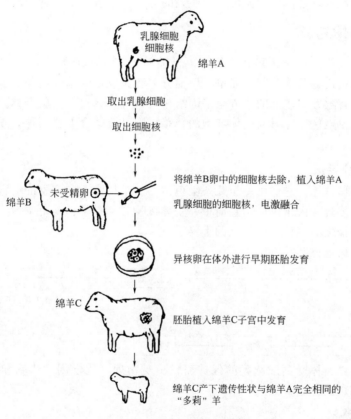

图 2-12 "多莉"克隆示意图

首先取出白脸绵羊 A 的乳腺细胞，再取出其中的细胞核；获取黑脸绵羊 B 的卵细胞并去核；在黑脸绵羊去核卵细胞中植入白脸绵羊乳腺细胞的细胞核，电激促使细胞核与卵细胞质融合；将此异核卵在体外进行早期胚胎发育后再植入另一头处于假孕状态的黑脸绵羊 C 的子宫内，经自然分娩产下"多莉"。

该过程看似简单，其实，仅将乳腺细胞的细胞核植入已去核绵羊卵就重复了 277 次；在体外培养的异核卵，仅有约 1/10（29 个）具有活力，能生长至胚胎发育的桑葚期或囊胚期；这 29 个早期绵羊胚胎分别植入 13 只代孕苏格兰黑脸母羊子宫中，最终仅产下一只羊羔——

"多莉"。如此低的成功率，既说明了当时实验的艰难，更反映出技术上的不成熟。

多莉与以往的克隆动物的最大区别在于供核细胞的分化程度不同，它的核供体是已高度分化的体细胞——乳腺上皮细胞，而不是尚保留细胞全能性的早期胚胎细胞。早期胚胎细胞基本上是未分化细胞，即使是成形胚胎的已分化细胞，其细胞分化程度也远低于成年个体的已特化细胞。能将已特化细胞克隆成一个成活的个体，从理论上讲这是一次重大突破。它证明了一个已经完全分化了的动物体细胞仍然保持着当初胚胎细胞的全部遗传信息，并且经此技术处理后，体细胞恢复了失去的全能性形成完整个体。这说明，已特化细胞的遗传结构即使发生了变化，这种变化也不是不可逆的。

该项技术的突破，其科学和产业的价值意义重大。多莉的诞生及生长表明利用克隆技术复制哺乳动物的最后技术障碍已被突破，在理论上已成为可能。它的成功提示我们可以在培育供体细胞成为核供体之前，利用"基因靶"技术精确地诱发核基因的遗传改变或精确地植入目的基因，再用选择技术准确地挑选那些产生了令人满意变化的细胞作为核供体，从而生产出基因克隆体。也就是说，我们可以按照人的意志去改造、生产物种。

四、染色体转移

细胞间进行遗传信息的转移和重组可以借助基因转移、细胞融合以及染色体转移等手段。基因转移虽然目的明确、背景简单，但要分离和获取目的基因远非易事。细胞融合尽管操作简便，但带有数万个基因的双方全基因组相互掺入、调整，实属万难。相比之下，单条或若干条染色体或染色体片段向受体细胞的转移，则可能结合上述两种方法的优点，因而受到科学家的重视。

1. 微细胞介导法

微细胞也叫作核体，它们由一至几条染色体、少量细胞质和完整的细胞膜包裹而成。微细胞介导的染色体转移由于供体信息简单、受体细胞被影响小、染色体不受或很少受损伤，因而已成了细胞株之间转移遗传信息的重要手段。

微细胞介导染色体转移方法如下：

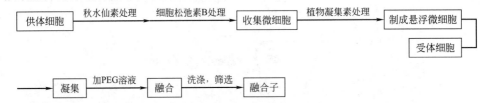

本方法由于染色体受到细胞膜的保护而较少受物理、化学因素影响和胞内核酸酶的降解，因而成功率较高。

2. 直接转移法

制取供体细胞的染色体是本方法得以实施的前提。一般可按以下步骤进行：供体细胞→秋水仙素处理→低温处理→细胞破碎→高速离心→收集染色体。

染色体向受体细胞的转移可采用以下几种方法：①直接用微注射针向胞内注射染色体悬液。②将染色体与细胞共培养，染色体被细胞以胞吞的方式摄入。本法转移成功率低。③将染色体与高浓度$CaCl_2$混匀后滴加到受体细胞上，可提高成功率。④用卵磷脂与胆固醇混合液制成脂质体，将染色体包裹其中，再经聚乙二醇与受体细胞融合，达到转移染色体的目的。该法犹如人工制备的微细胞介导，染色体转移的概率亦较高。

经上述染色体转移后的受体细胞，只有少数能从选择培养基中长出。此时细胞仍处于不稳定状态，需经多代连续的挑选、检测，方可能获得具有外来新特征的杂合细胞株系。

第四节　微生物细胞工程

微生物是一个相当笼统的概念，既包括细菌、放线菌这样微小的原核生物，又涵盖菇类、霉菌等真核生物。微生物细胞结构简单，生长迅速，实验操作方便，有些微生物的遗传背景已经研究得相当深入，因此微生物已在国民经济的不少领域，如抗生素生产与发酵工业、污染防治与环境保护、节约资源与能源再生、防治病虫害与农林发展、矿藏的开采与贫矿利用、食用药用菌类栽培等方面发挥了非常重要的作用。微生物原生质体融合也成为微生物育种的重要手段。本节仅从细胞工程的角度，概述通过原生质体融合的手段改造微生物种性、创造新变种的途径与方法。

一、原核细胞的原生质体融合

细菌是最典型的原核生物，它们都是单细胞生物。细菌细胞外有一层成分不同、结构各异的坚韧细胞壁形成抵抗不良环境因素的天然屏障。根据细胞壁的差异一般将细菌分成革兰阳性细菌和革兰阴性细菌两类。前者肽聚糖约占细胞壁成分的90%，而后者的细胞壁上除了部分肽聚糖外还有大量的脂多糖等有机分子。由此决定了它们对溶菌酶的敏感性有很大差异。

溶菌酶广泛存在于动植物、微生物细胞及其分泌液中。它能特异性地切开肽聚糖中 N-乙酰胞壁酸与 N-乙酰葡萄糖胺之间的 β-1,4-糖苷键，从而使革兰阳性菌的细胞壁溶解。但由于革兰阴性菌细胞壁组成成分的差异，处理革兰阴性菌时，除了溶菌酶外，一般还要添加适量的乙二胺四乙酸二钠盐（EDTA·Na_2），才能除去它们的细胞壁，制得原生质体或原生质球（残余少量细胞壁的原生质体，呈圆球形）。

革兰阳性菌细胞融合的主要过程如下：①分别培养带遗传标志的双亲本菌株至指数生长中期，此时细胞壁最容易被降解。②分别离心收集菌体，以高渗培养基制成菌悬液，防止下一阶段原生质体破裂。③混合双亲本，加入适量溶菌酶，作用20～30min。④高速离心后去上清液得原生质体，用少量高渗培养基制成菌悬液。⑤加入10倍体积的聚乙二醇（40%）促使原生质体凝集、融合。⑥数分钟后，加入适量高渗培养基稀释。⑦接种于高渗选择培养基上进行筛选。未发生融合或同亲本细胞融合后的融合细胞都不能在筛选培养基上生长，长出的菌落很可能已结合双方的遗传因子，要经数代筛选及鉴定才能确认已获得能稳定遗传的杂合菌株。

对革兰阴性细菌而言，在加入溶菌酶数分钟后，应添加少量0.1mol/L的 EDTA·Na_2 共同作用15～20min，则可使90%以上的革兰氏阴性细菌转变为可供细胞融合用的球状体。

尽管细菌间细胞融合的检出率仅为 $10^{-5}\sim 10^{-2}$，但由于菌数总量十分巨大，检出数仍然是相当可观的。

二、真菌的原生质体融合

真菌主要包括单细胞的酵母类和多细胞菌丝类。同样，降解它们的细胞壁、制备原生质体是细胞融合的关键。

真菌的细胞壁成分比较复杂，主要由几丁质及各类葡萄糖构成纤维网状结构，其中夹杂着少量的甘露糖、蛋白质和脂类。因此可在含有渗透压稳定剂的反应介质中加入消解酶（终浓度0.3mg/mL）进行酶解，也可用取自蜗牛消化道的蜗牛酶（复合酶）进行处理（终浓度 30mg/mL），原生质体的得率都在 90％以上。此外，纤维素酶、几丁质酶和果胶酶等都可用来降解真菌细胞壁。

真菌原生质体融合的要点与前述细胞融合类似，一般都以聚乙二醇为融合剂，在特异的选择培养基上筛选融合子。但由于真菌一般都是单倍体，融合后，只有那些形成真正单倍重组体的融合子才能稳定传代。具有杂合双倍体和异核体的融合子遗传特性不稳定，需经多代考证和鉴定才能最后断定是否为真正的杂合细胞。不少大型食用菌，如香菇、木耳、凤尾菇和平菇等经细胞融合获得一些新的性状，取得了相当可观的经济效益。

三、原生质体融合培育新菌株

目前，已在霉菌、酵母和其他真菌中运用原生质体融合获得了一些性状优良且稳定的菌株。

乳糖发酵短杆菌和黄色短杆菌是两种重要的氨基酸生产菌。黄色短杆菌是赖氨酸高产菌株，但生长缓慢、发酵周期长、生产中易染菌，将它与生长快的乳糖发酵短杆菌融合，得到了新的赖氨酸生产菌，提高了对葡萄糖的转化率，发酵周期缩短 11％。

对酱油酿造来说，曲霉所产生的各种酶的作用是十分重要的，如曲霉的蛋白酶对产率以及谷酰胺酶对酱油香味成分之一的谷氨酸的产量影响都是很大的。过去在改良和培育酱油曲霉菌种时，其主要目的是增加产酶能力，但是由于产蛋白酶高的菌株产谷酰胺酶的能力低，而产谷酰胺酶高的菌株产蛋白酶的能力低。如果把高产谷酰胺酶和蛋白酶的两亲株菌的原生质体融合，就可以获得双高产的优良新菌种。

用原生质体融合方法培育具有多种杀害虫能力的新菌株也是重要的研究课题。苏云金杆菌是杀玉米螟的重要生物农药，灭蚊球孢菌具有杀灭蚊子的效能，科学家将这两种菌的原生质体融合获得既能灭蚊又能杀螟的新菌株。微生物原生质体的获得、纯化、培养等类似于植物原生质体。总之，微生物原生质体融合是一种方法简单、用途较广的技术，在育种中将会有更多的实际应用。

本章主要介绍了植物细胞工程、动物细胞工程和微生物细胞工程三个领域的基础理论和基本实验技术。细胞培养和组织培养是细胞工程的基本实验技术，严格的无菌操作是实验成功的前提条件。要从植物的细胞和组织培养中产生胚状体乃至植株，调节好各阶段激素的配比非常重要；用细胞培养获得次级代谢产物已成为工业化生产植物产品的一条有效途径；植物原生质体融合已成为创造新物种或新品种的主要技术；单倍体育种加快植物育种的效率；人工种子成为 21 世纪最具发展潜力的高科技成果之一；茎尖培养是最常用的植物脱毒方法。动物组织和细胞培养为获得更多有用产品提供了技术保障；通过体细胞克隆技术来克隆哺乳动物的技术路线已经接近成熟；染色体转移成为继基因转移、细胞融合之后可以实现细胞间遗传信息转移和重组的重要手段。细胞融合技术在改良动物植物、微生物品种特性、创造新品种方面发挥着越来越重要的作用。

一、名词解释

细胞工程　外植体　愈伤组织　胚状体　继代培养　细胞固定化　人工种子　动物细胞

与组织培养　原代细胞　传代培养　微载体培养　细胞融合

二、填空题

1. 在植物组织培养中，最常使用的植物生长调节物质是_____和_____。
2. 动物细胞在体外生长主要包括三个阶段：_____、_____、_____。
3. 动物细胞在体外培养的细胞根据其生长方式，主要可分为三种：_____、_____、_____。
4. 细胞培养过程中，常在培养液中加入适量的抗生素，以防止微生物污染。常用抗生素有_____、_____、_____、_____等。
5. 真菌原生质体融合一般都以_____为融合剂，在特异的_____上筛选融合子。

三、判断题

(　　) 1. 大多数植物组织培养要求的pH范围是4.0～7.0。
(　　) 2. 超净工作台使用前必须开启紫外灯20min进行灭菌。
(　　) 3. 一般来说单叶子植物的愈伤组织培养比双子叶植物容易。
(　　) 4. 化学诱导融合无需贵重仪器，试剂易于得到，因此一直是细胞融合的主要方法。
(　　) 5. 大多数外植体组织培养的温度要求在(25±2)℃。

四、选择题

1. 在离体的植物器官、组织或细胞脱分化形成愈伤组织的过程中，下列哪一项条件是不需要的。_____
   A. 消毒灭菌　　　　　　　　　B. 适宜的温度
   C. 充足的光照　　　　　　　　D. 适宜的养料和激素
2. 下列关于植物组织培养的叙述中，错误的是_____。
   A. 培养基中添加蔗糖的目的是提供营养和调节渗透压
   B. 培养基中的生长素和细胞分裂素影响愈伤组织的生长和分化
   C. 离体器官或组织的细胞都必须通过脱分化才能形成愈伤组织
   D. 同一株绿色开花植物不同部位的细胞经培养获得的愈伤组织基因相同
3. 在动物细胞融合和植物体细胞杂交的比较中，正确的是_____。
   A. 结果是相同的　　　　　　　B. 杂合细胞的形成过程基本相同
   C. 操作过程中酶的作用相同　　D. 诱导融合的手段相同
4. 以下不属于生长素的是_____。
   A. IAA　　　B. NAA　　　C. 2,4-D　　　D. 6-BA
5. 植物细胞有而动物细胞没有的结构是_____。
   A. 细胞质　　B. 线粒体　　C. 内质网　　　D. 叶绿体
6. 植物体细胞融合完成的标记是_____。
   A. 产生新的细胞壁　　　　　　B. 细胞质发生融合
   C. 细胞膜发生融合　　　　　　D. 细胞核发生融合
7. 诱导试管苗生根时，培养基的调整应_____。
   A. 加大盐的浓度　　　　　　　B. 加活性炭
   C. 加大分裂素的浓度　　　　　D. 加大生长素的浓度
8. 植物组织培养形成的愈伤组织进行培养，又可以分化形成根、芽等器官，这一过程称为_____。
   A. 脱分化　　　　　　　　　　B. 去分化

C. 再分化 D. 脱分化或去分化

9. 当植物细胞脱离了原来所在植物体的器官或组织而处于离体状态时，下列有可能使其表现出全能性，发育成完整的植株的是_____。
A. 细胞分裂素 B. 生长素
C. 一定的营养物质 D. 以上三者均是

10. 拥有接触抑制的是_____。
A. 原核细胞 B. 动物细胞 C. 植物细胞 D. 真核细胞

11. 细胞直接摄取外源 DNA 的过程叫_____。
A. 转导 B. 转化 C. 转移 D. 转入

12. 世界上第一种克隆成功的生物是_____。
A. 牛 B. 人 C. 羊 D. 鸡

13. 培养基中可能含有血清的是_____。
A. 动物细胞培养基 B. 植物细胞培养基
C. 愈伤组织培养基 D. 微生物培养基

14. 动物细胞培养与植物组织培养的重要区别在于_____。
A. 培养基不同
B. 动物细胞培养不需要在无菌条件下进行
C. 动物细胞可以传代培养，而植物细胞不能
D. 动物细胞能够大量培养，而植物细胞只能培养成植株。

15. 一般说来，动物细胞体外培养需要满足以下条件_____。
①无毒的环境 ②无菌的环境
③培养基需要加入血清 ④温度与动物体温相似
⑤需要 O_2，不需要 CO_2 ⑥CO_2 能调节培养液 pH
A. ①②③④⑤⑥ B. ①②③④ C. ①③④⑤⑥ D. ①②③④⑥

16. 在动物细胞培养的有关叙述中正确的是_____。
A. 动物细胞培养的目的只是为了获得大量的细胞分泌蛋白
B. 动物细胞培养前要用胰蛋白酶使细胞分散
C. 细胞的癌变发生在原代培养向传代培养的过渡过程中
D. 培养至 50 代后传代细胞遗传物质没有发生改变

五、问答题

1. 植物组织培养的基本步骤有哪些？
2. 利用植物细胞培养技术如何制备较高产量的次级代谢产物？
3. 如何制备人工种子？其主要优点有哪些？
4. 植物脱毒技术主要有那些途径？如何进行检测？
5. 茎尖培养在作物育种上有什么积极意义？
6. 在植物育种上，进行单倍体植株培育有何意义？
7. 什么是动物克隆？如何利用体细胞克隆技术克隆出一只哺乳动物？
8. 什么是细胞融合？试比较动植物细胞融合的机理和途径。
9. 比较细胞工程的几种技术的共性和差异。

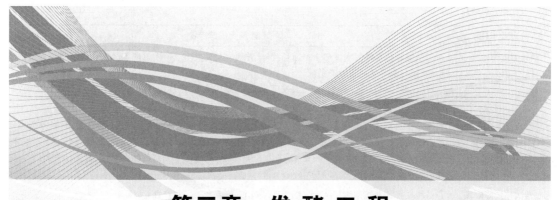

第三章 发酵工程

 学习目标与思政素养目标

1. 掌握发酵工程的基本类型和基本原理。
2. 了解典型发酵产品的生产工艺。
3. 认识发酵的基本过程及常用的发酵设备。
4. 能够描述微生物发酵工程的基本过程。
5. 掌握豆腐乳、酸奶、葡萄酒等典型食品的制作工艺和流程。
6. 正确理解中国是发酵大国但不是发酵强国,为中华民族伟大复兴而努力学习的意识和责任担当。

第一节 发酵工程概述

一、发酵工程的概念

发酵工程是生物技术的重要组成部分,是生物技术产业化的重要环节。它将微生物学、生物化学和化学工程学的基本原理有机结合起来,是一门利用微生物的生长和代谢活动来生产各种有用物质的工程技术。由于它以培养微生物为主,所以又称微生物工程,生物化学上定义发酵为"微生物在无氧时的代谢过程"。目前,人们把利用微生物在有氧或无氧条件下的生命活动来制备微生物菌体或其代谢产物的过程统称为发酵。

早在几千年前,人们就开始从事酿酒、制酱、制奶酪等生产。作为现代科学概念的微生物发酵工业,是在20世纪40年代随着抗生素工业的兴起而得到迅速发展的。

二、发酵技术的发展历程

发酵工程的历史大致可分为自然发酵阶段、纯培养发酵阶段、深层通气发酵阶段、代谢调控发酵阶段、全面发展阶段、基因工程阶段6个阶段,其每个阶段的特点见表3-1。

表3-1 发酵工程的历史阶段及其特点

阶段及年代	技术特点及发酵产品
自然发酵阶段 (1900年以前)	利用自然发酵制曲酿酒、制醋、栽培食用菌、酿制酱油、酱品、泡菜、干酪、面包以及沤肥等

续表

阶段及年代	技术特点及发酵产品
纯培养发酵阶段 (1900~1940 年)	利用微生物纯培养技术发酵生产面包酵母、甘油、酒精、乳酸、丙酮-丁醇等厌氧发酵产品和柠檬酸、淀粉酶、蛋白酶等好氧发酵产品 该阶段的特点是：生产过程简单，对发酵设备要求不高，生产规模不大，发酵产品的结构比原料简单，属于初级代谢产物
深层通气发酵阶段 (1940~1957 年)	利用液体深层通气培养技术大规模发酵生产抗生素以及各种有机酸、酶制剂、维生素、激素等产品 该阶段的特点是：微生物发酵的代谢从分解代谢转变为合成代谢；真正无杂菌发酵的机械搅拌液体深层发酵罐诞生；微生物学、生物化学、生化工程三大学科形成了完整的体系；利用诱变育种和代谢调控技术发酵生产氨基酸、核苷酸等多种产品
代谢调控发酵阶段 (1957~1960 年)	利用诱变育种和代谢调控技术发酵生产氨基酸、核苷酸等多种产品 该阶段的特点是：发酵罐达 500~2000 m^3；发酵产品从初级代谢产物到次级代谢产物；发展了气升式发酵罐（可降低能耗、提高供氧）；多种膜分离介质问世
全面发展阶段 (1960~1979 年)	利用石油化工原料（碳氢化合物）发酵生产单细胞蛋白；发展了循环式、喷射式等多种发酵罐；利用生物合成与化学合成相结合的工程技术生产维生素、新型抗生素；发酵生产向大型化、多样化、连续化、自动化方向发展
基因工程阶段 (1979~至今)	利用 DNA 重组技术构建的生物细胞发酵生产人们所期望的各种产品，如胰岛素、干扰素等基因工程产品 该阶段的特点是：按照人们的意愿改造物种、发酵生产人们所期望的各种产品；生物器也不再是传统意义上的钢铁设备，昆虫躯体、动物细胞乳腺、植物细胞的根茎果实都可以看作是一种生物反应器；基因工程技术使发酵工业发生了革命性变化

三、发酵工程的内容

现代发酵工程的主体即利用微生物，特别是利用经过 DNA 重组技术改造过的微生物来生产商业产品。发酵工程的内容随着科学技术的发展而不断扩大和充实，现代的发酵工程不仅包括菌体生产和代谢产物的发酵生产，还包括微生物机能的利用，其主要内容包括生产菌种的选育、发酵条件的优化和控制、反应器的设计及产物的分离、提取与精制等。

从广义上讲，发酵工程由三部分组成：上游工程、发酵工程、下游工程。上游工程包括菌种选育、种子培养、培养基优化、灭菌、接种。发酵工程实际就是发酵的过程。下游工程包括产物分离、纯化和检测，废物处理，副产物回收等（图 3-1）。

四、发酵类型

目前，已知具有生产价值的发酵类型有以下五种：

1. 微生物菌体发酵

这是以获得具有某种用途的菌体为目的的发酵。传统的菌体发酵工业有用于面包制作的酵母发酵及用于人类或动物食品的微生物菌体蛋白（单细胞蛋白）发酵两种类型。新的菌体发酵可用来生产一些药用真菌，如香菇类、与天麻共生的密环菌、依赖虫蛹而生存的冬虫夏草菌，以及从多孔菌科的茯苓菌获得的名贵中药茯苓和担子菌的灵芝等。可以通过发酵培养的手段来生产出与这些药用真菌天然产品有同等疗效的产物。有的微生物菌体还可用作生物防治剂。如苏云金杆菌、蜡样芽孢杆菌和侧孢芽孢杆菌，其细胞中的伴孢晶体可毒杀鳞翅目、双翅目的害虫；丝状真菌的白僵菌、绿僵菌可防治松毛虫等。

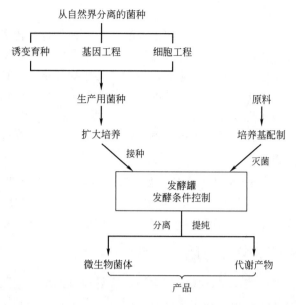

图 3-1　发酵工程生产的基本流程

2. 微生物酶发酵

酶普遍存在于动物、植物和微生物中。最初，人们都是从动、植物组织中提取酶，但目前工业应用的酶大多来自微生物发酵，因为微生物具有种类多、产酶品种多、生产容易和成本低等特点。微生物酶制剂有广泛的用途，多用于食品和轻工业中，如微生物生产的淀粉酶和糖化酶用于生产葡萄糖，氨基酰化酶用于拆分 DL-氨基酸等。酶也用于医药生产和医疗检测中，如青霉素酰化酶用来生产半合成青霉素所用的中间体 6-氨基青霉烷酸，胆固醇氧化酶用于检查血清中胆固醇的含量，葡萄糖氧化酶用于检查血中葡萄糖的含量等。

3. 微生物代谢产物发酵

微生物代谢产物的种类很多，已知的有 37 个大类（表 3-2），其中 16 类属于药物。在菌体对数生长期所产生的产物，如氨基酸、核苷酸、蛋白质、核酸、糖类等，是菌体生长繁殖所必需的，这些产物叫作初级代谢产物。许多初级代谢产物在经济上相当重要，分别形成各种不同的发酵工业。在菌体生长静止期，某些菌体能合成一些具有特定功能的产物，如抗生素、生物碱、细菌毒素、植物生长因子等。这些产物与菌体生长繁殖无明显关系，叫作次级代谢产物。次级代谢产物多为低分子量化合物，但其化学结构类型多种多样，据不完全统计多达 47 类，其中抗生素按其结构类型相似性来分，有 14 类。由于抗生素不仅具有广泛的抗菌作用，而且还有抗病毒、抗癌和其他生理活性，因而得到了长足发展，已成为发酵工业的重要支柱。

表 3-2　微生物代谢产物类型

产业	微生物代谢产物
医药	抗生素、药理活性物质、维生素、抗肿瘤剂、基因工程药物、疫苗等
食品	氨基酸、鲜味增强剂、脂肪酸、蛋白质、糖与多糖类、发酵剂、脂类、核酸、核苷酸、核苷、维生素、饮料等
农业	动物生长促进剂、除草剂、植物生长促进剂、灭害剂、驱虫剂、杀虫剂等
轻工	酸味剂、生物碱、酶抑制剂、酶、溶媒、辅酶、表面活性剂、转化甾醇和甾体、有机酸、乳化剂、色素、抗氧化剂、石油等
其他	离子载体、抗代谢剂、铁运载因子等

4. 微生物的转化发酵

微生物转化是利用微生物细胞的一种或多种酶，把一种化合物转变成结构相关的更有经济价值的产物。可进行的转化反应包括：脱氢反应、氧化反应、脱水反应、缩合反应、脱羧反应、氨化反应、脱氨反应和异构化反应等。最古老的生物转化，就是利用菌体将乙醇转化成乙酸的醋酸发酵。生物转化还可用于把异丙醇转化成丙醇，甘油转化成二羟基丙酮，葡萄糖转化成葡萄糖酸，进而转化成 2-酮基葡萄糖酸或 5-酮基葡萄糖酸，以及将山梨醇转变成 L-山梨糖等。此外，微生物转化发酵还包括甾类转化和抗生素的生物特化等。

5. 生物工程细胞的发酵

这是利用生物工程技术所获得的细胞，如 DNA 重组的"工程菌"及细胞融合所得的"杂交"细胞等进行培养的新型发酵，其产物多种多样。如用基因工程菌生产的胰岛素、干扰素、青霉素酰化酶等，用杂交瘤细胞生产用于治疗和诊断的各种单克隆抗体等。

五、发酵技术的特点及应用

微生物种类繁多、繁殖速度快、代谢能力强，容易通过人工诱变获得有益的突变株。微生物酶的种类很多，能催化各种生物化学反应。同时，微生物能够利用有机物、无机物等各种营养源，不受气候、季节等自然条件的限制，可以用简易的设备来生产多种多样的产品。所以，在酒、酱、醋等酿造技术上发展起来的发酵技术发展非常迅速，且有其独有的特点：①发酵过程以生物体的自动调节方式进行，数十个反应过程能够在发酵设备中一次完成。②反应通常在常温常压下进行，条件温和，能耗少，设备较简单。③原料通常以糖蜜、淀粉等碳水化合物为主，可以是农副产品、工业废水或可再生资源（植物秸秆、木屑等），微生物本身能有选择地摄取所需物质。④容易生产复杂的高分子化合物，能高度选择性地在复杂化合物的特定部位进行氧化、还原、官能团引入或去除等反应。⑤发酵过程中需要防止杂菌污染，设备需要进行严格的冲洗、灭菌，空气需要过滤等。

发酵过程的这些特征体现了发酵工程的种种优点。目前在能源、资源紧张，人口问题、粮食问题及污染问题日益严重的情况下，发酵工程作为现代生物技术的重要组成部分之一，得到越来越广泛的应用：①医药工业。用于生产抗生素、维生素等常用药物和人胰岛素、乙肝疫苗、干扰素、透明质酸等新药。②食品工业。用于微生物蛋白、氨基酸、新糖源、饮料、酒类和一些食品添加剂（柠檬酸、乳酸、天然色素等）的生产。③能源工业。通过微生物发酵，可将绿色植物的秸秆、木屑、工农业生产中的纤维素、半纤维素、木质素等废弃物转化为液体或气体燃料（酒精或沼气），还可利用微生物采油、产氢、产石油以及制成微生物电池。④化学工业。用于生产可降解的生物塑料、化工原料（乙醇、丙酮、丁醇和癸二酸等）和一些生物表面活性剂及生物凝集剂。⑤冶金工业。微生物可用于黄金开采和铜、铀等金属的浸提。⑥农业。用于生物固氮、生产生物杀虫剂及微生物饲料，为农业和畜牧业的增产发挥巨大作用。⑦环境保护。可用微生物来净化有毒的高分子化合物，降解海上浮油，清除有毒气体和恶臭物质以及处理有机废水、废渣等。

第二节 微生物发酵

一、优良菌种的选育

在发酵工程领域，围绕发酵菌种，主要涉及以下 4 个方面。

1. 选种

选种即选择符合发酵生产要求的菌种。菌种的来源有两个途径，一是直接向科研单位、高等院校、发酵工厂或菌种保藏单位购买；二是从自然界中分离筛选菌种。

2. 育种

育种即按照发酵生产的要求，根据微生物遗传变异理论，对现有的发酵菌种的生产性状进行改造或改良，以提高产量、改进质量、降低成本、改革生产工艺。育种技术主要包括自然选育、诱变育种、杂交育种、原生质体融合育种、基因工程定向育种。其中基因工程定向育种是现代育种技术的标志。

3. 菌种保藏

菌种保藏即选择不同发酵菌种的适宜的保藏方法，保持菌种较高的存活率，避免菌种的死亡和生产性状的下降，防止杂菌污染，在适宜条件下，菌种可重新恢复原有的生物学活性而进行生长繁殖。

菌种保藏的主要方法包括：定期移植保藏法、液体石蜡封存法、干燥保藏法（主要有砂土管或滤纸条保藏法、真空干燥法、真空冷冻干燥法）、液氮超低温保藏法。研究表明，酵母菌发酵菌种采用定期移植保藏法即可；产孢子的丝状真菌发酵菌种一般采用干燥保藏法；不产孢子的丝状真菌须用液氮超低温保藏法；产芽孢细菌发酵菌种一般采用干燥保藏法，非芽孢细菌发酵菌种最好采用真空冷冻干燥法，放线菌一般采用干燥保藏法。

4. 菌种复壮

狭义的菌种复壮是指一旦发现菌种生产性状下降或杂菌污染，就必须设法采用分离纯化的方法恢复其原有的生物学性状。广义的菌种复壮系指菌种的生产性状尚未衰退以前，经常有意识地进行纯种分离和生产性状的测定，以期菌种的生产性能逐步提高。狭义的菌种复壮是消极的，而广义的菌种复壮是积极的。

二、培养基

1. 培养基的种类

培养基是人们提供微生物生长繁殖和生物合成各种代谢产物需要的多种营养物质的混合物。培养基的成分和配比，对微生物的生长、发育、代谢及产物积累，甚至对发酵工业的生产工艺都有很大的影响。依据其在生产中的用途，可将培养基分成三种。

（1）**孢子培养基** 是供制备孢子用的。要求此种培养基能使微生物形成大量的优质孢子，但不能引起菌种变异。生产中常用的有麸皮培养基，大（小）米培养基，由葡萄糖（或淀粉）、无机盐、蛋白胨等配制的琼脂斜面培养基等。

（2）**种子培养基** 是供孢子发芽和菌体生长繁殖用的。要求营养成分易被菌体吸收利用，同时要比较丰富与完整。常用的原料有葡萄糖、糊精、蛋白胨、玉米浆、酵母粉、硫酸铵、尿素、硫酸镁和磷酸盐等。

（3）**发酵培养基** 是供菌体生长繁殖和合成大量代谢产物用的。其组成要考虑菌体在发酵过程中的各种生化代谢的协调，在产物合成期，使发酵液的pH不出现大的波动。

2. 发酵培养基的组成

发酵培养基的组成和配比由于菌种、设备和工艺不同以及原料来源和质量不同而有所差别。所以，需要根据不同要求考虑所用培养基的成分与配比。但是综合所用培养基的营养成分，不外乎是碳源（包括用作消泡剂的油类）、氮源、无机盐类（包括微量元素）和生长因子等几类。

（1）碳源 碳源是构成菌体和产物的碳架及能量来源。常用的碳源包括各种能迅速利用的单糖（如葡萄糖、果糖），双糖（如蔗糖、麦芽糖）和缓慢利用的淀粉、纤维素等多糖。玉米淀粉及其水解液是抗生素、氨基酸、核苷酸和酶制剂等发酵中常用的碳源。马铃薯、小麦和燕麦淀粉等用于有机酸、醇等的生产。霉菌和放线菌还可利用油脂作碳源。

（2）氮源 凡是构成微生物细胞本身的物质或代谢产物中氮素来源的营养物质都称为氮源。氮源是发酵中使用的主要原料之一。常用的氮源包括有机氮源（如黄豆饼粉、花生饼粉、棉籽饼粉、蛋白胨、酵母粉等）和无机氮源（如氨水、硫酸铵、氯化铵等）两大类。

（3）无机盐和微量元素 微生物的生长、繁殖和产物形成需要各种无机盐类（如磷酸盐、硫酸盐、氯化钠、氯化钾）和微量元素（如镁、铁、锰、锌等）。其生理功能包括：构成菌体原生质体的成分（磷、硫），作为酶的组成成分或维持酶的活性（镁、铁、锰、锌），调节细胞的渗透压和影响细胞膜的通透性（氯化钠、氯化钾），参与产物的生物合成等。

（4）生长因子 微生物维持正常生活不可缺少、细胞自身不能合成的某些微量有机化合物称为生长因子，包括维生素、氨基酸、嘌呤和嘧啶的衍生物及脂肪酸等。需要量甚微。

（5）水 水是培养基的主要组成成分。它既是构成菌体细胞的主要成分，又是一切营养物质传递的介质，而且它还直接参与许多代谢反应。

（6）产物形成的诱导物、前体和促进剂 许多胞外酶的合成需要适当的诱导物存在。而前体是指被菌体直接用于产物合成而自身结构无显著改变的物质，如合成青霉素的苯乙酸，合成红霉素的丙酸等。促进剂是指那些非细胞生长所必需的营养物，但加入后却能提高产量的添加剂。

三、发酵的一般过程

生物发酵工艺多种多样，但基本上包括菌种制备、种子扩大培养、发酵和提取、精制等几个过程。典型的发酵过程如图 3-2 所示，以下以霉菌发酵为例加以说明。

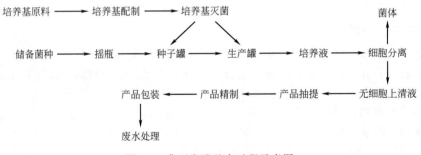

图 3-2 典型发酵基本过程示意图

1. 菌种制备

在进行发酵生产之前，首先必须从自然界分离得到能产生所需产物的菌种，并经分离、纯化及选育后（或是经基因工程改造后的"工程菌"），才能供给发酵使用。为了能保持和获得稳定的高产菌株，还需要定期进行菌种纯化和育种，筛选出高产量和高质量的优良菌株。

2. 种子扩大培养

种子扩大培养是指将保存在砂土管、冷冻干燥管或冰箱中处于休眠状态的生产菌种接入试管斜面活化后，再经过茄子瓶或摇瓶及种子罐逐级扩大培养，获得一定数量和质量的纯种培养物的过程。这些纯种培养物称为种子。

发酵产物的产量与成品的质量、菌种性能以及孢子和种子的制备情况密切相关。先将贮存的菌种进行生长繁殖，以获得良好的孢子，再用所得的孢子制备足够量的菌丝体，供发酵罐发酵使用。种子制备有不同的方式，有的从摇瓶培养开始，将所得摇瓶种子液接入到种子罐进行逐级扩大培养，称为菌丝进罐培养；有的将孢子直接接入种子罐进行扩大培养，称为孢子进罐培养。采用哪种方式和多少培养级数，取决于菌种的性质、生产规模的大小和生产工艺的特点。种子制备一般使用种子罐，扩大培养级数通常为二级。种子扩大培养的工艺流程如图 3-3 所示。对于不产孢子的菌丝种，经试管培养直接得到菌丝体，再经摇瓶培养后即可作为种子罐种子。

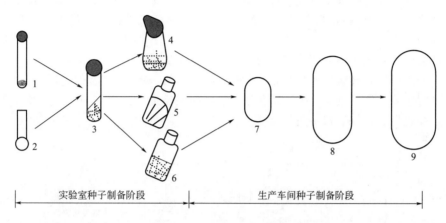

图 3-3　种子扩大培养流程图
1—沙土孢子；2—冷冻孢子；3—斜面孢子；4—摇瓶液体培养（菌丝体）；
5—茄子瓶斜面培养；6—菌体培养基培养；7,8—种子罐培养；9—发酵罐培养

3. 发酵

发酵是微生物合成大量产物的过程，是整个发酵工程的中心环节。它是在无菌状态下进行纯种培养的过程。因此，所用的培养基和培养设备都必须经过灭菌，通入的空气或中途的补料都是无菌的，转移种子也要采用无菌接种技术。通常利用饱和蒸汽对培养基进行灭菌，灭菌条件是在 120℃（约 0.1MPa 表压）维持 20～30min。空气除菌则采用介质过滤的方法，可用定期灭菌的干燥介质来阻截流过的空气中所含的微生物，从而制得无菌空气。发酵罐内部的代谢变化（菌丝形态、菌浓度、糖含量、氮含量、pH、溶氧浓度和产物浓度等）是比较复杂的，特别是次级代谢产物发酵就更为复杂，它受许多因素控制。

4. 下游处理

发酵结束后，要对发酵液或生物细胞进行分离和提取、精制，将发酵产物制成合乎要求的成品。

第三节　液体深层发酵

一、深层发酵的操作方式

根据操作方式的不同，液体深层发酵主要有分批发酵、连续发酵和补料分批发酵三种类型。

1. 分批发酵

所谓分批发酵是指营养物和菌种一次性加入进行培养，直到结束放罐，中间除了空气进入和尾气排出，与外部没有物料交换。传统的生物产品发酵多用此方法。它除了控制温度和pH及通气以外，不进行任何其他控制，操作简单。但从细胞所处的环境来看，则存在明显变化，发酵初期营养物过多可能抑制微生物的生长，而发酵中后期可能又因为营养物减少而降低培养效率；从细胞的增殖来说，初期细胞浓度低、增长慢，后期细胞浓度虽高，但营养物浓度过低也长不快，总的生产能力不是很高。

分批发酵的具体操作如下（图3-4）：首先种子培养系统开始工作，即对种子罐用高压蒸汽进行空罐灭菌（空消），之后投入培养基，再通高压蒸汽进行实罐灭菌（实消），然后接种，即接入用摇瓶等预先培养好的种子，进行培养。在种子罐开始培养的同时，以同样程序进行主发酵罐的准备工作。对于大型发酵罐，一般不在罐内对培养基灭菌，而是利用专门的灭菌装置对培养基进行连续灭菌（连消）。种子培养达到一定菌体量时，即转移到主发酵罐中。发酵过程中要控制温度和pH，对于需氧微生物还要进行搅拌和通气。主罐发酵结束即将发酵液送往提取、精制工段进行后处理。

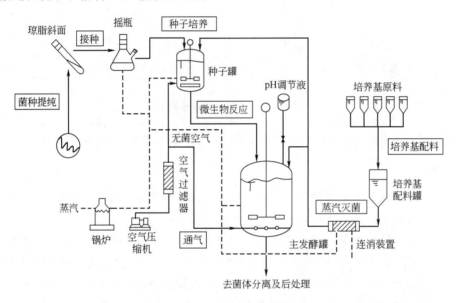

图3-4 典型的分批发酵工艺流程

根据发酵类型的不同，每批发酵需要十几个小时到几周时间。其全过程包括空罐灭菌、加入灭过菌的培养基、接种、培养的诱导期、发酵过程、放罐和洗罐，所需时间的总和为一个发酵周期。

分批培养系统属于封闭系统，只能在一段有限的时间内维持微生物的增殖，微生物处在限制性条件下的生长，表现出典型的生长周期（图3-5）。

培养基在接种后，在一段时间内细胞浓度的增加不明显，这一阶段为延滞期。延滞期是细胞在新的培养环境中表现出来的一个适应阶段。接着是一个短暂的加速生长期，细胞开始大量繁殖，很快到达指数生长期。在指数生长期，由于培养基中的营养物质比较充足，有害代谢产物很少，所以细胞的生长不受限制，细胞浓度随培养时间呈指数增长，也称对数生长期。随着细胞的大量繁殖，培养基中的营养物质迅速消耗，加上有害代谢产物的积累，细胞的生长速率逐渐下降，进入减速期。因营养物质耗尽或有害物质的大量积累，使细胞浓度不

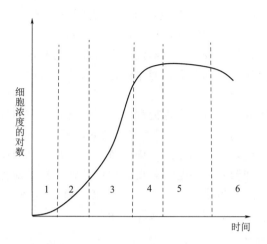

图 3-5 微生物分批培养的生长曲线
1—延滞期；2—加速生长期；3—指数生长期；4—减速期；5—稳定期；6—衰亡期

再增大，这一阶段也称为静止期或稳定期。在静止期，细胞的浓度达到最大值。最后由于环境恶化，细胞开始死亡，活细胞浓度不断下降，这一阶段为衰亡期。大多数分批发酵在到达衰亡期前就结束了。迄今为止，分批发酵仍是常用的培养方法，广泛用于多种发酵过程。

2. 连续发酵

所谓连续发酵指以一定的速度向发酵罐内添加新鲜培养基，同时以相同的速度流出培养液，从而使发酵罐内的液量维持恒定，微生物在稳定状态下生长。稳定状态可以有效地延长分批培养中的对数期。在稳定的状态下，微生物所处的环境条件，如营养物浓度、产物浓度、pH等都能保持恒定，微生物细胞的浓度及其生长速率也可维持不变，甚至还可以根据需要来调节生长速度。

连续发酵使用的反应器可以是搅拌罐式反应器，也可以是管式反应器。在罐式反应器中，即使加入的物料中不含有菌体，只要反应器内含有一定量的菌体，在一定进料流量范围内就可实现稳态操作。罐式连续发酵的设备与分批发酵设备无根本差别，一般可采用原有发酵罐改装。根据所用罐数，罐式连续发酵系统又可分为单罐连续发酵和多罐连续发酵（图3-6）。

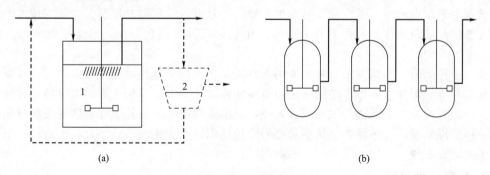

图 3-6 搅拌罐式连续发酵系统
（a）单罐连续发酵；（b）多罐串联连续发酵
图（a）中虚线部分表示循环系统的流程；1—发酵罐；2—细胞分离器

如果在反应器中进行充分的搅拌，则培养液中各处的组成相同，且与流出液的组成一样，成为一个连续流动搅拌罐式反应器（CSTR）。连续发酵的控制方式有两种：一种为恒浊器法，即利用浊度来检测细胞的浓度，通过自控仪表调节输入料液的流量，以控制培养液中的菌体浓度达到恒定值；另一种为恒化器法，它与前者的相似之处是维持一定的体积，不同之处是菌体浓度不是直接控制的，而是通过恒定输入的养料中某一种生长限制基质的浓度来控制。

在管式反应器中，培养液通过一个返混程度较低的管状反应器向前流动（返混：反应器内停留时间不同的料液之间的混合），其理想型为活塞流反应器（PFR，没有返混）。在反应器内沿流动方向的不同部位，营养物浓度、细胞浓度、氧浓度和产率等都不相同。在反应器的入口，微生物细胞必须和营养液一起加到反应器内。通常在反应器的出口装置支路使细胞返回，或者来自另一个连续培养罐（图3-7）。这种微生物反应器的运转存在许多困难，故目前主要用于理论研究，基本上还未进行实际应用。

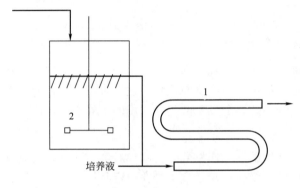

图 3-7 管式连续发酵
1—管式反应器；2—种子罐

与分批发酵相比，连续发酵具有以下优点：①可以维持稳定的操作条件，有利于微生物的生长代谢，从而使产率和产品质量也相应保持稳定；②能够更有效地实现机械化和自动化，降低劳动强度，减少操作人员与病原微生物和毒性产物接触的机会；③减少设备清洗、准备和灭菌等非生产占用时间，提高设备利用率，节省劳动力和工时；④由于灭菌次数减少，使测量仪器探头的寿命得以延长；⑤容易对过程进行优化，有效地提高发酵产率。

当然，它也存在一些缺点：①由于是开放系统，加上发酵周期长，容易造成杂菌污染；②在长周期连续发酵中，微生物容易发生变异；③对设备、仪器及控制元器件的技术要求较高；④黏性丝状菌菌体容易附着在器皿壁上生长和在发酵液内结团，给连续发酵操作带来困难。

由于上述缺陷，连续发酵目前主要用于研究工作，如发酵动力学参数的测定、过程条件的优化试验等，而在工业生产中的应用还不多。连续培养方法可用于面包酵母和饲料酵母的生产，以及有机废水的活性污泥处理。另外，酒精连续发酵生产技术在苏联也已获得成功的应用。而新近发展的一种培养方法则是把固定化细胞技术和连续发酵结合起来，用于生产丙酮、丁醇、正丁醇、异丙醇等重要工业溶剂。

3. 补料分批发酵

补料分批发酵又称半连续发酵，是介于分批发酵和连续发酵之间的一种发酵技术，是指在微生物分批发酵中，以某种方式向培养系统补加一定物料的培养技术。通过向培养系统中补充物料，可以使培养液中的营养物浓度较长时间地保持在一定范围内，既保证微生物的生长需要，又不造成不利影响，从而达到提高产率的目的。

补料在发酵过程中的应用,是发酵技术上一个划时代的进步。补料技术本身也由少次多量和少量多次,逐步改为流加,后来又实现了流加补料的微机控制。但是,发酵过程中的补料量或补料率,目前在生产中还只是凭经验确定,或者根据一两个一次检测的静态参数(如基质残留量、pH、溶解氧浓度等)设定控制点,带有一定的盲目性,很难同步满足微生物生长和产物合成的需要,也不可能完全避免基质的调控反应。因而现在的研究重点在于如何实现补料的优化控制。

补料分批发酵可以分为两种类型:单一补料分批发酵和反复补料分批发酵。在开始时投入一定量的基础培养基,到发酵过程的适当时期,开始连续补加碳源或氮源或其他必需基质,直到发酵液体积达到发酵罐最大操作容积后,停止补料,最后将发酵液一次全部放出。这种操作方式称为单一补料分批发酵。该操作方式受发酵罐体积的限制,发酵周期只能控制在较短的范围内。反复补料分批发酵是在单一补料分批发酵的基础上,每隔一定时间按一定比例放出一部分发酵液,使发酵液体积始终不超过发酵罐的最大操作容积,从而在理论上可以延长发酵周期,直至发酵产率明显下降,才最终将发酵液全部放出。这种操作类型既保留了单一补料分批发酵的优点,又避免了它的缺点。

补料分批发酵作为分批发酵向连续发酵的过渡,兼有两者之优点,而且克服了两者之缺点。同传统的分批发酵相比,它的优越性是明显的。它可以解除营养物基质的抑制产物反馈抑制和葡萄糖分解阻遏效应(葡萄糖被快速分解代谢所积累的产物在抑制所需产物合成的同时,也抑制其他一些碳源和氮源的分解利用)。对于好氧发酵,它可以避免在分批发酵中因一次性投入糖过多造成细胞大量生长,耗氧过多,以至通风搅拌设备不能匹配的状况,还可以在某些情况下减少菌体生成量,提高有用产物的转化率。在真菌培养中,菌丝的减少可以降低发酵液的黏度,便于物料输送及后期处理,与连续发酵相比,它不会产生菌种老化和变异问题,其适用范围也比连续发酵广。

目前,运用补料分批发酵技术进行生产和研究的范围十分广泛,包括单细胞蛋白、氨基酸、生长激素、抗生素、维生素、酶制剂、有机溶剂、有机酸、核苷酸、高聚物等,几乎遍及整个发酵行业。它不仅被广泛用于液体发酵中,在固体发酵及混合培养中也有应用。随着研究工作的深入及自动化控制技术在发酵过程中的应用,补料分批发酵技术将日益发挥出其巨大的优势。

二、发酵工艺控制

发酵过程中,为了能对生产过程进行必要的控制,需要对有关工艺参数进行定期取样测定或进行连续测量。反映发酵过程变化的参数可以分为两类:一类是可以直接采用特定的传感器检测的参数。它们包括反映物理环境和化学环境变化的参数,如温度、压力、搅拌功率、转速、泡沫、发酵液黏度、浊度、pH、离子浓度、溶解氧浓度、基质浓度等,称为直接参数。另一类是至今尚难于用传感器来检测的参数,包括细胞生长速率、产物合成速率和呼吸熵等。这些参数需要根据一些直接检测出来的参数,借助于电脑计算和特定的数学模型才能得到,因此这类参数被称为间接参数。上述参数中,对发酵过程影响较大的有温度、pH、溶解氧浓度等。

1. 温度

温度对发酵过程的影响是多方面的,它会影响各种酶反应的速率,改变菌体代谢产物的合成方向,影响微生物的代谢调控机制。除这些直接影响外,温度还对发酵液的理化性质产生影响,如发酵液的黏度、基质浓度和氧在发酵液中的溶解度及传递速率、某些基质的分解和吸收速率等，进而影响发酵的动力学特性和产物的生物合成。

最适发酵温度是既适合菌体的生长，又适合代谢产物合成的温度，它随菌种、培养基成分、培养条件和菌体生长阶段不同而改变。理论上，整个发酵过程中不应只选择一个培养温度，而应根据发酵的不同阶段，选择不同的培养温度。在生长阶段，应选择最适生长温度，在产物分泌阶段，应选择最适生产温度。但实际生产中，由于发酵液的体积很大，升降温度都比较困难，所以在整个发酵过程中，往往采用一个比较适合的培养温度，使得到的产物产量最高，或者在可能的条件下进行适当的调整。发酵温度可通过温度计或自动记录仪表进行检测，通过向发酵罐的夹套或蛇形管中通入冷水、热水或蒸汽进行调节。工业生产上，所用的大发酵罐在发酵过程中一般不需要加热，因发酵中释放了大量的发酵热，在这种情况下通常还需要加以冷却，利用自动控制或手动调整的阀门，将冷却水通入夹套或蛇形管中，通过热交换来降温，保持恒温发酵。

2. pH

pH 对微生物的生长繁殖和产物合成的影响有以下几个方面：①影响酶的活性，当 pH 抑制菌体中某些酶的活性时，会阻碍菌体的新陈代谢；②影响微生物细胞膜所带电荷的状态，改变细胞膜的通透性，影响微生物对营养物质的吸收及代谢产物的排泄；③影响培养基中某些组分和中间代谢产物的解离，从而影响微生物对这些物质的利用；④pH 不同，往往引起菌体代谢过程的不同，使代谢产物的质量和比例发生改变。另外，pH 还会影响某些霉菌的形态。

发酵过程中，pH 的变化取决于所用的菌种、培养基的成分和培养条件。培养基中的营养物质的代谢，是引起 pH 变化的重要原因，发酵液的 pH 变化是菌体产酸和产碱的代谢反应的综合结果。每一类微生物都有其最适的和能耐受的 pH 范围，大多数细菌生长的最适 pH 为 6.3~7.5，霉菌和酵母菌为 3~6，放线菌为 7~8。而且微生物生长阶段和产物合成阶段的最适 pH 往往不一样，需要根据试验结果来确定。为了确保发酵的顺利进行，必须使其各个阶段经常处于最适 pH 范围之内，这就需要在发酵过程中不断地调节和控制 pH 的变化。首先需要考虑和试验发酵培养基的基础配方，使它们有个适当的配比，使发酵过程中的 pH 变化在合适的范围内。如果达不到要求，还可在发酵过程中补加酸或碱。过去是直接加入酸（如 H_2SO_4）或碱（如 NaOH）来控制，现在常用的是以生理酸性物质〔如 $(NH_4)_2SO_4$〕和生理碱性物质（如氨水）来控制，它们不仅可以调节 pH，还可以补充氮源。当发酵液的 pH 和氨氮含量都偏低时，补加氨水，就可达到调节 pH 和补充氨氮的目的；反之，pH 较高，氨氮含量又低时，就补加 $(NH_4)_2SO_4$。此外，用补料的方式来调节 pH 也比较有效。这种方法，既可以达到稳定 pH 的目的，又可以不断补充营养物质。最成功的例子就是青霉素发酵的补料工艺，利用控制葡萄糖的补加速率来控制 pH 的变化，其青霉素产量比用恒定的加糖速率和加酸或者碱来控制 pH 的产量高 25%。目前已试制成功适合于发酵过程监测 pH 的电极，能连续测定并记录 pH 的变化，将信号输入 pH 控制器来指令加糖、加酸或加碱，使发酵液的 pH 控制在预定的数值。

3. 溶解氧浓度

对于好氧发酵，溶解氧浓度是最重要的参数之一。好氧性微生物深层培养时，需要适量的溶解氧以维持其呼吸代谢和某些产物的合成，氧的不足会造成代谢异常，产量降低。现在已可采用覆膜氧电极来检测发酵液中的溶解氧浓度。

要维持一定的溶氧水平，需从供氧和需氧两方面着手。在供氧方面，主要是设法提高氧传递的推动力和氧传递系数，可以通过调节搅拌转速或通气速率来控制。同时要有适当的工艺条件来控制需氧量，使菌体的生长和产物形成对氧的需求量不超过设备的供氧能力。已知发酵液的需氧量受菌体浓度、基质的种类和浓度以及培养条件等因素的影响，其中以菌体浓度的影响最为明显。发酵液的摄氧率随菌体浓度增大而增大，但氧的传递速率随菌体浓度的对数关系减少，因此可以控制合适的菌体浓度，使得产物的生产速率维持在最大值，又不会导致需氧大于供氧。这可以通过控制基质的浓度来实现，如控制补糖速率。除控制补料速度外，在工业上，还可采用调节温度（降低培养温度可提高溶氧浓度）、液化培养基、中间补水和添加表面活性剂等工艺措施来改善溶氧水平。

发酵过程中各参数的控制很重要，目前发酵工艺控制的方向是转向自动化控制，因而希望能开发出更多更有效的传感器用于过程参数的检测。此外，对于发酵终点的判断也同样重要。生产不能只单纯追求高生产力，而不顾及产品的成本，必须把二者结合起来。合理的放罐时间是通过实验来确定的，就是根据不同的发酵时间所得的产物产量计算出发酵罐的生产力和产品成本，采用生产力高而成本又低的时间，作为放罐时间。确定放罐的指标有：发酵产物的产量，发酵液的过滤速度，发酵液中氨基氮的含量，菌丝的形态，发酵液的pH，发酵液的外观和黏度等。发酵终点的确定，需要综合考虑这些因素。

三、发酵设备

进行微生物深层培养的设备统称发酵罐。一个优良的发酵装置应具有严密的结构，良好的液体混合性能，较高的传质、传热速率，同时还应具有配套而又可靠的检测及控制仪表。由于微生物有好氧与厌氧之分，所以其培养装置也相应地分为好氧发酵设备与厌氧发酵设备。对于好氧微生物，发酵罐通常采用通气和搅拌来增加氧的溶解，以满足其代谢需要。根据搅拌方式的不同，好氧发酵设备又可分为机械搅拌式发酵罐和通风搅拌式发酵罐。

1. 机械搅拌式发酵罐

机械搅拌式发酵罐是发酵工厂常用类型之一。它是利用机械搅拌器的作用，使空气和发酵液充分混合，促进氧的溶解，以保证供给微生物生长繁殖和代谢所需的溶解氧。比较典型的是通用式发酵罐和自吸式发酵罐。

（1）通用式发酵罐 通用式发酵罐是指既具有机械搅拌又有压缩空气分布装置的发酵罐（图3-8）。

由于这种罐是目前大多数发酵工厂最常用的，所以称为"通用式"。其容积可达200m^3，有的甚至可达500m^3。罐体各部有一定的比例，罐身的高度一般为罐直径的1.5~4倍。发酵罐为封闭式，一般都在一定罐压下操作，罐顶和罐底采用椭圆形和蝶形封头。为便于清洗和检修，发酵罐设有手孔和人孔，甚至爬梯，罐顶还装有窥镜和灯孔便于观察罐内情况。此外，还有各式各样的接管。装于罐顶的接管有进料口、补料口、排气口、接种口和压力表等；装于罐身的接管有冷却水进出口、空气进口、温度和其他测控仪表的接口。取样口则视操作情况装于罐身或罐顶。现在很多工厂在不影响无菌操作的条件下将接管加以归并，如进料口、补料口和接种口用一个接管。放料可利用通风管压出，也可在罐底另设放料口。

（2）自吸式发酵罐 自吸式发酵罐罐体的结构大致上与通用式发酵罐相同，主要区别在于搅拌器的形状和结构不同。自吸式发酵罐使用的是带中央吸气口的搅拌器。搅拌器由从罐底向上伸入的主轴带动，叶轮旋转时叶片不断排开周围的液体使其背侧形成真空，于是将罐外空气通过搅拌器中心的吸气管而吸入罐内，吸入的空气与发酵液充分混合后在叶轮末端排出，并立即通过导轮向罐壁分散，经挡板折流涌向液面，均匀分布。空气吸入管道常用一端面轴封与叶轮连接，确保不漏气。

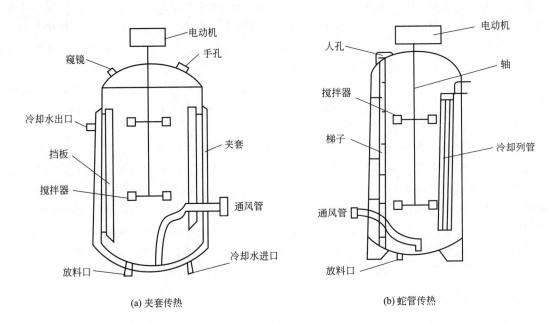

图 3-8 通用式发酵罐

2. 通风搅拌式发酵罐

在通风搅拌式发酵罐中，通风的目的不仅是供给微生物所需要的氧，同时还利用通入发酵罐的空气代替搅拌器使发酵液均匀混合。常用的有循环式通风发酵罐和高位塔式发酵罐。

循环式通风发酵罐是利用空气的动力使液体在循环管中上升，并沿着一定路线进行循环，所以这种发酵罐也叫空气带升式发酵罐，也简称带升式发酵罐。带升式发酵罐有内循环和外循环两种，循环管有单根的也有多根的。与通用式发酵罐相比，它具有以下优点：①发酵罐内没有搅拌装置，结构简单，清洗方便，加工容易；②由于取消了搅拌用的电机，而通风量与通用式发酵罐大致相等，所以动力消耗降低很大；③减少了污染源；④剪切力小，分布更均匀。

高位塔式发酵罐是一种类似塔式反应器的发酵罐，其高径比约为 7:1，罐内装有若干块筛板。压缩空气由罐底导入，经过筛板逐渐上升，气泡在上升过程中带动发酵液同时上升，上升后的发酵液又通过筛板上带有液封作用的降液管下降而形成循环。这种发酵罐的特点是省去了机械搅拌装置，如果培养基浓度适宜，而且操作得当的话，在不增加空气流量的情况下，基本上可达到通用式发酵罐的发酵水平。

3. 厌氧发酵设备

厌氧发酵也称静止培养，因其不需供氧，所以设备和工艺都较好氧发酵简单。严格的厌氧液体深层发酵的主要特色是排除发酵罐中的氧。罐内的发酵液应尽量装满，以便减少上层气相的影响，有时还需充入无氧气体。发酵罐的排气口要安装水封装置，培养基应预先还原。此外，厌氧发酵需使用大剂量接种（一般接种量为总操作体积的 10%~20%），使菌体迅速生长，减少其对外部氧渗入的敏感性。酒精、丙酮、丁醇、乳酸和啤酒等都是采用液体厌氧发酵工艺生产的。具有代表性的厌氧发酵设备有酒精发酵罐和用于啤酒生产的锥底立式发酵罐。

四、下游加工过程

从发酵液中分离、精制有关产品的过程称为发酵生产的下游加工过程。发酵液是含有细胞、代谢产物和剩余培养基等多组分的多相系统,黏度通常很大,从中直接分离固体物质很困难;发酵产品在发酵液中浓度很低,且常常与代谢产物、营养物质等大量杂质共存于细胞内或细胞外,形成复杂的混合物;欲提取的产品通常很不稳定,遇热、有机溶剂、极端pH环境条件下会分解或失活;另外,由于发酵是分批操作,生物变异性大,各批发酵液不尽相同,这就要求下游加工有一定弹性,特别是对染菌的批号也要能处理。发酵的最后产品纯度要求较高,上述种种原因使下游加工过程成为许多发酵生产中最重要、成本最高的环节,如抗生素、乙醇、柠檬酸等的分离和精制占整个工厂投资的60%左右,而且还有继续增加的趋势。发酵生产中因缺乏合适的、经济的下游处理方法而不能投入生产的例子是很多的。因此下游加工技术越来越引起人们的重视。

下游加工过程由许多化工单元操作组成,一般可分为发酵液的预处理和固液分离、提取、精制以及成品加工四个阶段。其一般流程如图3-9所示。

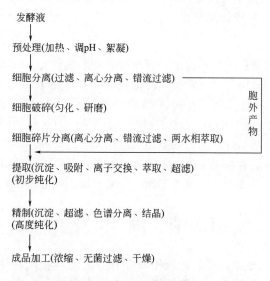

图3-9 下游加工的工艺流程

1. 发酵液的预处理和固液分离

发酵液的预处理和固液分离是下游加工的第一步操作。预处理的目的是改善发酵液性质,以利于固液分离,常用酸化、加热、加絮凝剂等方法。固液分离则常用到过滤、离心等方法。如果欲提取的产物存在于细胞内,还需先对细胞进行破碎。细胞破碎方法有机械法、生物法和化学法,大规模生产中常用高压匀浆器和球磨机。细胞碎片的分离通常用离心、两水相萃取等方法。

2. 提取

经上述步骤处理后,活性物质存在于滤液或离心上清液中,液体体积很大,浓度很低。接下来要进行提取,提取的目的主要是浓缩,也有一些纯化作用。常用的方法有如下几种。

（1）**吸附法** 对于抗生素等小分子物质可用吸附法,现在常用的吸附剂为大网格聚合物,另外还可用活性炭、白土、氧化铝、树脂等。

（2）**离子交换法** 极性化合物则可用离子交换法提取,该法亦可用于精制。

(3) 沉淀法 沉淀法广泛用于蛋白质提取中,主要起浓缩作用,常用盐析、等电点沉淀、有机溶剂沉淀和非离子型聚合物沉淀等方法。沉淀法也用于一些小分子物质的提取。

(4) 萃取法 萃取法是提取过程中的一种重要方法,包括溶剂萃取、两水相萃取、超临界流体萃取、逆胶束萃取等方法,其中溶剂萃取法仅用于抗生素等小分子物质而不能用于蛋白质的提取,而两水相萃取法则仅适用于蛋白质的提取,小分子物质不适用。

(5) 超滤法 超滤法是利用具有一定截断分子质量的超滤膜进行溶质的分离或浓缩,可用于小分子提取中去除大分子杂质和大分子物质提取中的脱盐浓缩等。

3. 精制

经提取过程初步纯化后,滤液体积大大缩小,但纯度提高不多,需要进一步精制。初步纯化中的某些操作,如沉淀、超滤等也可应用于精制中。

大分子(蛋白质)精制依赖于色谱分离,色谱分离是利用物质在固定相和移动相间分配情况不同,进而在色谱柱中的运动速度不同,而达到分离的目的。根据分配机制的不同,分为凝胶色谱、离子交换色谱、聚焦色谱、疏水色谱、亲和色谱等几种类型。色谱分离中的主要困难之一是色谱介质的机械强度差,研究生产优质色谱介质是下游加工的重要任务之一。

小分子物质的精制常利用结晶操作。

4. 成品加工

经提取和精制后,根据产品应用要求,有时还需要浓缩、无菌过滤和去热原、干燥、加稳定剂等加工步骤。浓缩可采用升膜或降膜式的薄膜蒸发,对热敏性物质,可用离心薄膜蒸发,对大分子溶液的浓缩可用超滤膜,小分子溶液的浓缩可用反渗透膜。用截断分子质量为10000Da的超滤膜可除去分子质量在10000Da以内的产品中的热原,同时也达到了过滤除菌的目的。如果最后要求的是结晶性产品,则上述浓缩、无菌过滤等步骤应放于结晶之前,而干燥则通常是固体产品加工的最后一道工序。干燥方法根据物料性质、物料状况及当地具体条件而定,可选用真空干燥、红外线干燥、沸腾干燥、气流干燥、喷雾干燥和冷冻干燥等方法。

第四节 固体发酵

某些微生物生长需水很少,可利用疏松而含有必需营养物的固体培养基进行发酵生产,称为固体发酵。我国传统的酿酒、制酱及天培(大豆发酵食品)的产生等均为固体发酵。另外,固体发酵还用于蘑菇的生产、奶酪和泡菜的制作以及动植物肥料的堆肥等(表3-3)。

表3-3 固体发酵实例

例子	原料	所用微生物
蘑菇生产	麦秆、粪肥	双孢蘑菇、香菇等
泡菜	包心菜	乳酸菌
酱油	黄豆、小麦	米曲霉
大豆发酵食品	大豆	寡孢根霉
干酪	凝乳	娄格法尔特氏青霉
堆肥	混合有机材料	真菌、细菌、放线菌
金属浸提	低级矿石	硫化芽孢杆菌
有机酸	蔗糖、废糖蜜	黑曲霉
酶	麦麸等	黑曲霉
污水处理	污水成分	细菌、真菌和原生动物

固体发酵所用原料一般为经济易得、富含营养物质的工农业中的副、废产品，如麸皮、薯粉、大豆饼粉、高粱、玉米粉等。根据需要对原料进行粉碎、蒸煮等预加工以促进营养物吸收，改善发酵生产条件，有的需加入尿素、硫酸铵及一些无机酸、碱等辅料。

固体发酵一般都是开放式的，因而不是纯培养，无菌要求不高，它的一般过程为：将原料预加工后再经蒸煮灭菌，然后制成含一定水分的固体物料，接入预先培养好的菌种，进行发酵。发酵成熟后要适时出料，并进行适当处理，或进行产物的提取。根据培养基的厚薄可分为薄层和厚层发酵，用到的设备有帘子、曲盘和曲箱等。薄层固体发酵是利用木盘或苇帘，在上面铺1～2cm厚的物料，接种后在曲室内进行发酵；厚层固体发酵是利用深槽（或池），在其上部架设竹帘，帘上铺一尺多厚的物料，接种后在深槽下部通气进行发酵。

固体发酵所需设备简单，操作容易，并可因陋就简、因地制宜地利用一些来源丰富的工农业副产品，因此至今仍在某些产品的生产上不同程度地沿用着。但是这种方法又有许多缺点，如劳动强度大、不便于机械化操作、微生物品种少、生长慢、产品有限，因此目前主要的发酵生产多为液体发酵。

小　结

发酵工程具有悠久的历史，又融合了现代科学技术，是现代生物技术的组成部分。其主要内容为生产菌种的选育、发酵条件的优化与控制、反应器的设计与产物的分离、提取与精制等。从广义上讲，发酵工程由三部分组成：上游工程、发酵工程、下游工程。上游工程包括遗传和菌种选育、种子培养、培养基优化、灭菌、接种。工业生产上常用的微生物包括细菌、放线菌、霉菌和酵母等，根据微生物种类的不同，分为好氧性发酵和厌氧性发酵。按操作方式的不同，液体深层发酵主要有分批发酵、连续发酵、补料分批发酵三种类型。进行微生物深层培养的设备统称发酵罐。由于微生物有好氧与厌氧之分，所以其培养装置也相应地分为好氧发酵设备与厌氧发酵设备。对于好氧微生物，发酵罐通常采用通气和搅拌来增加氧的溶解，以满足其生长与代谢需要。根据搅拌方式的不同，好氧发酵设备又可分为机械搅拌式发酵罐和通风搅拌式发酵罐。发酵过程中，为了能对生产过程进行必要的控制，需要对有关工艺参数进行定期取样测定或进行连续测量，对发酵过程影响较大的有温度、pH、溶解氧浓度等。下游加工过程由许多化工单元操作组成，一般可分为发酵液预处理和固液分离、提取、精制以及成品加工四个阶段。固体发酵所需设备简单，操作容易，并可因陋就简、因地制宜地利用一些来源丰富的工农业副产品，因此至今仍在某些产品的生产上不同程度地沿用着。

复习思考题

一、名词解释

发酵　分批发酵　连续发酵　补料分批发酵　固体发酵　种子扩大培养　初级代谢产物　次级代谢产物

二、判断题

（　　）1. 目前，人们把利用微生物在有氧和无氧条件下的生命活动来制备微生物菌体或其代谢产物的过程称为发酵。

（　　）2. 在微生物菌体的对数生长期所产生的产物如氨基酸、核苷酸等是菌体生长繁殖所必需的，这些产物叫初级代谢产物。

（　　）3. 发酵过程中需要防止杂菌污染，大多数情况下设备需要进行严格的冲洗、灭菌，但空气不需要过滤。

（　　）4. 发酵产物的产量与成品的质量、菌种性能及孢子和种子的制备情况密切相关。

（　　）5. 微生物种类繁多、繁殖速度快、代谢能力强，容易通过人工诱变获得突变株。

三、选择题

1. 下列哪些是发酵技术独有的特点？_____。
   A. 多个反应不能在发酵设备中一次完成
   B. 条件温和、能耗少、设备简单
   C. 不容易产生高分子化合物
   D. 发酵过程中不需要防止杂菌污染

2. 不是工业生产上常用的微生物为_____。
   A. 担子菌　　　　B. 细菌　　　　C. 酵母菌　　　　D. 霉菌

3. 通风搅拌发酵罐与机械搅拌发酵罐相比，下列不属于前者特点的是_____。
   A. 发酵罐内没有搅拌装置，结构简单
   B. 发酵罐内有搅拌装置，混合速度快
   C. 耗能少，利于生产
   D. 发酵罐内没有搅拌装置，结构复杂

4. 在发酵工艺控制中，对发酵过程影响不大的是_____。
   A. 温度　　　　B. 搅拌功率　　　　C. pH　　　　D. 溶解氧浓度

5. 发酵过程中，pH 取决于_____。
   A. 菌种　　　　B. 培养基　　　　C. 培养条件　　　　D. 以上都是

四、填空题

1. 现代发酵工程不仅包括_____和_____，还包括_____。
2. 发酵工程的主要内容包括_____、_____、_____。
3. 根据操作方式的不同，液体深层发酵主要有_____、_____、_____。
4. 分批发酵全过程包括_____、_____、_____、_____、_____和_____。所需的时间总和为一个_____。分批发酵中微生物处于限制性的条件下生长，其生长周期分为延滞期、加速生长期、指数生长期、_____、_____、_____。

五、简述题

1. 发酵工程技术可应用在哪些方面？
2. 简述发酵的一般过程。
3. 简述发酵下游加工过程的一般流程。

第四章 酶 工 程

 学习目标与思政素养目标

1. 了解微生物发酵产酶的工艺条件及控制。
2. 了解酶分离纯化的方法，酶分子修饰的方法，酶及细胞固定的方法，反应器的种类及特点。
3. 理解并描述酶的固定化技术。
4. 掌握酶发酵生产的菌种选育，酶发酵生产工艺技术，酶的修饰改造，酶反应器的原理及应用等。
5. 树立严谨求实的科学态度，坚持辩证思维和底线思维。

酶是由动物、植物或微生物分泌产生的、具有特定生物催化功能的高分子物质。酶制剂是酶经过提纯、加工后的具有催化功能的生物制品，具有催化能力高、专一性强、条件温和、能耗低、化学污染小等特点。其应用领域遍布食品（面包烘焙业、面粉深加工等）、纺织、饲料、皮革、医药以及能源等方面，生产规模、产值和市场需求均非常可观，已经产生了巨大的经济效益，并已形成了生物技术的一个重要分支——酶工程。

第一节 酶工程概述

酶的生产和应用技术过程称为酶工程，它是利用酶、细胞器或细胞所具有的特异催化功能以及对酶进行的修饰改造，并借助生物反应器生产人类所需产品的一项技术。

一、酶及酶工程的概念

1. 酶的定义与特性

酶是具有生物催化功能的生物大分子。按照其化学组成，可以分为蛋白类酶（P酶）和核酸类酶（R酶）两大类别。蛋白类酶主要由蛋白质组成，核酸类酶主要由核酸（RNA）组成。

目前已发现的酶有8000种以上，它们分布于细胞的不同细胞器中，催化细胞生长代谢过程中的各种生物化学反应。无论是动物还是植物，是高等生物还是低等生物，生物生命活动中的生长发育和繁殖等一切生物化学变化都是在酶的催化作用下进行的。可以说，没有酶的存在，生命就会停止。

酶是生物催化剂，与非酶催化剂相比，具有专一性强、催化效率高和作用条件温和等显著特点。

(1) 催化作用的专一性强 酶催化作用的专一性强是酶最重要的特性之一，也是酶与其他非酶催化剂最主要的不同之处。酶的专一性是指在一定条件下，一种酶只能催化一种或一类结构相似的底物进行某种类型反应的特性。酶的专一性按其严格程度的不同，可以分为绝对专一性和相对专一性两大类。一种酶只能催化一种底物进行一种反应，称为绝对专一性，如乳酸脱氢酶催化丙酮酸进行加氢反应生成 L-乳酸。一种酶能够催化一类结构相似的底物进行某种相同类型的反应，称为相对专一性，如酯酶可催化所有含酯键的酯类物质水解生成醇和酸。

(2) 催化作用的效率高 酶催化作用的另一个显著特点是酶催化作用的效率高。酶的催化反应速度比非酶催化反应的速度高 $10^7 \sim 10^{13}$ 倍。酶催化反应的效率之所以这么高，是由于酶催化反应可以使反应所需的活化能显著降低。

(3) 催化作用的条件温和 酶催化作用与非酶催化作用的另一个显著差别是酶催化作用条件温和。酶的催化作用一般都在常温、常压、pH 近乎中性的条件下进行。因此，采用酶作为催化剂，可节省能源、减少设备投入、改善工作环境和劳动条件。

2. 酶工程的定义和内容

酶工程是 1971 年第一届国际酶工程会议上得到命名的一项新技术。近几十年来，随着酶学研究的深入和酶的应用迅猛发展，酶工程已经成为现代生物技术重要的部分。

酶工程的概念有狭义和广义之分。狭义的酶工程是指在一定的生物反应器中，利用酶的催化作用，将相应的原料转化成有用物质的技术；广义的酶工程是指研究酶的生产和应用的一门技术性学科，它包括酶的发酵生产、酶的固定化、酶的分子修饰、酶反应器和酶的应用等方面内容。其中，酶的生产包括酶的产生和分离纯化，它是酶应用的前提；酶生物反应器是酶发挥其生物催化功能的主要场所；酶的应用是酶工程的最终目标，目前主要集中于食品工业、轻工业、医药工业及环保等方面。在酶的生产和应用过程中，人们发现天然酶具有一些缺陷（如稳定性差、酶的分离纯化工艺复杂及不可重复利用等）。因此，有必要对酶进行改性（如酶的固定化、酶的非水相催化体系的建立、酶的分子修饰等），以促进酶的优质生产和高效应用。目前，酶工程应用范围已遍及工业、医药、农业化学分析、环境保护、能源开发和生命科学理论研究等各个方面，而酶工程产业也正快速发展。

二、酶工程的发展历程

1. 古代酶的应用

我国对酶的认识可追溯至距今 4000 多年前，龙山文化时期，从出土文物发现，当时酒已盛行，人们能利用天然酵母酿酒，酒是酵母细胞内酶作用的结果。公元前 12 世纪，古代劳动人民已会制饴、制酱。《书经》记载"若作酒醴，尔惟曲蘖"，"曲"是指长霉菌的谷物，"蘖"是指谷芽。《左传》一书中也有记载用"曲""蘖"治病等。这些都说明酶学起源于古代劳动人民的生产实践。

2. 近代酶学的发展

1859 年，Liebig 首次提出酶是一种蛋白质。1876 年，德国科学家 Kuhne 首先把这种物质称为 enzyme（酶），这个词来自希腊文，意思为"在酵母中"。1896 年，Buchner 兄弟无意之中发现不含细胞的酵母抽提液也能将糖发酵成酒精,这表明酶不仅在细胞内可催化反应,而且在一定条件下在细胞外也可进行催化反应,并阐明了发酵是酶的作用的化学本质。他们的成功为 20 世纪酶学和酶工程的发展揭开了序幕。Buchner 因此获得了 1911 年诺贝尔化学奖。其后,人们对酶的催化作用理论和酶的本质进行了广泛研究。

20 世纪初,在对酶的化学本质的认识方面,Willstatter 进行了大量的酶的提纯工作,提出了酶是一类吸附在蛋白质载体上的催化剂的假说。Sumner 于 1926 年从刀豆中提取了不负载任何其他催化剂的脲酶(脲酶催化尿素水解产生二氧化碳和氨)蛋白质结晶,确立了酶的化学本质是蛋白质的观点,为酶化学奠定了基础,并因此获得了 1947 年诺贝尔奖。

3. 现代酶工程发展

1969 年,日本千佃一郎首次开始工业规模上用固定化氨基酰化酶拆分 DL-氨基酸生产 L-氨基酸。1971 年,第一届国际酶工程会议在美国召开,会议的主题是固定化酶,酶工程也得以命名。此后,固定化天冬氨酸酶合成 L-天冬氨酸、固定化葡萄异构酶生产高果糖浆等的工业化生产取得成功。同时根据酶反应动力学理论,运用化学工程成果建立了多种类型的酶反应器,酶工程逐渐开始发展。在固定化酶的基础上又逐渐发展了固定化细胞技术。1980 年,经过基因工程改造的大肠杆菌杂交株用于生产青霉素酰化酶成为基因工程与酶工程相结合的第一例。1982 年,美国科罗拉多大学的 Cech 和耶鲁大学的 Altman 分别发现除了蛋白质外,特定的核酸(RNA)也具有酶的活性,标志着人类已经将酶学研究的范围由蛋白质扩展到了核酸。30 多年来,新发现的核酸类酶越来越多。由此引出"酶是具有生物催化功能的生物大分子(蛋白质或 RNA)"的新概念。即酶有两大类别,一类主要由蛋白质组成,称为蛋白类酶(P 酶);另一类主要由核糖核酸组成,称为核酸类酶(R 酶)。此后,酶分子改造和修饰、抗体酶、模拟酶等成为酶工程研究的热点。

迄今为止,科学家已在生物中发现了 8000 余种酶,并且每年都有新酶被发现。国际酶学委员会已公布了近 3000 多种酶,其中 60 多种的结构已基本搞清。以定向进化、酶蛋白的理性设计为代表的分子酶学的飞速发展,可简便而高效地实现酶的催化活力、稳定性、专一性以及环境适应性等多方面的改造,不仅为酶的大规模应用创造了条件,同时使研究者能够更快、更多地了解蛋白质结构与功能之间的关系,揭示酶在生命活动中的作用机制。另外,抗体酶、人工酶、模拟酶等新的研究进展不断涌现,以及酶的化学修饰等酶的应用技术的快速发展,使酶工程在研究和工业应用方面不断向广度和深度发展,显示出广阔而诱人的前景。目前,酶工程的应用已经覆盖到所有人类需要的产品生产(如食品、饲料、药品、精细化学品、材料、医疗保健、能源、环境等)和分析诊断领域。

第二节 酶的发酵生产

酶作为一种生物催化剂普遍存在于各种活的生物体内,因此来源广泛,动物器官、植物组织和微生物细胞均有可能作为生产商业用酶的原材料。从植物组织提取的酶以蛋白酶、淀粉酶、氧化酶为主,由动物器官提供的酶主要有胰蛋白酶、脂肪酶和用于奶酪生产的凝乳酶。虽然从动植物组织中提取酶的方法简单易行,但当大量生产时,易受到原材料的限制,还可能涉及伦理问题,使得这些传统酶原已经不能满足当今世界对酶的需求。为了扩大酶源,人们正越来越多地求助于微生物。利用微生物作为酶生产的主要来源有以下原因:①微生物生长繁殖快,生活周期短,产量高。一般来说,微生物的生长速率比农作物快 500 倍,比家畜快 1000 倍。②微生物培养方法简单,机械化程度高,易于管理控制。所用的培养基大都为农副产品,来源丰富,价格低廉,经济效益高。例如,同样生产 1kg 结晶胰蛋白酶,如从牛胰脏中提取需要 1 万头牛的胰脏,而由微生物生产则仅需数百千克的淀粉、麸皮和黄豆粉等农副产品,在几天时间内便可生产出来。③微生物菌株种类繁多,酶的品种齐全,一切动植物细胞中存在的酶几乎都能从微生物细胞中找到。④微生物有较强的适应性和应变能力,可以采用适应、诱导、诱变及基因工程等方法培育出产酶量高的新菌种。

迄今为止,用于酶发酵生产的工业微生物种类仍十分有限,主要是少数细菌、酵母菌和极少数的真菌。长期以来在食品和饮料工业上使用的那些生产菌株,在进入大规模生产之前已经过多次改良。微生物发酵产酶的方法同其他发酵产业类似,首先必须选择合适的产酶菌株,然后采用适当的培养基和培养方式进行发酵,使微生物生长繁殖并合成大量所需的酶。不同的是,最后将发酵液中的酶分离出来,并加以纯化,制成特定的酶制剂,而不是收获酶催化反应的产物。因而酶的发酵生产主要包括产酶菌或细胞的获得、控制发酵、分离提取三大步骤,优良产酶菌株的获得是前提和基础,控制发酵是主要过程,分离提取是获得酶产品的关键。

一、产酶菌种的筛选

优良的产酶菌种是提高酶产量的关键,筛选符合生产需要的菌种是发酵生产酶的首要环节,产酶菌种的筛选方法与发酵工程中微生物的筛选方法一致,主要包括以下几个步骤:含菌样品的采集、菌种分离、产酶性能测定及复筛等。

产酶微生物的基本要求:①不可用致病菌;②发酵周期短、产酶量高;③不易变异退化;④最好是产生胞外酶的菌种,利于分离;⑤对于医药和食品用酶,还应考虑安全性。凡从可食部分或食品加工中传统使用的微生物生产的酶是安全的;由非致病微生物制取的酶,需做短期毒性实验;由非常见微生物制取的酶,需做广泛的毒性实验,包括慢性中毒实验。

产酶微生物主要包括细菌、放线菌、霉菌、酵母菌等,有不少性能优良的微生物菌株已经在酶的发酵生产中广泛应用。

1. 细菌

在酶的生产中常用的细菌有大肠杆菌、芽孢杆菌等。大肠杆菌可以用于生产谷氨酸脱羧酶、天冬氨酸酶、青霉素酰化酶等多种酶;芽孢杆菌可以生产 α-淀粉酶、蛋白酶、碱性磷酸酶等。

2. 放线菌

在酶的生产中常用的放线菌主要是链霉菌。链霉菌可以生产葡萄糖异构酶、青霉素酰化酶、纤维素酶、碱性蛋白酶、中性蛋白酶和几丁质酶等。

3. 霉菌

用于酶生产的霉菌主要有黑曲霉、米曲霉、红曲霉、青霉、木霉、根霉和毛霉等。可以生产糖化酶、果胶酶、α-淀粉酶、酸性蛋白酶、葡萄糖氧化酶、过氧化氢酶、核酸核糖酶、脂肪酶、纤维素酶、半纤维素酶和凝乳酶等 20 多种酶。

4. 酵母菌

常用产酶的酵母菌有啤酒酵母和假丝酵母。

二、基因工程菌的构建

基因工程的发展使得人们可以较容易地克隆各种各样天然的酶基因,使其在微生物中高效表达，并通过发酵进行大量生产。酶分子的基因克隆是指从复杂的生物体基因组中采用不同方法分离并获得带有目标酶基因的DNA片段，然后将其与克隆载体连接成重组克隆载体，随后将重组载体导入宿主细胞，筛选并鉴定含有目标酶基因的阳性转化子细胞，接着对阳性转化子细胞进行培养，使重组克隆载体在宿主细胞中进行扩增后，提取重组载体，最终获得大量的目标酶。酶基因工程菌的构建流程如图4-1所示：

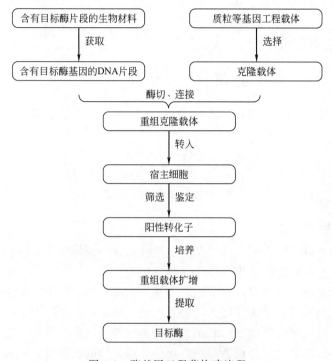

图4-1 酶基因工程菌构建流程

构建基因工程菌的优点：①改善原有酶的各种性能，如提高酶的产量、增加酶的稳定性、根据需要改变酶的适应温度、提高酶在有机溶剂中的反应效率和稳定性、使酶在提取和应用过程中更容易操作等；②将原来有害的、未经批准的微生物的产酶基因或生长缓慢的动植物的产酶基因，克隆到安全的、生长迅速的、产量很高的微生物体内，通过微生物发酵来生产酶；③通过增加该酶的基因的拷贝数，来提高微生物产生的酶的数量。

目前，世界上最大的工业酶制剂生产厂商丹麦诺维信公司，生产酶制剂的菌种约有80%是基因工程菌。迄今已有100多种酶基因克隆成功，包括尿激酶基因、凝乳酶基因等。

自然界中蕴藏着巨大的微生物资源，现在人们可以采用新的分子生物学方法直接从这类微生物中探索和寻找有开发价值的新的微生物菌种、基因和酶。目前，科学家们热衷于从极端环境条件下生长的微生物内筛选新的酶，主要研究嗜热微生物、嗜冷微生物、嗜盐微生物、嗜酸微生物、嗜硫微生物和嗜压微生物等。这就为新菌种和酶的新功能的开发提供了广阔的空间。

三、微生物酶的发酵生产

1. 微生物发酵产酶的工艺过程

微生物发酵产酶是指在人工控制的条件下，有目的地利用微生物培养来生产所需的酶。

其技术包括培养基和发酵方式的选择及发酵条件的控制管理等方面的内容。微生物发酵产酶的工艺过程主要包括细胞的活化和扩大培养、发酵和分离纯化等环节，如图 4-2 所示。

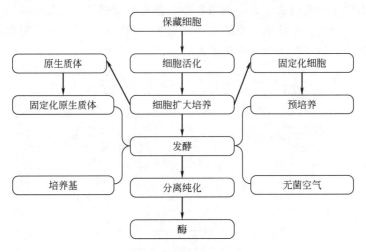

图 4-2　微生物发酵产酶的工艺过程

2. 酶的发酵生产方式

根据微生物培养方式的不同，酶的发酵生产可以分为固体培养发酵、液体深层发酵、固定化微生物细胞发酵和固定化微生物原生质体发酵等。

(1) 固体培养发酵　固体培养发酵的培养基以麸皮、米糠等为主要原料，加入其他必要的营养成分，制成固体或者半固体状态，经过灭菌、冷却后，接种产酶微生物菌株，在一定条件下进行发酵，以获得所需的酶。我国传统的各种酒曲、酱油曲等都是采用这种方式进行生产的。固体培养发酵的优点是设备简单，操作方便，酶的浓度较高；其缺点是劳动强度较大，原料利用率较低，生产周期较长。

(2) 液体深层发酵　液体深层发酵采用液体培养基，置于生物反应器中，经过灭菌、冷却后，接种产酶微生物菌株，在一定的条件下进行发酵，生产得到所需的酶。液体深层发酵不仅适合于微生物细胞的发酵生产，也可以用于植物细胞和动物细胞的培养。液体深层发酵的机械化程度较高，技术管理较严格，酶的产率较高，质量较稳定，产品回收率较高，是目前发酵产酶的主要方式。液体深层发酵培养应注意控制温度、通气和搅拌、pH。

(3) 固定化微生物细胞发酵　固定化微生物细胞发酵是指将微生物细胞固定在水不溶性的载体上，细胞仅在一定的空间范围内进行生命活动（生长、繁殖和新陈代谢等）的技术。固定化细胞发酵具有如下特点：①细胞密度大，可提高产酶能力；②发酵稳定性好，可以反复使用或连续使用较长的时间；③细胞固定在载体上，流失较少，可以在高稀释率的条件下连续发酵，利于连续化、自动化生产；④发酵液中含菌体较少，利于产品分离纯化，提高产品质量。

(4) 固定化微生物原生质体发酵　固定化微生物原生质体是指固定在载体上，在一定的空间范围内进行新陈代谢的微生物原生质体。固定化微生物原生质体发酵具有下列特点：①固定化微生物原生质体可以使原来属于胞内产物的胞内酶分泌到细胞外，这样就可以不经过细胞破碎直接从发酵液中分离得到所需的酶，为胞内酶的工业化生产开辟崭新的途径；②采用固定化微生物原生质体发酵，使原来存在于细胞间质中的物质如碱性磷酸酶等，游离到细胞外，变为胞外产物；③固定化微生物原生质体由于有载体的保护作用，稳定性较好，可以连续或重复使用较长的一段时间。

3. 提高酶产量的措施

在酶的发酵过程中，为了提高酶产量，除了选育优良的产酶细胞，保证发酵工艺条件并根据需要和变化情况及时加以调节控制以外，还可以采取一些措施来提高酶产量，如添加诱导物、降低阻遏物浓度、添加表面活性剂或其他产酶促进剂等。

(1) 添加诱导物　在发酵培养基中添加适当的诱导物，可使酶的产量显著提高。诱导物一般可分为3类：①酶的作用底物，如青霉素是青霉素酰化物的诱导物；②酶的反应产物，如半乳糖醛酸是果胶酶催化果胶水解的产物，它却可以作为诱导物，诱导果胶酶的产生；③酶的底物类似物，如异丙基-β-D-硫代半乳糖苷（IPTG）对β-半乳糖苷酶的诱导效果比乳糖高几十倍。

(2) 降低阻遏物浓度　有些酶的生物合成受到阻遏物作用。为了提高酶产量，必须设法解除阻遏作用。为了减少或解除分解代谢物阻遏作用，应控制培养基中葡萄糖等容易利用的碳源的浓度。可采用其他较难利用的碳源（如淀粉等），或采用补料、分次流加碳源等方法，以利于提高产酶量。此外，在分解代谢物存在的情况下，添加一定量的环腺苷酸（cAMP），可以解除分解代谢物阻遏作用，若同时有诱导物存在，则可迅速产酶。对于受代谢途径末端产物阻遏的酶，可以通过控制末端产物的浓度使阻遏解除。

(3) 添加表面活性剂　在发酵生产中，吐温（Tween）等非离子型表面活性剂常被作为产酶促进剂，原因可能是其增加了细胞的通透性，有利于酶的分泌，所以可增加酶的产量。此外，有些表面活性剂还有利于提高某些酶的稳定性和催化能力。在使用时，要注意表面活性剂添加量，过多或过少都效果不好，应控制在最佳浓度范围内。

(4) 添加产酶促进剂　产酶促进剂是指可以促进产酶但作用机理并未阐明清楚的物质。它可能是酶的激活剂或稳定剂，也可能是产酶微生物的生长因子。添加产酶促进剂对提高酶产量有显著效果。例如，添加植酸钙可使霉菌的蛋白酶和橘青霉的磷酸二酯的产量提高2～20倍。产酶促进剂对不同细胞、不同酶的作用效果各不相同，要通过试验选用适当的产酶促进剂并确定一个最适浓度。

第三节　酶的分离纯化

一、酶分离纯化的基本原则和方式

1. 酶分离纯化的基本原则

在纯化过程中，首先要设定目标，包括纯度要求、蛋白质量、生物活性保留以及可以支配的时间与成本。根据产物的最终用途和特殊安全性，设定纯度要求。一般食品级的酶制剂对纯度要求较低，只要去除关键杂质即可；一般测序和抗原等制备需要80%以上；而医用的酶蛋白除了纯度要求99%以上，对残留杂质的含量、性质也有严格要求。减少纯化步骤必须保证产物纯度达标而且不含影响后续使用和实验结果的未知杂质。纯化过程中应优先去除主要杂质和引起酶蛋白降解、失活或者干扰分析的杂质，特别是要优先去除蛋白酶。任何用于生产的纯化工艺都必须考虑经济因素，在保证安全性的前提下，必须在一定的纯化成本要求下去保证产品的纯度。另外用于生物制药的酶蛋白还有遗传物质、内毒素、引起免疫反应的物质等方面的考虑。

在整个纯化过程中，一般需要根据酶分子的特点，遵循以下基本原则：①酶液的储存及所有操作都必须在低温条件下进行。除了个别特殊的酶（如溶菌酶），一般的酶在低温下比在室温下稳定。②酶蛋白作为两性电解质，结构极易受溶液中 pH 影响。因此在纯化过程中要控制系统不要过酸或过碱，特别是在调整 pH 过程中，需要缓慢调整，搅拌均匀，避免产生局部酸碱过量。在实验处理酶的时候，一般都需要用具有缓冲能力的缓冲液处理纯化过程。③酶和其他蛋白质一样，容易在溶液表面或者界面处形成薄膜而变性，故操作时需要尽量减少泡沫形成，如需搅拌则必须柔和。④重金属离子可能引起酶失活，加入适量的金属螯合剂有利于保护酶蛋白。⑤酶与它作用的底物及其类似物、抑制剂等具有高亲和性，添加这些物质往往会使酶的理化性质和稳定性发生有利的变化。⑥应尽可能减少分离纯化步骤。提纯的每一步骤都不可避免地会引起酶的损失，包括酶量的减少和酶活力的丧失。因此，必须尽可能减少分离纯化的步骤。⑦微生物污染和蛋白酶的存在都能使酶被降解破坏，可以通过微滤膜去除其中的微生物，也可以在酶液中添加防腐剂抑制微生物生长。在酶蛋白的纯化过程中加入蛋白酶抑制剂可以抑制蛋白酶水解。当然也要注意蛋白酶抑制剂对纯化过程的干扰，如金属螯合剂可能会影响亲和层析。⑧蛋白质溶液浓度低，酶常会迅速失活，可能是玻璃器皿、离心管等的表面效应使蛋白质吸附变性。可以在溶液中加入高浓度的其他蛋白质如牛血清白蛋白来防止这种作用。

2. 酶分离纯化的主要方式

酶分离纯化的方法多种多样。但是，无论提取酶的原料是动物、植物还是微生物，无论是手工操作还是利用由计算机程序控制的现代分离仪器，从原理上看，都可以归结为以下几种类型：①利用不同酶的溶解度差异进行分离，包括盐析法、等电点沉淀法、有机溶剂沉淀法、选择性变性沉淀法等。②利用不同酶蛋白的分子大小差异进行分离，包括离心法、过滤法、膜分离法、凝胶过滤层析法等。③利用不同酶蛋白所带电荷性质的差异进行分离，包括离子交换层析和电泳技术等方法。④利用不同酶蛋白物理、化学吸附能力的差异进行分离，如吸附层析法等。⑤利用不同酶的生物亲和力的差异进行分离，如亲和层析法等。⑥利用不同酶的两种特性的差异进行分离，有些分离纯化方法可能利用了两种不同的原理，如免疫电泳就是同时利用了不同酶的带电荷性质的差异和生物亲和力的差异；又如等点聚焦/SDS-PAGE 双向电泳技术利用了酶蛋白的等电点和分子量两种特性进行分离。

根据以上基本原理，选择合适的纯化方式分步纯化，并合理串联纯化步骤。在开始纯化前，需要注意两点：纯化的策略具有系统性，要考虑的因素很多，包括纯化过程中的应用条件、限制因素以及产物的最终用途等，以实现高效、经济的生产；要尽量缩减纯化步骤，力求简单，以提高得率。

二、酶分离纯化的基本过程

酶分离纯化的一般流程包括：细胞破碎和分离发酵液→粗酶液的抽提→酶的初步分离→酶的纯化与成品加工。每个纯化阶段所采用的分离纯化技术有所不同。

1. 细胞破碎和分离发酵液

除了动物和植物体液中的酶及微生物胞外酶之外，绝大多数酶都存在于细胞内部。为了获取细胞内的酶，首先要收集细胞、破碎细胞，让酶从细胞中释放出来，然后再进行酶的提取和分离纯化。各种生物组织的细胞有着不同的特点，在考虑破碎方法时，需要根据细胞性质和处理量采取合适的方法。常见的细胞破碎方法及原理见表 4-1。

表 4-1　细胞破碎方法的分类及原理

类别	破碎方法	工作原理
机械破碎法	研磨法 匀浆法 超声破碎法	通过机械运动产生剪切力使组织细胞破碎
物理破碎法	反复冻融法（温度差破碎法） 渗透压法 爆破性减压法 干燥法	通过各种物理因素的作用，使组织、细胞的外层结构破坏，破碎细胞
化学破碎法	有机溶剂 表面活性剂	通过各种化学试剂对细胞膜的作用，使细胞破碎，常需辅助其他破碎方法
酶促破碎法	自溶法 外加酶法	通过细胞自身的酶系或者外加酶制剂，使细胞外层破坏

对于微生物发酵产酶来说，分为胞外酶和胞内酶。不论哪种，都需要分离细胞和发酵液，不同的是胞内酶需要提取细胞，而胞外酶需要去除细胞。常用的分离方法是离心和过滤。离心分离快速、高效，但是设备投资费用高，能耗大。对于发酵液黏度不大的情况，一般使用过滤即可获得较好的分离效果。工业上常常需要加入硅藻土、纸浆等助滤剂。常见的过滤设备包括板框式压滤机、鼓式真空过滤机。

2. 粗酶液的抽提

经过上述适当处理过程后，抽提得到粗酶液。这些含酶的材料可以直接进行分离纯化，也可以通过适当方法初步提取再进一步纯化。

不论是从动物组织、植物组织还是微生物细胞中抽提酶液，都应该注意以下问题：①使用合适的缓冲液。根据最有利于酶稳定的 pH 选取合适的缓冲体系，同时根据纯化的需要决定缓冲液的组分，必要时可以适当添加 EDTA 等物质。②选择合理的 pH。pH 选择首先要考虑不能超出酶的稳定范围；其次应该远离酶蛋白的等电点，即酸性酶用碱性溶液抽提，碱性酶用酸性溶液抽提。此外还要考虑纯化方法对 pH 的需求。③较低的工作温度。一般抽提温度应控制在 4℃ 左右。④其他因素。如一些可以增加酶分子稳定性的物质，提高抽提效率增加酶分子释放的物质，能够去除部分杂质的物质等。

3. 酶的初步分离

在抽提液中，除了目标酶以外，常常含有大量的大分子、小分子杂质。一般小分子物质较容易去除，但是大分子物质包括核酸、黏多糖和其他蛋白质较难去除。在实验室一般可以用核酸酶去除核酸；或将溶液 pH 调至 5，添加链霉素、鱼精蛋白等可以沉淀核酸。用乙醇、乙酸铅、单宁酸和离子型表面活性剂等处理可以去除黏多糖，也可以用酶去除黏多糖。剩下来主要就是杂蛋白，这个工作比较困难。下面主要介绍几种常规的初步分离目标酶的方法。

（1）沉淀分离　酶蛋白在水溶液中的稳定条件包括：①蛋白质周围的水化层可以使蛋白质形成稳定的胶体溶液；②蛋白质周围存在双电层，使蛋白质分子间存在静电排斥作用。因此，可通过降低酶蛋白周围的水化层和双电层厚度降低蛋白质水溶液的稳定性，实现酶的沉淀。因为不同酶蛋白的分子量大小不同、表面所带电荷不同、表面的亲水和疏水区域不同，所以可以通过 pH 或离子强度的改变、添加有机溶剂或高分子聚合物等可逆沉淀法将不同酶蛋白进行初步分离。

（2）膜分离技术　又称膜过滤技术。膜分离过程是用具有选择通透性的天然或者合成薄膜为分离介质，在膜两侧的推动力（如压力差、浓度差、电位差等）作用下，原料液体混合物或者气体混合物中的某个或者某些组分选择性地透过膜，使混合物达到分离、分级、提纯、富集和浓缩的过程。根据膜两侧的推动力不同，膜分离技术可分为加压膜分离、扩散膜分离和电场膜分离三种方式。

(3) 萃取技术 萃取是利用溶质在互不相溶的溶剂里溶解度不同，用一种溶剂把溶质从它与另一种溶剂所组成的溶液中提取出来的方法。被提取的目标物质称为溶质，用于进行萃取的溶剂称为萃取剂。通常用分配系数来表示分配平衡。当萃取体系达到平衡时，溶质在两相中的浓度之比称为分配系数，分配系数越大，溶质越容易进入萃取相中。

萃取技术作为一种产物的初级分离技术，有以下优点：比化学沉淀法分离度高；比离子交换法选择性好、传质快；比蒸馏法能耗低，生产能力大，周期短，可连续操作，可以实现自动控制；可与其他技术结合组成新型分离方法。根据所用萃取剂的性质不同或萃取机制不同，萃取可以分为有机溶剂萃取、双水相萃取、超临界流体萃取和反胶束萃取等。

4. 酶的纯化与成品加工

酶的纯化阶段主要是去除与目标物质相近的杂质。在这个过程中常常采用对目标物质具有高选择性的分离方法。能够有效完成这一分离过程的首选技术是色谱分离，也称层析技术。同时为了进行酶成品加工，需要根据酶制剂的不同剂型要求进行适当浓缩（液态酶制剂产品），或进行结晶和干燥（固态酶制剂产品）。

(1) 色谱技术分离 也称层析分离，是利用多组分混合物中各组分的物理化学性质的差异，使各组分以不同程度分布在两个相——固定相和流动相中，即当蛋白质混合溶液（流动相）通过装有层析介质的管或柱（固定相）时，由于混合物中各组分在物理化学性质（如吸附力、溶解度、分子的形状与大小、分子的电荷性与亲和力）等方面的差异使各组分在两相间进行反复多次的分配而得以分开。流动相的流动取决于重力或色谱柱两端的压力差。用色谱法可以纯化得到非变性的、天然状态的蛋白质。

(2) 浓缩 在酶的纯化过程和酶的研究工作中，常常需要将酶溶液浓缩。常用的浓缩方法如下：①超滤浓缩。通过超滤可以去除大部分的盐离子，同时对酶进行浓缩。工业上超滤通常可分为板框式、管式、螺旋卷式和中空纤维式四种主要类型。②离子交换色谱法浓缩。利用 DEAE-SephadexA50、QAE-SephadexA50 等离子交换树脂制成的色谱柱，也可以进行酶的浓缩。其原理和操作与一般离子交换色谱法相同。③凝胶吸水法浓缩。凝胶可以用于吸水，使样品浓缩。此法简便易行。将凝胶的干燥粉末和需要浓缩的酶液混在一起后，干燥粉末就会吸收溶剂，再用离心或过滤方法除去凝胶，由此酶液得到浓缩。缺点是凝胶表面会吸着小部分酶液而造成损失。④蒸发浓缩。通过升温、减压等方式可以让溶剂挥发，从而达到浓缩的目的。实验室常见的如旋转蒸发仪，用于在减压条件下连续蒸馏大量易挥发性溶剂，使酶溶液浓缩。

(3) 结晶 结晶是使溶质以晶态从溶液中析出的过程。当酶被提纯到一定纯度以后，就有可能将酶结晶出来。酶的结晶技术已经成为酶学研究的重要手段之一，不仅为酶的研究工作提供了合适的样品，而且也为纯酶的应用创造了先决条件。

影响酶结晶的因素：①酶的纯度。酶的纯度是影响酶结晶的最重要的因素，一种酶只有提纯到相当纯以后才能进行结晶。②酶的浓度。一般说来，酶的浓度越高，越有利于溶液中溶质分子间的相互碰撞聚合，形成结晶的机会也越大。③温度。一般是在较低温度下进行酶的结晶。④结晶时间。酶的结晶的形成需要足够的时间，从几小时到几个月不等。⑤pH。调节 pH 可以使结晶长到最适大小，也可以改变晶形。⑥金属离子。许多金属离子能引起或有助于酶的结晶过程。⑦晶种。有些酶不易结晶，加入微量外来晶种才能形成结晶。⑧搅拌。搅拌可以使结晶与母液均匀地接触，太剧烈会损坏结晶并影响晶体的生长。

酶结晶的一般方法如下：①盐析法。加盐降低蛋白质溶解度，使其从溶解状态转变成过饱和状态，以结晶形式从溶液中析出。利用中性盐作为沉淀剂，降低酶溶解度而产生结晶，不仅安全而且操作简便。②有机溶剂法。向含有酶和蛋白质的溶液中加入有机溶剂，可以使溶液介电常数下降，因而使酶和蛋白质结晶析出。③等电点结晶法。改变酶溶液的 pH 可以使其缓慢地在等电点附近达到过饱和而使酶析出结晶。④复合结晶法。利用某些酶与有机物分子或金属离子形成复合物或盐的性质，也可以使酶结晶析出。⑤温差结晶法。有些蛋白质在低离子强度下对温度特别敏感，其溶解度随温度变化极大，可用温差法使其结晶。

（4）冷冻干燥 冷冻干燥是先将待浓缩的溶液或者混悬液冷冻成固态，然后在低温和高真空度下使冰升华，留下干粉。需要干燥的样品最好是水溶液，溶液中最好不要混有有机溶剂。

在冷冻前最好将样品完全脱盐以避免缓冲液中盐类的影响。冷冻干燥的特点：①冷冻干燥过程中，物料的物理结构和分子结构变化极小。②有利于保持热敏型物料的生物学活性。③物料原组织的多孔性能不变，加水后可在短时间内恢复干燥前的状态。④干燥后残存水分很低，可在常温下长期保存。因此，冷冻干燥主要用于热特别不稳定的产品，例如微生物活体、酶、某些抗生素，以及血清、菌种、疫苗、中西药等生物制品。

三、酶的纯度与酶活力

1. 酶纯度的检测

在获得了提纯的酶以后，需要对酶的纯度和品质进行鉴定。常用的检测方法有电泳检测技术和高压液相色谱技术。

（1）电泳检测技术 电泳是指带电粒子在电场中向与自身带相反电荷的电极移动的现象，各种物质由于所带静电荷的种类和数量不同，因而在电场中的迁移方向和速度不同，从而达到分离的目的。聚丙烯酰胺凝胶电泳（PAGE）是常规的检测技术，特别是在检测酶蛋白分子时，具有很高的分辨率，且需要的样品量少，有时仅需几微克即可鉴定。

（2）高压液相色谱技术 高压液相色谱又称高效液相色谱，是一种新的分离分析技术。现在不仅被用于高效分离物质，也普遍用于食品、药品的检验检疫。

2. 酶的一般评价

评价酶纯化效果的标准有三点：纯化倍数、酶活回收率和重现性。为了计算纯化倍数和酶活回收率，纯化过程的每一步都应该进行酶活力和蛋白质含量的测定。

纯化倍数是指酶纯化后与纯化前比活力的比值，较高的纯化倍数意味着纯度的提高。酶活回收率是指纯化后总酶活力占纯化前总酶活力的百分比，较高的酶活回收率意味着纯化过程损失少。较好的重现性是任何方法可行性的必要条件，这取决于材料稳定性、环境可控性和操作的简便性等。受环境影响小的纯化方法具有更好的重现性，更有利于工业生产的应用。

$$总活力 = 活力单位数(U/mL) \times 酶液总体积(mL)$$

$$比活力 = 活力单位数(U)/蛋白(mg)$$
$$= 总活力单位数(U)/总蛋白(mg)$$

纯化倍数＝每次比活力/第一次比活力回收率(产率)

＝每次总活力/第一次总活力×100%

四、酶制剂的保存

大多数酶在干燥固体状态下比较稳定，液体酶稳定性较差。在潮湿和高温情况下酶制剂容易丧失活性，污染杂菌，即使是喷雾酶粉，如果包装材料不合适，在保存期间也能吸潮、结块，甚至失活，尤其是雨季威胁更大。因此，酶制剂包装材料多采用高分子聚合物（如聚乙烯塑料）薄膜双层膜袋，封装后，对延长保存期、防止结块和失活有良好效果。新鲜麸皮酶，只有经气流干燥后的产品，才能在干燥和室温下存放（3～5个月），各种酶制剂保存都以低温、干燥为宜。

1. 不同类型酶制剂保存

（1）**液体酶制剂** 一般将固体杂质去除后，直接制成或浓缩成粗酶液，不稳定，且成分复杂。

（2）**固体酶制剂** 发酵液经杀菌后直接浓缩或喷雾干燥而成，有的是经过初步纯化后，加入淀粉等填充料而成，适合运输和短期保存，用于工业生产。

（3）**纯酶制剂** 分离纯化后的酶液，经浓缩或结晶等制成，适于生化试剂或医疗药物。

（4）**固定化酶制剂** 将在酶的固定化一节中讲解。

2. 影响酶稳定性的因素

酶保存条件的选择必须有利于维护酶天然结构的稳定性，应注意以下几点。

（1）**温度** 酶的保存温度一般在0～4℃或更低，但有些酶在低温下反而容易失活，因为在低温下亚基间的疏水作用减弱会引起酶的解离。此外，0℃以下溶质的冰晶化还可引起盐分浓缩，导致溶液的pH发生改变，从而可能引起酶巯基间连接成为二硫键，损坏酶的活性中心，并使酶变性。

（2）**缓冲液** 大多数酶在特定的pH范围内稳定，故要在一定的缓冲液中进行保存和反应，偏离这个范围便会失活，这个范围因酶而异，如溶菌酶在酸性区稳定，而固氮酶则在中性偏碱区稳定。

（3）**氧防护** 由于巯基等酶分子基团或Fe-S中心等很容易被分子氧所氧化，故这类酶应加巯基保护剂或在氨或氮气中保存。

（4）**酶蛋白的浓度及纯度** 一般来说，酶的浓度越高，酶越稳定，制备成晶体或干粉更有利于保存。此外，还可通过加入酶的各种稳定剂，如底物、辅酶及无机离子等来加强酶定性，延长酶的保存时间。

3. 保存方法

可加入一定量酶的稳定剂，如底物、抑制剂、辅酶、巯基保护剂（如巯基乙醇、谷胱甘肽、二硫苏糖醇等）、无机离子（如Ca^{2+}保护α-淀粉酶、Mn^{2+}保护溶菌酶）、表面活性剂（如1%的苯烷水溶液）、高分子化合物（血清蛋白、多元醇、甘油等）、苯甲酸等防止微生物对酶制剂的污染。

第四节 酶分子的改造

酶具有催化效率高、反应条件温和、专一性强等特点，被广泛地应用于工业、农业、医药和环保等领域。目前，自然界已发现的酶达数千种，但工业上常用的酶只有几十种。究其原因，稳定性差、最适 pH 范围小、可能具有抗原性等弱点，限制了酶的应用。基于上述原因，人们希望通过各种人工方法改造酶，使其更能适应各方面的需要。改变酶特性主要有两种方法，一是通过分子修饰的方法来改变已分离出来的天然酶的结构；二是通过生物工程方法改造编码酶分子的基因从而达到改造酶的目的，即酶的蛋白质工程。

一、酶分子修饰

利用各种方法使酶分子的结构发生某些改变，进而改变酶的某些功能和特性的过程称为酶分子的修饰。对酶分子进行修饰有以下作用：①探索酶的结构与功能的关系；②提高酶的活力；③增强酶的稳定性；④降低或消除酶的抗原性，改变酶的动力学特性。

1. 金属离子置换修饰

金属离子置换修饰是指通过改变酶分子中所含的金属离子，使酶的特性和功能发生改变的一种修饰方法。

金属离子置换修饰时，首先要除去酶分子中原有的金属离子，此过程是向需要修饰的酶液中加入一定量的金属螯合剂，如乙二胺四乙酸（EDTA）等，使酶分子中的金属离子与 EDTA 等形成螯合物，通过透析、超滤、凝胶层析等方法，将 EDTA-金属螯合物从酶液中除去。此时的酶呈无活性状态。然后在去离子的酶液中加入一定量的另一种金属离子，酶蛋白与新加入的金属离子结合，除去多余的置换离子，完成了金属离子置换修饰的过程。

用于酶分子修饰的金属离子，往往是二价金属离子，如 Zn^{2+}、Ca^{2+}、Mg^{2+}、Mn^{2+}、Cu^{2+}、Fe^{2+} 等。金属离子置换修饰只适用于本来在结构中就含有金属离子的酶。

2. 大分子结合修饰

采用水溶性大分子与酶蛋白的侧链基团共价结合，使酶分子的空间构象发生改变，从而改变酶的特性与功能的方法称为大分子结合修饰。大分子结合修饰采用的修饰剂是水溶性大分子，如聚乙二醇（PEG）、右旋糖酐、蔗糖聚合物、葡聚糖、环状糊精、肝素、羧甲基纤维素、聚氨基酸等。

酶经过大分子结合修饰后，不同酶分子的修饰效果往往有所差别，需要通过凝胶层析等方法进行分离，将具有不同修饰度的酶分子分开，从中获得具有较好修饰效果的修饰酶。

3. 侧链基团修饰

酶分子的侧链基团修饰是指采用一定的方法（一般是化学方法）改变酶分子的侧链基团，从而导致酶分子的特性和功能发生改变。某些侧链基团的改变可以影响到蛋白质所特有的生物活性，这类基团一般称为必需基团。必需基团的化学修饰将导致酶的不可逆失活。酶的侧链基团修饰方法主要有氨基修饰、羧基修饰、巯基修饰、胍基修饰、酚基修饰、吲哚基修饰、分子内交联修饰等。

4. 氨基酸置换修饰

酶蛋白是由各种氨基酸通过肽键联结而成的，在特定位置上的各种氨基酸是酶的化学结构和空间结构的基础，若将肽链上的某个氨基酸换成另一个氨基酸，则会引起酶蛋白空间构象的某些改变，从而改变酶的某些功能和特性，这种修饰方法称为氨基酸置换修饰。

5. 肽链有限水解修饰

肽链是蛋白酶的主链，主链是酶分子结构的基础，主链一旦发生变化，酶的结构、功能和特性也随之改变。肽链的水解在特定的肽键上进行，称为肽链的有限水解。利用肽链的有限水解，使酶的空间结构发生某些精致的改变，从而改变酶的特性和功能的方法，称为酶分子肽链有限水解修饰。酶分子肽链有限水解修饰通常使用端肽酶（氨肽酶、羧肽酶）切除 N 端或 C 端的片段，可以用稀酸进行控制性水解。例如，胃蛋白酶原由胃黏膜细胞分泌，在胃液中的酸或已有活性的胃蛋白酶作用下发生酶分子肽链有限水解修饰，自 N 端切下 12 个多肽碎片，其中最大的多肽碎片对胃蛋白酶有抑制作用，在高 pH 的条件下，它与胃蛋白酶非共价结合，而使胃蛋白酶原不具活性，在 pH 为 1.5～2 时，它很容易从胃蛋白酶上解离下来，从而使胃蛋白酶原转变成具有催化活性的胃蛋白酶。

二、酶的蛋白质工程

酶的蛋白质工程是指根据蛋白质的结构与功能的关系（图 4-3），利用蛋白质工程技术对酶蛋白进行改造，从而生产出性能更加优良、更能满足人类需要的新型蛋白质工程酶。近年来，酶的蛋白质工程已经创造出一批源于自然又高于自然的蛋白质工程酶，在实际应用中表现出了明显的优势。

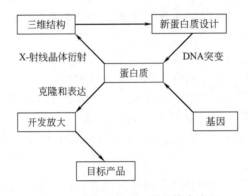

图 4-3 酶的蛋白质工程的技术流程

目前，酶蛋白质工程主要集中在工业用酶的改造，因为工业用酶有较好的酶学和晶体学研究基础，酶的发酵技术（包括诱变技术和筛选方法）也比较成熟，而且其微生物的遗传工程发展较好。

杂交酶是在蛋白质工程应用于酶学研究取得巨大成就的基础上，刚刚兴起的一项新技术。所谓杂交酶是指利用基因工程将来自两种或两种以上酶的不同结构片段构建成的新酶。杂交酶的出现及其相关技术的发展，为酶工程的研究和应用开创了一个新的领域。

三、生物酶的人工模拟

生物酶又称人工模拟酶或酶模型，它是生物有机化学的一个分支。由于天然酶种类繁多，模拟的途径、方法、原理和目的不同，对模拟酶至今没有一个公认的定义。一般来说，它的研究就是吸取酶中那些起主导作用的因素，利用有机化学、生物化学等方法设计和合成一些较天然酶简单的非蛋白质分子或蛋白质分子，以这些分子作为模型来模拟酶对其作用底物的结合和催化过程，也就是说，模拟酶是在分子水平上模拟酶活性部位的形状、大小及其微环境等结构特征，以及酶的作用机理和立体化学等特性的一门科学。可见，模拟酶是从分子水平上模拟生物功能的一门边缘科学。

酶的模拟工作可分为 3 个层次：①合成有类似酶活性的简单配合物；②酶活性中心模拟；③整体模拟，即包括微环境在内的整个酶活性部位的化学模拟。目前模拟酶的工作主要集中在第二层次，例如，可以通过对某些天然或人工合成的化合物引入某些活性基因，使其具有酶的行为。目前用于构建模拟酶的这类酶模型分子有环糊精、冠醚卟啉等。利用环糊精已成功地模拟了胰凝乳蛋白酶、核糖核酸酶、转氨酶、碳酸酐酶等。

第五节 酶与细胞的固定化

固定化酶是 20 世纪 60 年代开始发展起来的一项技术。最初主要是将不溶性酶与水不溶性载体结合起来，成为不溶于水的酶的衍生物，所以曾叫作"水不溶酶"和"固相酶"。但后来发现，也可以将酶包埋在凝胶内或置于超滤装置中，高分子底物与酶在超滤膜一边，而反应产物可以透过膜逸出，在这种情况下，酶本身仍是可溶的，只不过是固定在一个有限的空间内不再自由流动罢了。因此水不溶酶和固相酶的名称便不恰当了。1971 年第一届国际酶工程会议上，正式建议采用"固定化酶"的名称。

酶的固定化是指采用有机或无机材料作为载体，将酶包埋起来或束缚、限制于载体的表面和微孔中，使其仍具有催化活性，并可回收重复使用的方法与技术。酶的固定化技术将酶与不溶性基质保留在反应器中，便于酶的再利用以降低成本。酶的固定化有助于连续生产工艺过程的发展，使生产以更少的成本、更高的产量、自动化地进行生产运作。固定化酶还可使产品具有更高的纯度，以满足医药、食品等行业对产品纯度更苛刻的要求。

固定化酶与游离酶相比，具有下列优点：①酶的稳定性得到改进；②具专一选择性用途的催化剂可以"缝制"；③酶可以再生利用；④连续化操作可得以实践；⑤反应所需的空间小；⑥反应的最优化控制成为可能；⑦可得到高纯度、高产量的产品；⑧资源方便，减少污染。

但固定化酶也存在一些缺点：①固定化费时，酶活力有损失；②增加了生产的成本，工厂初始投资大；③只能用于可溶性底物，而且较适用于小分子底物，对大分子底物不适用；④与完整菌体相比不适宜多酶反应，特别是需要辅助因子的反应；⑤胞内酶必须经过酶的分离过程。

近年来国内已利用固定化酶技术生产高果葡糖浆、增产啤酒等。

一、酶的固定化

酶的固定化方法主要有以下 4 种，即吸附法、共价结合法、交联法、包埋法（包含脂质体包埋法和微胶囊法）（图 4-4）。

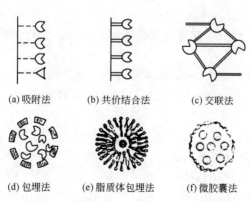

(a) 吸附法 (b) 共价结合法 (c) 交联法
(d) 包埋法 (e) 脂质体包埋法 (f) 微胶囊法

图 4-4 酶（细胞）的固定化方法示意图

1. 吸附法

依据原理的不同，又可将吸附法分为物理吸附法和离子吸附法。

(1) 物理吸附法 通过氢键和 π 电子亲和力等物理作用，将酶固定在水不溶载体上的方法。常用的载体分无机和有机两种。无机吸附剂如高岭土、皂土、硅胶、磷酸钙胶、微孔玻璃等。无机吸附剂吸附容量低，每克吸附剂吸附容量一般小于 1mg 蛋白，还易发生解吸。有机吸附剂有纤维素、骨胶原、赛璐玢、火棉胶等。$1cm^2$ 膜吸附容量可达 70mg 蛋白。

物理吸附法制成的固定化酶，酶活力损失少，但酶易脱落，实用价值不高。

（2）离子吸附法 离子吸附法是将酶同含有离子交换基的水不溶性载体相结合。酶吸附较牢固，在工业用途很广，其常用载体有：①阴离子交换剂，如 DEAE 纤维素、混合胺类纤维素、TEAE 纤维素、DEAE 葡聚糖凝胶等；②阳离子交换剂，如 CM 纤维素、纤维素柠檬酸、Amberlite（CG-50、IRC-50、IR-120、IR-200、Dowex-50）等。

2. 包埋法

将聚合物单体和酶溶液混合，再借助于聚合促进剂（包括交联剂）的作用进行聚合，使酶包埋于聚合物中以达到固定化。此法由于酶分子仅仅是被包埋，未受到化学反应，故酶活力高，但此法不适宜作用于大分子底物。

包埋法按照包埋材料和方式的不同可分为以下几种：脂质体包埋法、聚丙烯酰胺凝胶包埋法、卡拉胶包埋法、大豆蛋白质包埋法、微胶囊法。其中微胶囊法是将酶包埋于半透性聚合体胶内，形成直径为 $1\sim100\mu m$ 的微囊，制法有 4 种：界面聚合化法、液体干燥法、分相法、液膜法（脂质体法）。

3. 共价结合法

共价结合法是指将酶与聚合物载体以共价键结合的酶的固定方法。

酶与载体共价结合的功能基团包括：①氨基：Lys 的 $e-NH_2$ 和肽链 N 端的 $\alpha-NH_2$；②羧基：Asp 的 β-羧基、Glu 的 γ-羧基和 C 端的 α-羧基；③酚基：Tyr 的酚环；④巯基：Cys 的巯基；⑤羟基：Ser、Thr、Tyr 的羟基；⑥咪唑基：His 的咪唑基；⑦吲哚基：Trp 的吲哚基。

载体直接关系到固定化酶的性质和形成：①亲水性载体在蛋白的结合量、固定化酶的活力和稳定性上一般都优于疏水性载体；②载体需要结构疏松，表面积大，有一定的机械强度；③带有在温和的条件下可与酶共价结合的功能基团；④没有或很少专一性吸附；⑤载体应便宜易得，并能反复使用。一般载体必须先活化。

4. 交联法

利用双/多功能试剂在酶分子间或酶与载体间，或酶与惰性蛋白间进行交联反应以制备固定化酶。

交联剂根据它们的功能基团的相同或不相同可分为"同型"或"杂型"两类，前者如戊二醛、苯基二异硫氰、双重 N 联苯胺-2,2'-二磺酸；后者如甲苯-2-异氰-4-异硫氰等，其中戊二醛用得最多。

交联反应可以发生在酶分子之间，也可以发生在酶分子内部。在酶浓度低时一般形成分子内交联，交联后的酶通常保持溶解状态。在酶浓度升高的情况下，分子间交联比例上升，形成的固定化酶通常为不溶解状态。

4 种固定化方法各有优势、劣势（表 4-2），要根据产品的需要选择适宜的方法。

表 4-2 4 种固定化方法的简单对比

项目	吸附法	包埋法	共价结合法	交联法
制备	易	易	难	难
结合力	弱	强	强	强

续表

项目	吸附法	包埋法	共价结合法	交联法
酶活力	高	高	中	中
底物专一性	无变化	无变化	有变化	有变化
再生	可能	不可能	不可能	不可能
固定化费用	低	中	高	中

二、细胞的固定化

细胞固定化技术是将完整的细胞连接在固相载体上，免去破碎细胞提取酶的程序，保持了酶的完整性和活性的稳定。一般来说，固定化细胞制备的成本比固定化酶低。1969~1973年，日本的千佃一郎博士首次在工业上成功地应用固定化微生物细胞连续生产 L-天冬氨酸。

细胞的固定化技术包括微生物、植物和动物细胞的固定化。一般情况下，要求被固定化细胞仍能进行正常的新陈代谢，也能进行增殖，故也称固定化增殖（或活）细胞。但在一定特殊情况下，灭活的微生物细胞仍能进行某些生物转化作用，将之加以固定后也能做生物催化剂之用。固定化增殖和灭活细胞在应用时最大的不同处在于前者仍要消耗一定营养物质以维持其存活以至增殖，而后者则不需要；另外对无菌操作要求，前者也高于后者。

除了某些细胞有自身凝聚作用外，通常用于细胞固定化的方法是物理吸附和天然凝胶包埋法。有些场合下也能用微囊法包埋动物细胞，但应避免采用剧烈的化学法以形成微囊。

固定化细胞因其成本低廉，操作简单，从而显出越来越大的优越性。近年来，随着分子生物学和生物工程的发展，该技术又向动物细胞、植物细胞、杂交瘤细胞及其他工程化细胞扩展，其实际应用的速度已超过了固定化酶。

近年来，人们又提出了联合固定化技术，它是酶和细胞固定化技术发展的综合产物，将不同来源的酶和整个细胞的生物催化剂结合到一起，充分利用了细胞和酶各自的特点。

三、固定化酶的性质

固定化是一种化学修饰，它对酶本身及酶所处的环境都可以产生一定影响。

1. 固定化酶的催化活性

和游离酶比较，固定化酶性质的改变，主要是由于酶处于载体的微环境中，会引起活性中心的氨基酸残基、高级结构和电荷状态等发生变化。而载体对固定化酶性质的影响，则主要表现在固定化酶周围，会产生立体和扩散效应，影响反应中酶和底物分子的接触。因而，固定化之后，多数情况下酶的活性会降低。

2. 固定化酶的稳定性

稳定性是指固定化酶能否长期稳定操作和反复回收使用。由于不同催化反应体系的操作条件不尽相同，准确地测定和比较不同固定化酶的稳定性还有一定困难。目前还找不到酶的固定化方法与稳定性之间的一般规律，用来预测和评价固定化酶的稳定性。从已有报道来看，大多数酶经固定化后，其稳定性都有所提高，这一点对固定化酶的工业应用非常有利。但也不是所有的酶固定化后，热稳定性都能提高，有的没有变化，有的则有所下降。

3. 最佳反应条件的变化

固定化后，酶催化反应的最佳温度有时会发生变化，但在很多情况下也可能不发生变化。固定化酶最佳反应温度的变化，可能和反应活化能提高有关。一般情况下，活化能高的催化反应，必须在较高反应温度下进行，才能得到比较好的转化率和选择性。酶催化反应的最适温度是由反应速率与酶的失活速率决定的。固定化酶的失活速率下降，最适温度也随之提高，这对固定化酶的应用非常有利。采用共价结合法制备的固定化酶，最适反应温度可比相应的游离酶提高 5~15℃。

4. 米氏动力学常数的变化

在定量评价固定化酶活性时，需要测定反应的米氏动力学常数，并和游离酶进行比较，从而确定固定化对酶催化反应速率的影响。酶固定于电中性载体后，表观米氏常数往往比游离酶的米氏常数高，而最大反应速率变小；而当底物与具有带相反电荷的载体结合后，表观米氏常数往往减小，这对固定化酶实际应用是有利的。

5. 酶的可储存性

酶的可储存性对于酶的应用十分重要，酶在连续反应时的稳定性，是决定固定化酶能否在工业上应用的重要因素之一。据报道，有些固定化酶，经过储存，可以提高活性，有的则会使酶活性下降。有的酶可储存数月，活性不降，有的酶短期储存，活性就很快下降。用无机载体制备的固定化酶，比用有机载体制备的储存性能要好，而在无机载体固定化法中，又以偶氮基团连接的方法最好。但用有机载体制备固定化酶，其储存性能也有相当稳定的。

四、固定化酶的指标

游离酶被固定化以后，酶的催化性质也会发生变化。为考察它的性质，可以通过测定固定化酶的各种参数，来判断固定化方法的优劣及固定化酶的实用性，常见的评估指标有以下几项。

1. 相对酶活力

具有相同量蛋白的固定化酶与游离酶活力的比值称为相对酶活力，它与载体结构、颗粒大小、底物分子质量大小及酶与载体的结合效率有关。相对酶活力低于 75% 的固定化酶，一般没有实际应用价值。

2. 酶活力回收率

固定化酶的总活力与用于固定化的酶的总活力之比称为酶的活力回收率。将酶进行固定化时，总有一部分酶没有与载体结合在一起，测定酶的活力回收率可以确定固定化的效果。一般情况下，活力回收率应小于 1；若大于 1，可能是由于固定化活细胞增殖或某些抑制因素排除的结果。

3. 固定化酶的半衰期

即固定化酶的活力下降为初始活力一半所经历的时间，用 $t_{1/2}$ 表示。它是衡量固定化酶操作稳定性的关键。其测定方法与化工催化剂半衰期的测定方法相似，可以通过长期实际操作，也可以通过较短时间的操作来推算。

第六节 酶反应器

酶和固定化酶在体外进行催化反应时，都必须在一定的反应容器中进行，以便控制酶催化反应的各种条件和催化反应的速度。用于酶进行催化反应的装置称为酶反应器。酶反应器根据使用对象的不同，可分为游离酶反应器和固定化酶反应器。

酶反应器不同于化学反应器，因为酶一般是在常温常压下发挥作用，反应时的耗能与产能也比较少。酶反应器也不同于发酵反应器,因为它不表现自催化方式,即细胞的连续再生。但是,酶反应器和其他反应器一样,都是根据它的产率和专一性来进行评价的。

一、酶反应器的基本类型

1. 间歇式搅拌罐

又称为间歇式酶反应器(BSTR)[图 4-5(a)],分为搅拌罐反应器以及搅拌式反应罐。它是由容器、搅拌器的恒温装置组成的。酶的底物一次性加入反应器,而产物一次性取出。反应完成,将固定化酶滤出,再转入下一批反应。反应器结构简单,造价较低;搅拌使内容物混合均匀;反应温度和 pH 易于控制;传质阻力小,反应能迅速达到稳态;能处理难溶底物或胶状底物,适用于受底物抑制的酶反应。但是,反应效率较低,搅拌动力消耗大,搅拌桨的剪切易使固定化酶颗粒受到磨损、破碎,容易造成酶失活,游离酶不能回收,操作麻烦,不适用于大规模工业生产,适用于实验研究和食品工业,常用于游离酶。

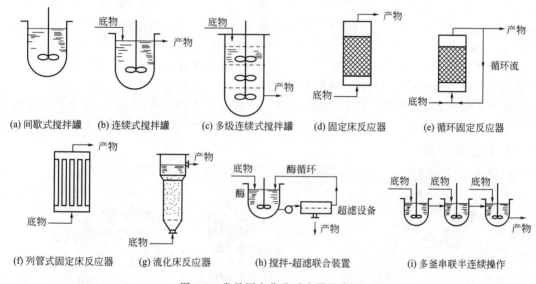

图 4-5 常见固定化酶反应器的类型

2. 连续式搅拌罐

又称为连续搅拌釜式反应器(CSTR)[图 4-5(b)]。向反应器投入固化酶和底物溶液,不断搅拌,反应达到平衡之后,再以恒定的流速补充新鲜底物溶液,以相同流速输出反应液。该反应器具有与 BSTR 同样的优点。此外,不需要将固定化酶滤出,因而操作较简便。但是,反应效率较低,搅拌动力消耗大,搅拌桨的剪切易使固定化酶颗粒遭到破坏。为了防止固定化酶流失,通常在反应器出口装上过滤器,使固定化酶不流失。亦可以用尼龙网罩住固定化酶,再将袋安装在搅拌轴上,进行酶促反应。为了提高反应效率,可以把几个搅拌罐串联起来组成串联酶反应器。

3. 固定床反应器

固定床反应器又称为填充床反应器(PBR)[图 4-5(d)]。将固定化酶填充于反应器内,制成稳定的固定床。底物溶液以一定的方向和流速不断地流进固定床,产物从固定床出口不断地流出来。在固定床横切面上,液体流动速度完全相同,沿液体流动方向,底物浓度和产物浓度都是逐渐变化的。但是,在同一横切面上,无论是底物浓度,还是产物浓度都是一致的。因此，可以把 PBR 看成是一种平推流型反应器或称活塞流反应器。优点是可以使用高浓度的生物催化剂，反应效率较高；由于产物不断流出，可以减少产物对酶的抑制作用；结构简单，容易操作，适用于大规模工业生产。它适用于各种形状的固定化酶和不含固定颗粒、黏度不大的底物溶液，以及有产物抑制和转化反应。缺点是传质系数和传热系数较低；由于床内压力降低相当大，底物溶液必须在加压下才能流入柱床内；床内有自压缩倾向，容易堵塞；更换固定化酶较麻烦。当底物溶液含固体颗粒或黏度很大时，宜采用 PBR。因为固定颗粒易堵塞柱床，黏度大的底物难以在柱床中流动。

近年来，PBR 有了新发展，产生带循环固定反应器［图 4-5(e)］和列管式固定床反应器［图 4-5(f)］。

4. 流化床反应器

流化床反应器（FBR）（图 4-5-g）的特点是底物溶液以较大的流速，从反应器底部向上流过固定化酶柱床，从而使固定化酶颗粒始终处于流化（浮动）状态。其优点是上述流动方式使反应液混合比较充分，进而使传质、传热情况良好；对温度和 pH 的调控及气体的供给都比较容易；柱床不易堵塞，可用于处理粉末状底物或黏度大的底物溶液；即使应用细颗粒固定化酶，压力降低也不会很大。其缺点是需要保持较大的流速，运转成本较高，难以放大；固定化酶处于流动状态，易使酶颗粒磨损；流化床的空隙体积大，使酶浓度不高；底物溶液高速流动，使固定化酶冲出反应器外，从而降低了产物转化率。

为了避免固定化酶冲出，提高产物转化率，可以采用下列方法：一是使底物溶液进行循环，提高产物转化率；二是使用锥形流化床；三是将几个流化床串联成反应器组。

5. 膜型反应器

由膜状或板状的固定化酶所组装的反应器，均称膜型反应器（图 4-6）。

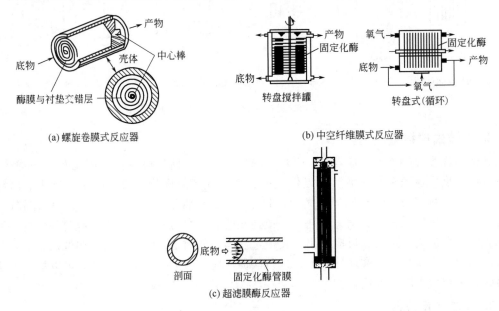

图 4-6　膜型反应器

（1）螺旋卷膜式反应器　此反应器的螺旋元件是将含酶的膜片与支持材料（衬垫）交替地缠绕在中心棒上。含酶的膜是半透性的，只允许小分子的底物和产物通过膜，而大分子酶则不能通过。

(2) 中空纤维膜式反应器 中空纤维壁内层是紧密光滑的半透性膜,有一定的分子质量截留值,可以截留大分子物质,而允许小分子物质通过。其外层是多孔海绵状的支持层。将酶固定于中空纤维的支持层中,然后,将许多含酶的中空纤维集中成一束,装进圆筒,筒两端封闭,并安装进出口管道,便制成了中空纤维膜式反应器。中空纤维膜式反应器有3种类型:超滤反应器、反冲反应器以及循环反应器。

(3) 超滤膜酶反应器 在连续搅拌罐的出口处设置一个超滤器。超滤器中的超滤膜是半透膜,只允许小分子产物通过膜,不允许大分子的酶和底物通过膜。因此,这种膜可以将小分子产物与大分子底物和酶分开来,有利于产物的纯化。这种反应器适用于游离酶、固定化酶催化大分子底物转化成小分子产物的反应。

二、酶反应器的设计原则

酶反应器设计的主要目标是:使产品的质量和产量最高,使生产成本最低。评价酶反应器的优劣,主要看它生产能力的大小,看它产品质量的高低。因此,酶反应器设计的主要内容,包括:提高酶的比活和浓度,更好的酶反应过程调控,更好的无菌条件,以及克服速度限制因素。一般表示物料平衡、热量平衡、反应动力学以及流动特性等各种关系式,都可以同时应用于反应器设计。

三、酶反应器的性能评价

酶反应器性能的评价指标应尽可能在模拟原生产条件下进行,通过测定活性、稳定性、选择性、达到的产物产量、底物转化率等,来衡量其加工制造质量。测定的主要参数有空时、转化率、生产强度。

1. 空时

指底物在反应器中的停留时间,在数值上等于反应器体积与底物体积流速之比,又常称为稀释率。当底物或产物不稳定或容易产生副产物时,应使用高活性酶,尽可能缩短反应物在反应器内的停留时间。

2. 转化率

指每克底物中有多少被转化为产物。在设计时,应考虑尽可能利用最少的原料得到最多的产物。只要有可能,使用纯酶和纯的底物,以及减少反应器内的非理想流动,均有利于选择性反应。实际上,使用高浓度的反应物对产物的分离也是有利的,特别是当生物催化剂选择性高而反应不可逆时,更加有利。

3. 生产强度

每小时每升反应器体积所生产的产品的克数。主要取决于酶的特性、浓度及反应器特性、操作方法等。使用高酶浓度及减小停留时间有利于生产强度的提高,但并不是酶浓度越高、停留时间越短越好,这样会造成浪费,在经济上不合算。总体而言,酶反应器的设计应该是在经济、合理的基础上提高生产强度。此外,由于酶对热是相对不稳定的,设计时还应特别注意质与热的传递,最佳的质与热的转移可获得最大的产率。

酶反应器的性能要用上述三个指标综合评价。好的酶反应器应该是空时少、转化率高、生产强度大。

四、酶反应器的操作

利用酶反应器进行生产,首先需要根据生产目的、生产规模、生产原料、产品的质量要求选择合适的酶反应器，以便充分利用酶的催化功能，生产出预期产品，同时降低反应过程的成本，即用最少量的酶，在最短时间内完成最大量的反应。此外，达到此目的还需要合理地配置、使用和操作反应器。

1. 酶反应器中微生物污染的控制

酶反应器与发酵反应器不同，用酶反应器制造食品和生产药品时，生产环境通常须保持无菌，而反应不需要在完全无菌条件下进行，应在必要的卫生条件下进行操作，但是，仍需严格控制微生物污染，因为它是降低酶反应器生产效率和降低产品质量的一个重要因素。微生物污染不仅会堵塞反应柱，甚至能使固定化酶活性载体降解，而且它们产生的酶和代谢物会使产物降解和增加副产物，减少产物的产出，增大产物分离的难度。

因此，为防止微生物污染，应采取适当的方法对底物进行灭菌，可向底物中加入杀菌剂、抑菌剂、有机溶剂等物质，或隔一定时间用它们处理反应器；酶反应器在每次使用后，应进行适当的消毒，可用酸性水或含过氧化氢、季铵盐的水反复冲洗。

在连续运转时也可周期性地用过氧化氢水溶液处理反应器，防止微生物污染。但是，在进行所有这些操作之前，必须考虑这些操作是否会影响固定化酶的稳定性。

一般情况下，当产物为抗生素、酒精、有机酸等能抑制微生物生长的物质时，污染机会可减少。

2. 酶反应器中流动状态的控制

在酶反应器中的催化反应效率和反应器的寿命都与反应器中液体流动状态有关。在反应器的运转过程中，流动方式的改变会使酶与底物的接触不良，造成反应器生产力降低。此外，由于流动方式的改变，造成返混程度的变化，使所需产物发生进一步反应及副反应提供了机会。因而在连续搅拌罐型反应器或流化床反应器中，应严格控制搅拌速度，防止搅拌不均匀或搅拌速度过快造成固定化酶破碎和失活。由于生物催化剂颗粒的磨损随切变速率、颗粒占反应器体积的比例的增加而增加，而随悬浮液流的黏度和载体颗粒的强度的增加而减少。目前人们正试图通过采用磁性固定化酶的方法来解决搅拌速度控制的问题。

影响填充式反应器流动状态的因子有：载体填充不规则；底物上柱不均匀；载体的自压缩；固体和胶体物质沉积造成的壅塞。

在填充床式反应器中，流动方式还与柱压降的大小密切相关，而柱高和通过柱的液流流速是柱压降的主要决定因素，为减少压降作用，可以使用体积较大的、不易压缩的、表面光滑的珠型填充材料均匀填装。并采取间隔式填充、间歇通上行气流、对过浓的黏性材料进行预处理等。

此外，壅塞也是影响酶反应器流动方式的一个不可忽视的问题，是限制固定化催化剂在许多食品、饮料和制药工业上应用的主要因素。它的产生是由于固体或胶体沉积物的存在，妨碍了底物与酶的接触，从而导致固定化催化剂活性丧失，可以通过改善底物的流体性质来解决。

3. 酶反应器稳定性的控制

在酶反应器工作过程中，如果操作和维护不当会导致反应器催化能力的迅速下降。许多因素都影响酶反应器的稳定性：①温度过高、pH过高或过低、离子强度过大造成的酶变性失活；②微生物及酶对固定化酶的破坏；③氧化剂存在导致酶氧化分解；④重金属等有毒物质对酶活性的不可逆抑制；⑤剪切力对酶结构的破坏；⑥载体磨损造成的酶损失；⑦长期在高浓度底物和盐浓度中固定化酶的逐步解吸。

4. 酶反应器恒定生产能力的控制

在使用填充床式反应器的情况下，可以通过反应器的流速控制来达到恒定的生产能力，但在生产周期中，单位时间产物的含量会降低。在反应过程中，随时间而出现的酶活性丧失，可通过提高温度增加酶活性来补偿。现在普遍采用将若干使用不同时间或处于不同阶段的柱反应器串联的方法，尽管每根柱的生产能力不断衰减，但由于新柱不断地代替活性已耗尽的柱，总的固定化酶量不随时间而变化。增加柱反应器数量可获得更好的操作适用范围。由于在串联操作中物流较小、压降及压缩问题较大，如果采用并联法则具有最好的操作稳定性，每个反应器基本可以独立操作，能随时并入或撤离运转系统。

小 结

酶是一种特异性很强的生物催化剂，它可以在温和条件下以极高的转化率行使功能。生命体代谢中的各种化学反应都是在酶的作用下进行的。酶的来源广泛，大多数商业用酶都可以通过微生物发酵的方法获得。微生物发酵生产酶可采用固体发酵法和液体深层发酵法，通过对培养条件的控制，可以由产酶菌种合成所需要的酶。再通过酶的提取与分离纯化，将酶从发酵的细胞中提取出来，而获得所需的酶制剂。分离纯化的主要内容包括细胞破碎和分离发酵液、粗酶液的抽提、酶的初步分离、酶的纯化与成品加工、酶纯度的检测等。酶分子修饰的目的是提高酶活性、稳定性和降低抗原性，对酶的应用具有重要意义。通过固定化技术可以获得固定化酶（细胞）。固定化酶（细胞）具有可以重复使用、分离纯化产物简单以及抗酸碱和不适温度能力强等优势。酶的固定化方法有吸附法、共价结合法、交联法及包埋法。固定化酶（细胞）最通用的反应器是固定床（填充床）型反应器和流化床型反应器。自20世纪60年代酶电极出现以来，生物反应器已取得了巨大的发展。随着科技的发展，酶的开发生产和应用前景十分广阔。

复习思考题

一、名词解释

酶　酶制剂　酶工程　酶活力单位　酶分子修饰　人工模拟酶　固定化酶　固定化细胞　酶反应器

二、填空题

1. 酶有两大类别，一类主要由蛋白质组成，称为_____；另一类主要由核糖核酸组成，称为_____。

2. 在酶的发酵生产中，产酶微生物主要包括_____、_____、_____、_____。

3. 细胞破碎的主要方法有机械破碎、物理破碎、_____、_____。

4. 根据膜两侧的推动力不同，膜分离技术可分为_____、_____、_____三种方式。

5. 常用的萃取方法有有机溶剂萃取、双水相萃取、_____、反胶束萃取。

6. 酶分子修饰是利用各种方法改变酶分子的_____，从而改变酶的_____和_____。

7. 常见的酶反应器有_____、_____、_____、_____、_____。

三、选择题（1~10 为单选题，11~15 为多选题）

1. 酶工程是（　　）的技术过程。
   A. 利用酶的催化作用将底物转化为产物
   B. 通过发酵生产和分离纯化获得所需酶
   C. 酶的生产与应用
   D. 酶在工业上大规模应用

2. 酶的提取是（　　）的技术过程。
   A. 从含酶物料中分离获得所需酶
   B. 从含酶溶液中分离获得所需酶
   C. 使胞内酶从含酶物料中充分溶解到溶剂或者溶液中
   D. 使酶从含酶物料中充分溶解到溶剂或者溶液中

3. 酶的分离提纯中不正确的方法是（　　）。
   A. 全部操作需在低温下进行，一般在 0~5℃ 之间
   B. 酶的提取物可长期保存于 4℃ 冰箱
   C. 提纯时间尽可能短
   D. 可采用一系列提纯蛋白质的方法如盐析、等电点沉淀等方法

4. 酶的活性中心是指（　　）。
   A. 酶分子上的几个必须基团
   B. 酶分子与底物结合的部位
   C. 酶分子结合底物并发挥催化作用的关键性空间结构区
   D. 酶分子催化底物变成产物的部位

5. 超临界流体能够用于物质分离的主要原因在于（　　）。
   A. 超临界流体的密度接近于液体
   B. 超临界流体的黏度接近于液体
   C. 在超临界流体中不同物质的溶解度不同
   D. 超临界流体的扩散系数接近于气体，是通常液体的近百倍

6. 金属离子置换修饰是将（　　）中的金属离子用另一种金属离子置换。
   A. 酶液　　B. 反应介质　　C. 反应体系　　D. 酶分子

7. 氨基酸修饰（　　）的分子修饰。
   A. 只能用于核酸类酶
   B. 只能用于蛋白类酶
   C. 可以用于蛋白类酶和核酸类酶
   D. 不能用于蛋白类酶和核酸类酶

8. 下列哪个不是酶化学修饰的目的（　　）。
   A. 改变活性部位的结构，提高生物活性
   B. 增强酶的稳定性
   C. 降低药物类酶的抗原性
   D. 提高酶的最适温度

9. 流化床反应器（　　）。
   A. 适用于游离酶进行间歇催化反应
   B. 适用于固定化酶进行间歇催化反应
   C. 适用于游离酶进行连续催化反应

D. 适用于固定化酶进行连续催化反应
10. 膜反应器是（   ）的酶反应器。
A. 将酶催化反应与膜分离组合在一起
B. 利用酶膜进行反应
C. 利用半透膜进行底物与产物分离
D. 利用半透膜进行酶与产物分离
11. 酶基因克隆的主要操作步骤包括（   ）。
A. 目的酶基因的获取
B. 重组载体导入受体细胞
C. 目的酶基因表达
D. 对重组子进行筛选与鉴定
12. 定点突变技术在氨基酸置换修饰的应用中有以下（   ）环节。
A. 新蛋白质结构的设计
B. 突变基因核苷酸序列的确定
C. 突变基因的获得
D. 新蛋白质的产生
13. 下列固定化方法中属于包埋法的是（   ）。
A. 脂质体型　　B. 离子结合法　　C. 网格型　　D. 微胶囊型
14. 以下分离提纯酶的方法中属于依据酶分子带电性质差异分离的有（   ）。
A. 亲和色谱　　　　　　　B. 凝胶过滤色谱
C. 离子交换色谱　　　　　D. 疏水色谱
15. 下列可用于食品保鲜的酶有（   ）。
A. 葡萄糖氧化酶　　　　　B. 溶菌酶
C. 果胶酶　　　　　　　　D. 脂肪酶

四、判断题

（   ）1. 酶是具有生物催化特性的特殊蛋白质。
（   ）2. 相同的酶在不同的pH条件下进行测定时，酶活力不同。
（   ）3. 盐析沉淀酶蛋白时，溶液的pH应调节到远离酶的等电点。
（   ）4. 当萃取体系达到平衡时，溶质在两相中的浓度之比称为分配系数，分配系数越小，溶质越容易进入萃取相中。
（   ）5. 通过改变酶分子空间构象而改变酶的催化特性的修饰方法称为酶分子修饰法。
（   ）6. 液体深层发酵是目前酶发酵生产的主要方式。
（   ）7. 膜分离过程中，膜的作用是选择性地让小于其孔径的物质颗粒成分或分子通过，而把大于其孔径的颗粒截留。
（   ）8. 固定化细胞在一定的空间范围内生长繁殖，由于细胞密度增大，使生化反应加速，所以能够提高酶活力。
（   ）9. 固定化细胞含有所需的固定化酶。
（   ）10. 只有以金属离子为激活剂的酶，才可以进行金属离子置换修饰。
（   ）11. 采用共价结合法制备得到的固定化细胞具有很好的稳定性。
（   ）12. 采用膜反应器进行酶催化反应，可以明显降低小分子产物对酶的反馈抑制作用。

( ) 13. α-淀粉酶在一定条件下可使淀粉液化，但不称为糊精化酶。

五、简答题
1. 谈谈酶工程与生物技术各个学科之间的关系。
2. 酶工程包括哪些内容？其核心内容是什么？
3. 产酶微生物的基本要求？
4. 如何获得优良的产酶菌株？
5. 简述微生物发酵产酶的工艺过程。
6. 举例说明细胞破碎的几种方法及原理。
7. 酶的分离纯化工作的基本原则？
8. 酶分子修饰的含义是什么？
9. 简述酶工程技术在食品工业各领域的应用。

六、综合分析题
1. 在酶发酵生产过程中，为了提高酶的产率，可以采取哪些措施？
2. 分离纯化某蛋白酶的主要步骤和结果如下。请问后三步的各自比活力和纯化倍数是多少？

分离步骤	分离液体积/mL	总蛋白含量/mg	总活力单位/IU
1. 离心分离	1400	10000	100000
2. 硫酸铵盐析和透析	280	3000	96000
3. 离子交换层析	90	100	80000
4. 亲和层析	6	3	45000

第五章 蛋白质工程

 学习目标与思政素养目标

1. 掌握蛋白质工程的概念、研究内容和方法；掌握蛋白质的结构和功能。
2. 了解蛋白质工程的应用和蛋白质组学的研究内容和发展情况。
3. 掌握蛋白质分子设计的基本程序。
4. 了解蛋白质分子量测定方法。
5. 学习科学家们求真求善、敢于质疑与批判的科学精神和创新精神。

第一节 蛋白质工程概述

蛋白质工程是20世纪80年代初诞生的一个新兴生物技术领域，它是在基因工程冲击下应运而生的。基因工程的研究与开发是以遗传基因，即脱氧核糖核酸为内容的。这种生物大分子的研究与开发诱发了另一个生物大分子蛋白质的研究与开发。通过基因工程手段，人们已经能够大规模地生产出生物体内微量存在的活性物质，并借助转基因技术改变动植物性状，从而为人类提供所需要的蛋白质产品。

一、蛋白质工程的概念

从广义上来说，蛋白质工程是通过物理、化学、生物和基因重组等技术改造蛋白质或者设计合成具有特定功能的新蛋白质。从狭义上来说，蛋白质工程是通过对蛋白质已知结构和功能的了解，借助于计算机辅助设计，利用基因定点诱变等技术，特异性地对蛋白质结构基因进行改造，通过重组技术将改造后的基因克隆到特定的载体上，并使之在宿主中表达，从而获得具有特定生物功能的蛋白质，并深入研究这些蛋白质的结构与功能的关系。所以蛋白质工程包括蛋白质分离纯化，蛋白质结构、功能的分析、设计和预测，通过基因重组或其他手段改造或创造蛋白质。

蛋白质工程是以蛋白质的结构与功能为基础，通过基因修饰和基因合成对现存蛋白质加以改造，组建成新型蛋白质。这种新型蛋白质必须是更符合人类的需要。因此，有学者称，蛋白质工程是第二代基因工程。其基本实施目标是运用基因工程的DNA重组技术，将克隆后的基因编码加以改造，或者人工组装成新的基因，再将上述基因通过载体引入挑选的宿主系统内进行表达，从而产生符合人类设计需要的"突变型"蛋白质分子。这种蛋白质分子只有表达了人类需要的性状，才算是实现了蛋白质工程的目标。

二、蛋白质概述

蛋白质是构成生物体组织、器官的重要组成部分，是对生命至关重要的一类生物大分子，人体各组织无一不含蛋白质，在人体的组织中，如肌肉组织和心、肝、肾等器官均含有大量蛋白质，骨骼、牙齿，乃至指、趾甲也含有大量蛋白质。在细胞中，除了水分之外，蛋白质约占细胞内物质的80%，因此构成机体组织、器官的成分是蛋白质最重要的生理功能。另外，各种生命功能、生命现象、生命活动也都和蛋白质有关。

蛋白质的最佳状态是其在生物体内自然存在的天然正常构象，它既能高效地发挥催化、运动、结构、识别和调节等功能，又能便于机体的正常调控，因而极易失活而中止作用。但在生物体外，特别是在大工业化的粗放生产条件下，这种可被灵敏调节的特性就表现为分子性质的极不稳定性，导致难以持续发挥原有的功能，成为限制其推广应用的主要原因。如温度、压力、重金属、有机溶剂、氧化剂以及极端pH等都会对蛋白质分子的稳定性产生影响。

1. 蛋白质结构和功能的关系

（1）蛋白质一级结构与功能的关系　蛋白质的一级结构是空间构象的基础，氨基酸的序列决定蛋白质的空间结构。氨基酸序列的改变包括氨基酸的替换、氨基酸的插入、氨基酸的缺失等，常常会引起蛋白质结构发生变化，导致蛋白质生物活性的改变。

（2）蛋白质空间结构与功能的关系　蛋白质分子空间结构和其性质及生理功能的关系也十分密切。不同的蛋白质，正因为具有不同的空间结构，所以具有不同的理化性质和生理功能。蛋白质变性时，由于空间结构破坏，致使蛋白质生物功能的丧失，变性蛋白质复性后，构象恢复，活性又能恢复。人体内有很多蛋白质不止有一种构象，但只有一种构象能显示出正常的功能活性。因而，常通过调节构象变化来影响蛋白质（或酶）的活性，从而调控物质代谢反应或相应的生理功能。

2. 食品蛋白质的功能特性

食品蛋白质包括可供人类食用、易消化、安全无毒、富有营养、具有功能特性的蛋白质。乳、肉（包括鱼和家禽）、蛋、谷物、豆类和油料种子是食品蛋白质的主要来源。随着世界人口的增长，为了满足人们对蛋白质逐渐增长的需求，不仅要充分地利用现有的蛋白质资源和考虑成本，而且还应寻求新的蛋白质资源和开发蛋白质利用的新技术。

食品的感官品质诸如质地、风味、色泽和外观等，是人们摄取食物时的主要依据，也是评价食品质量的重要组成部分之一。食品中各种次要和主要成分之间相互作用的结果产生了食品的感官品质，在这些诸多成分中蛋白质的作用显得尤为重要。例如，焙烤食品的质地和外观与小麦面筋蛋白质的黏弹性和面团形成特性相关；乳制品的质地和凝乳形成性质取决于酪蛋白胶束独特的胶体性质；蛋糕的结构和一些甜食的搅打起泡性与蛋清蛋白的性质关系密切；肉制品的质地与多汁性则主要依赖于肌肉蛋白质（肌动蛋白、肌球蛋白、肌动球蛋白和某些水溶性肉类蛋白质）。

蛋白质的功能性质是指食品体系在加工、贮藏、制备和消费过程中蛋白质对食品产生需要特征的那些物理、化学性质（表5-1）。各种食品对蛋白质功能特性的要求是不一样的（表5-2）。

表 5-1　食品体系中蛋白质的功能作用

功能	作用机制	食品	蛋白质类型
溶解性	亲水性	饮料	乳清蛋白
黏度	持水性,流体动力学的大小和形状	汤、调味汁、色拉调味汁、甜食	明胶
持水性	氢键、离子水合	香肠、蛋糕、面包	肌肉蛋白、鸡蛋蛋白
胶凝作用	水的截留和不流动性、网络的形成	肉、凝胶、蛋糕焙烤食品和奶酪	肌肉蛋白,鸡蛋蛋白,牛奶蛋白
黏结-黏合	疏水作用、离子键和氢键	肉、香肠、面条、焙烤食品	肌肉蛋白,鸡蛋蛋白,乳清蛋白
弹性	疏水键,二硫交联键	肉和面包	肌肉蛋白,谷物蛋白
乳化	界面吸附和膜的形成	香肠、大红肠、汤、蛋糕、甜食	肌肉蛋白,鸡蛋蛋白,乳清蛋白
泡沫	界面吸附和膜的形成	搅打顶端配料、冰淇淋、蛋糕、甜食	鸡蛋蛋白,乳清蛋白
脂肪和风味的结合	疏水键、截面	低脂肪焙烤食品、油炸面圈	牛奶蛋白,鸡蛋蛋白,谷物蛋白

表 5-2　各种食品对蛋白质功能特性的要求

食品	功能性
饮料、汤、沙司	不同 pH 时的溶解性、热稳定性、黏度、乳化作用、持水性
形成的面团焙烤产品(面包、蛋糕等)	成型和形成黏弹性膜、内聚力、热性变和胶凝作用、吸水作用、乳化作用、起泡、褐变
乳制品(精制干酪、冰淇淋、甜点心等)	乳化作用、对脂肪的保留、黏度、起泡、胶凝作用、凝结作用
鸡蛋代用品	起泡、胶凝作用
肉制品(香肠等)	乳化作用、胶凝作用、内聚力、对水和脂肪的吸收与保持
肉制品增量剂(植物组织蛋白)	对水和脂肪的吸收与保持、不溶性、硬度、咀嚼性、内聚力、热变性
食品涂膜	内聚力、黏合
糖果制品(牛奶巧克力)	分散性、乳化作用

第二节　蛋白质工程的研究方法

一、蛋白质工程的研究策略与内容

1. 蛋白质工程的研究策略

蛋白质工程的基本任务是研究蛋白质分子规律与生物学功能的关系,对现有蛋白质加以定向修饰改造、设计与剪切,构建生物学功能比天然蛋白质更加优良的新型蛋白质。由此可见,蛋白质工程的基本途径是从预期功能出发,设计期望的结构,合成目的基因且有效克隆表达或通过诱变、定向修饰和改造等一系列工序,合成新型优良蛋白质。

图 5-1 所示的是蛋白质工程的基本途径及其现有天然蛋白质的生物学功能形成过程的比较。蛋白质工程主要研究手段是利用所谓的反向生物学技术,其基本思路是按期望的结构寻找最合适的氨基酸序列,通过计算机设计,进而模拟特定的氨基酸序列在细胞内或在体内环境中进行多肽折叠而成三维结构的全过程,并预测蛋白质的空间结构和表达出生物学功能的可能及其高低程度。

2. 蛋白质工程研究的主要内容

蛋白质工程的研究内容主要包括两大方面:一是根据需要设计具有特定氨基酸序列和空

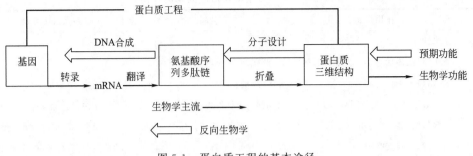

图 5-1 蛋白质工程的基本途径

间结构的蛋白质；二是确定蛋白质的化学组成及空间结构与生物功能之间的关系。在此基础上，实现从氨基酸序列预测蛋白质的空间结构和生理功能，设计合成具有特定生理功能的全新蛋白质，而氨基酸排序由基因决定，所以还需要改造控制蛋白质合成的相应基因中脱氧核苷酸序列或人工合成所需要的自然界原本不存在的基因片段，用于蛋白质工程。

总体来说蛋白质工程研究的具体内容很多，其中主要包括：①通过改变蛋白质的活性部位，提高其生物功效；②通过改变蛋白质的组成和空间结构，提高其在极端条件下的稳定性，如酸、碱、酶稳定性；③通过改变蛋白质的遗传信息，提高其独立工作能力，不再需要辅助因子；④通过改变蛋白质的特性，使其便于分离纯化，如融合蛋白 β-半乳糖苷酶（抗体）；⑤通过改变蛋白质的调控位点，使其与抑制剂脱离，解除反馈抑制作用等。

二、蛋白质的分子设计

1. 蛋白质分子设计的程序

蛋白质分子设计包括根据蛋白质的结构和功能的关系，用计算机建立模型，然后通过分子生物学手段改造蛋白质的基因，并通过生化和细胞生物学等手段得到突变的基因，最后对得到的蛋白质突变体进行分析验证。通常，蛋白质分子设计需要几次循环才能达到目的。其设计流程如图 5-2。

(1) 构建模型，设计蛋白质突变体 构建模型的素材是蛋白质的一级结构、高级结构、功能域、蛋白质的理化性质、蛋白质结构和功能的关系以及其同源蛋白相关信息。这需要查阅大量文献和相关数据库。对于别人已经做了相关工作的蛋白质，这些数据可以直接拿来作为构建模型的依据。但对于未知结构的蛋白质，则要么先解析其晶体结构，要么根据已有的氨基酸序列进行结构预测。

(2) 能量优化以及蛋白质动力学分析 利用能量优化以及蛋白质动力学方法预测修饰后的蛋白质结构，并将预测的结构与原始蛋白质的结构比较，利用蛋白质结构-功能或结构-稳定性相关知识预测新蛋白质可能具有的性质。

(3) 获得蛋白质突变体 根据前面的设计，合成蛋白质或改造蛋白质突变体的基因序列，然后分离、纯化得到所要求的蛋白质。

(4) 结构和功能分析 对纯化的蛋白质突变体进行结构和功能分析，并与原来的蛋白质比较，是否达到所要改造的目的。若得到的蛋白质突变体没有实现预期的功能，则需要重新设计；反之，则作为一种具有特定功能的新蛋白质出现。

2. 蛋白质分子设计的种类

(1) 依据是否已知蛋白质的空间结构来分类 依据是否已知蛋白质的空间结构，可以分为两种：一种是在已知蛋白质的空间结构的基础上进行的分子设计。它可以将三维结构信息

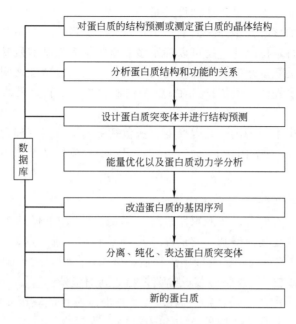

图 5-2 蛋白质分子设计流程图

与蛋白质的功能直接相联系来进行，是高层次的设计；另一种是在不知三维结构的情况下进行的分子设计，它必须借助一级结构与生物化学的性质等有关信息来进行分子设计。

（2）依据蛋白质分子中改造部位的多少来分类 在蛋白质的设计实践中，常根据改造的程度将蛋白质分子设计分为三类：

① 部分氨基酸的突变。部分氨基酸的突变也叫"小改"，是基于对已知蛋白质的改造。这种设计是对蛋白质小范围改造，进行一个或几个氨基酸的定点突变或化学修饰，来研究和改善蛋白质的性质和功能。对蛋白质进行定点突变，其目的是提高蛋白质的热稳定性、酸碱稳定性、增加活性、减少副作用、提高专一性以及研究蛋白质的结果和功能的关系等。要实现这个目的，如何恰当选择要突变的残基则是小改中最关键的问题。这不仅需要分析蛋白质残基的性质，同时需要借助于已有的三维结构或分子模型。

② 天然蛋白质的裁剪。这种方法也称"中改"，是指在蛋白质中替换 1 个肽段或者 1 个结构域，即对蛋白质结构域进行拼接组装而改变蛋白质的功能，获取具有新特点的蛋白质分子。蛋白质的立体结构可以看作由结构元件组装而成，因此可以在不同的蛋白质之间成段地替换结构元件，期望能够转移相应的功能。中改在新型抗体的开发中有着广泛的应用。

③ 全新蛋白质分子设计。全新蛋白质分子设计也称为蛋白质分子从头设计或"大改"，是指基于对蛋白质折叠规律的认识，从氨基酸的序列出发，设计改造自然界中不存在的全新蛋白质，使之具有特定的空间结构和预期的功能。

三、改变现有蛋白质的结构

改变现有蛋白质仍然是蛋白质工程的一个主要研究内容，改变现有蛋白质的结构一般需要经过如下几个步骤：①分离纯化目标蛋白质；②分析目标蛋白质的一级结构；③分析目标蛋白质的三维结构及结构与功能的关系；④根据蛋白质的一级结构设计引物，克隆目的基因；⑤根据目的基因的三维结构和结构与功能的关系，以及蛋白质改造的目的设计改造方案；⑥对目的基因进行人工定点突变；⑦改造后的基因在宿主细胞中表达；⑧分离纯化表达的蛋白质并分析其功能，评价是否达到设计目的。

改变蛋白质结构的核心技术是基因的人工定点突变。目前，利用基因突变技术不仅可以对某些天然蛋白质进行定位改造，还可以确定多肽链中某个氨基酸残基在蛋白质结构和功能上的作用，以收集有关氨基酸残基线性序列与空间构象及生物活性之间的对应关系，为设计制作新型的突变蛋白质提供理论依据。在 DNA 水平上产生多肽编码顺序的特异性改变，称为基因的定向诱变。

蛋白质工程研究中主要采用的基因突变方法包括基因定位突变和盒式突变。一般含有单一或少数几个突变位点的基因定向改变可以采用 M13 载体诱变技术、PCR 诱变技术等方法。

1. M13 载体诱变技术

这种诱变技术，使人们可以按照意图进行 DNA 突变，即能做到想改变哪一个碱基，就只改变哪一个，而不改变其他碱基。它的基本原理是利用一种环状噬菌体 M13 载体，该噬菌体 DNA 可以以单链的形式在宿主细胞外存活，进入宿主后，把单链 DNA 变成双链 DNA 进行复制。复制出的单链 DNA 被包装成噬菌体释放到细胞外。

该诱变技术具体操作过程是：首先将要改造的蛋白质目的基因重组到 M13 单链 DNA 中，以这种重组后的带有目的基因的 M13 单链 DNA 为模板，再人工合成一段寡聚核苷酸（其中包含了所要改变的碱基）作为引物，在体外进行双链 DNA 的合成。这样合成的双链 DNA，其中一条为含有天然目的基因的模板，而另一条单链则为新合成的含有突变目的基因的 DNA 链，因为它是以那段带有突变碱基的寡聚核苷酸为引物合成的。这种杂合 DNA 双链再转入大肠杆菌中，分别以这两种不同的单链 DNA 为模板，进行 DNA 复制。复制出的 M13 双链 DNA，其中一半将含有已突变的目的基因。利用 DNA 杂交技术或核苷酸序列分析方法，将含突变目的基因的 M13 噬菌体筛选出来，提取它们的 DNA，用限制性内切酶把突变目的基因切下，并重组至表达质粒中，进行突变基因的表达就能获得突变体蛋白质。

2. PCR 诱变技术

PCR 法的原理也是利用人工合成带突变位点的诱变引物，通过 PCR 扩增而获得定点突变的基因。利用 PCR 既可以进行定点诱变，也可以使突变体大量扩增，同时提高诱变率。

该方法需要 4 种扩增引物，进行 3 次 PCR 反应，先利用两个互补的带有突变碱基的内侧引物及两个外侧引物，初步进行 2 次 PCR 扩增，获得两条彼此重叠的 DNA 片段。两条片段具有重叠区，因此在体外变性与复性后可形成两种不同的异源双链 DNA 分子。该基因再利用两个外侧引物进行第三次 PCR 扩增，即可获得定点突变的基因（图 5-3）。

四、蛋白质分子的全新设计

1. 全新蛋白质分子设计的程序

全新蛋白质分子设计的一般过程：确定设计目标后，先根据一定的规则生成初始序列，经过结构预测和构建模型对序列进行初步的修改，然后进行多肽合成或基因表达，经结构检测确定是否与目标相符，并根据检测结构指导进一步设计。蛋白质设计一般都要经过反复多次设计→合成→检测→再设计的过程。

2. 蛋白质分子设计目标选择

蛋白质全新设计可分为功能设计和结构设计两个方向。结构设计是目前的重点和难点。结构设计是从最简单的二级结构开始，以摸索蛋白质结构稳定的规律。在超二级结构和三级

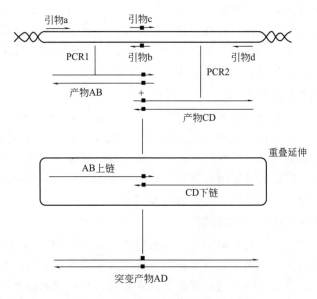

图 5-3　重组 PCR 定点诱变示意图

结构设计中，一般选择天然蛋白质结构中一些比较稳定的模块作为设计目标，如四螺旋束和锌指结构等。在蛋白质功能设计方面主要进行天然蛋白质功能的模拟，如金属结合蛋白和离子通道等。

3. 蛋白质分子设计方法

最早的设计方法是序列最简化方法，其特点是尽量使设计序列的复杂性最小，一般仅用很少几种氨基酸，设计的序列往往具有一定的对称性或周期性。这种方法使设计的复杂性减少，并能检验一些蛋白质的折叠规律（如 HP 模型），现在很多设计仍然采用这一方法。1988 年 Mutter 首先提出模板组装合成法，其思路是将各种二级结构片段通过共价键连接到一个刚性的模板分子上，形成一定的三级结构。模板组装合成法绕过了蛋白质三级结构设计的难关，通过改变二级结构中氨基酸残基来研究蛋白质中的长程作用力，是研究蛋白质折叠规律和进行蛋白质全新设计规律探索的有效手段。

4. 蛋白质分子结构检测

设计的蛋白质序列只有合成并结构检测后才能判断设计是否与预想结构符合。一般从三方面来检测：设计的蛋白质是否为多聚体，二级结构含量是否与目标符合，是否具有预定的三级结构。通过测定分子体积大小可以判断分子以几聚体形式存在，同时可以初步判断蛋白质结构是无规则卷曲还是有一定的三级结构。检测蛋白质浓度对圆二色谱（CD）和 NMR 谱的影响也可以判断蛋白质是否以单分子形式存在。CD 是检测设计蛋白质二级结构最常用的方法，根据远紫外 CD 谱可以计算蛋白质中各二级结构的大致含量。三级结构测定目前主要依靠 NMA 技术和荧光分析，也可以使用 X 射线晶体衍射技术分析。

5. 蛋白质结构的全新设计

设计一个新奇的蛋白质结构的中心问题是如何设计一段能够形成稳定、独特三维结构的序列，也就是如何克服线性聚合链构象熵的问题。为达到这个目的，我们可以考虑使相互作用和数目达到最大，并且通过共价交叉连接减少折叠的构象熵。

对蛋白质折叠的研究和全新设计探索中，人们发现了一些蛋白质全新设计的原则和经验，如由于半胱氨酸形成二硫键的配对无法预测，一般都尽量少用甚至不用，特别是在自动设计方法中。但当序列能够折叠成预定的二级结构后，常常引入二硫键来稳定蛋白质的三级结构。色氨酸的吲哚环具有生色性，且与其所处环境有关。天然态的蛋白质中色氨酸常常埋藏在蛋白质内部，其荧光频率相对失活态发生蓝移。因而在蛋白质全新设计中常引入色氨酸作为荧光探针以检验设计蛋白质的三级结构。

6. 蛋白质功能的全新设计

除了努力设计出具有目标结构的蛋白质外，人们更希望设计出具有目标功能的蛋白质。蛋白质功能设计主要涉及键合和催化，为达到这些目的可以采用两条不同的途径：一是反向实现蛋白质与工程底物的契合，改变功能；二是从头设计功能蛋白质。蛋白质功能的设计离不开蛋白质结构特点，它以由特殊结构决定的特定功能的结构域为基础。目前这方面的工作主要是通过一些特定的结构域模拟天然蛋白质的功能。

7. 蛋白质全新设计的现状和前景

蛋白质全新设计不仅使我们有可能得到自然界不存在的具有全新结构和功能的蛋白质，并且已经成为检验蛋白质折叠理论和研究蛋白质折叠规律的重要手段。由于我们对蛋白质折叠理论的认识还不够，蛋白质全新设计还处于探索阶段。在设计思路上，目前往往偏重考虑某一蛋白质结构稳定因素，而不是平衡考虑各种因素，如在超二级结构和三级结构的设计中，常常是力求使各二级结构片段都具有最大的稳定性，这与天然蛋白质中三级结构的形成是二级结构形成和稳定的重要因素刚好相反。从设计的结果看，目前还只能设计较小蛋白质，其水溶性也差，而且大多不具备确定的三级结构。对是否及何时能够从蛋白质的氨基酸序列准确地预测其三级结构存在不同的看法。但即使无法准确地从蛋白质序列预测蛋白质结构，对蛋白质折叠规律的不断了解及蛋白质设计经验的不断积累也将使蛋白质全新设计的成功率不断提高。另外，随着新实验技术的发展，蛋白质全新设计的速度和效率必将得到极大的提高。组合化学方法应用到蛋白质全新设计中必然能够大大地缩短设计的周期，并将彻底改变蛋白质全新设计的面貌。随着新的设计思路和方法的出现，蛋白质分子设计将会有一个新的突破。对蛋白质分子的全新改造使其能在特定条件下起到特定的功能，从而可以更好地为人类所用。

蛋白质工程的基本内容和研究目的是以蛋白质结构和功能为基础，通过化学、物理、现代生物分析技术和生物信息学等手段，对目标基因按预期的设计进行修饰和改造，表达或合成自然界不存在或比自然界更优良、更符合人类需求的功能蛋白质、功能型食品等。本章简要介绍了蛋白质工程的概念及发展历史，蛋白质的结构层次和时空性，蛋白质功能及其结构基础，蛋白质的结构及其与生物学功能的关系等基础知识。重点介绍了蛋白质工程的研究策略与内容，通过举例阐明了蛋白质的全新设计以及现有蛋白质的改造。

一、名词解释

蛋白质工程　定点突变　蛋白质分子的全新设计

二、填空题

1. 蛋白质工程是以蛋白质的_____与_____为基础，来改造蛋白或者组建新型蛋白质的工程技术。基因的定向诱变是要在_____水平上产生多肽编码顺序的特异性改变。利用 PCR 进行定点诱变时需要设计_____种扩增引物。

2. 根据改造的程度将蛋白质分子设计分为三类：_____、_____、_____。
3. 列举 2 种蛋白质工程研究中基因突变方法：_____和_____。

三、判断题

（　）1. 氨基酸的序列决定蛋白质的空间结构。
（　）2. 蛋白质工程主要研究手段是利用分子生物学技术。
（　）3. 选择要突变的碱基是蛋白质小改中最关键的问题。
（　）4. 改变蛋白质结构的核心技术是氨基酸的人工定点突变。
（　）5. 蛋白质的结构设计要从最简单的一级结构开始。

四、选择题

1. 蛋白质多肽链中氨基酸残基的排列构成的蛋白质结构是蛋白质的_____？
   A. 一级结构　　　　B. 二级结构　　　　C. 三级结构　　　　D. 四级结构
2. 蛋白质的最基本结构是_____？
   A. 一级结构　　　　B. 二级结构　　　　C. 三级结构　　　　D. 四级结构
3. 依据蛋白质分子中改造部位，拼接组装设计属于_____？
   A. 小改　　　　　　B. 中改　　　　　　C. 大改　　　　　　D. 定点突变
4. 依据蛋白质分子的改造程度，从头设计一个全新的自然界不存在的蛋白质属于_____？
   A. 小改　　　　　　B. 中改　　　　　　C. 大改　　　　　　D. 定点突变

五、简述题

1. 阐述蛋白质结构和功能的关系。
2. 阐述蛋白质分子设计的程序。
3. 蛋白质工程研究的研究策略和主要内容是什么？
4. 简述蛋白质工程的全新设计的基本程序。

第六章 生物技术在食品领域的应用

 学习目标与思政素养目标

1. 了解现代生物技术在食品领域中应用的主要方面；理解生物技术与食品生产的关系。
2. 掌握生物技术在食品生产和检测中的应用；掌握转基因食品的概念和安全性。
3. 了解消费者对食品生物技术的观点；理解食品生物技术未来的发展方向。
4. 会应用生物技术知识处理食品生产和检测中的问题；能够把握食品生物技术未来的发展方向。
5. 了解单细胞蛋白的发酵生产过程或酶联免疫方法进行食品检验的原理和步骤。
6. 充分认识生物技术在食品领域创新与发展中的重要作用，能够利用学到的专业知识为健康中国建设贡献力量。

第一节 生物技术与食品生产

现代生物技术的出现，为改造传统的食品生产，进行食品深度加工，开发新产品，快速提升食品质量和提高食品保藏质量等增添了新的活力。利用生物技术可将农副产品原料加工成产品并产业化，进行二次开发形成新的产业，同时借助生物技术改造传统工艺，提高产品质量。现代生物技术必将会对食品市场的走向，即成本、贮存、味道、浓度、安全性等产生重大影响。因此，食品生物技术产业已逐渐成为食品工业的支柱，生物技术本身也将为全球性的食物、蛋白质、环保和健康等问题的有效解决提供有力支撑。无论是发达国家还是不发达国家，都必须充分认识到生物技术在满足当今社会对食品需求方面的巨大潜力。

一、转基因植物与食品生产

随着分子生物学的不断发展，从1983年转基因植物研究成功后，转基因植物也大量涌现，对食品工业产生越来越多的影响。基因工程使得植物的特性得到了不同程度的改善和增强，对植物性食品原料的品质也有不同程度的提高，主要表现在营养品质、加工品质和贮藏品质几个方面。

1. 改善食品营养品质

（1）**改善食品营养成分** 主要涉及蛋白质、淀粉、脂类和氨基酸等方面。转基因植物能够通过外源基因在体内的表达而达到改变自身营养成分的效果。如美国科学家将大豆蛋白合成基因导入马铃薯，成功培育出高蛋白马铃薯品种，大大提高了马铃薯的营养价值。如将编码八氢番茄红素合成酶的基因 psy 导入维生素 A 含量较少的植物中，可以提高维生素 A 的合成水平，改善食物的营养品质。利用转基因工程还可以去除大豆胀气因子，提高马铃薯固形物含量、大豆异黄酮含量、水稻的胡萝卜素含量、植物油组成中不饱和脂肪酸的比例等。科学家还转化 β-胡萝卜素、γ-氨基丁酸、钙、铁、硒等调控基因，培育出的"黄金大米""富铁大米""富硒大米""高钙大米"等功能性产品，调节了人体生理性结构，增强了免疫力，还能满足一些特殊消费者群体，如贫血患者食用"富铁大米"可增加机体的铁含量。

（2）**改善食品风味** 食品的风味与食品的可接受性有着直接的关系，虽然有些水果、蔬菜的营养价值很高，但味道不好。在烹调过程中，只能通过加入各种调味剂来增加食品的味道。通过转基因技术直接培育出美味可口的植物性食品，无疑对食品工业更为有利。马槟榔甜蛋白和硬乐果甜蛋白的植物表达载体已经构建完成，并成功应用于番茄和莴苣遗传转化。

（3）**增加食品的药用价值和保健功能** 转基因植物能够生产各种具有药用价值的产品，如促红细胞生成素、植物疫苗和各种生物活性成分等。还可以生产各种功能食品及功能性成分，如对人参、西洋参、紫草和黄连等植物的细胞进行培养，生产活性细胞干粉、免疫球蛋白、生长激素等。转基因植物使植物体正在成为具有重要经济价值的、可大规模生产异源蛋白的生产体系。

2. 改善食品加工品质

转基因食物改变了食品品质，使得某些原料的加工品质大大发生变化。如无籽果实具有较好的品质和口味，深受消费者喜爱，同时无籽果实更易于加工。利用转基因技术将决定小麦硬度的基因转移到水稻中可降低稻米碾碎的机械力，减少对淀粉的破坏，提高大米的品质。此外，利用基因工程还可培育出带咸味和奶味的适合加工膨化的玉米新品种等。

3. 改善食品贮藏品质

农业领域另一个重要问题是植物收获后在转运和贮藏过程中会造成损失。在美国和欧洲，每年果蔬收获后由于转运和贮藏过程造成的损失高达 $40\%\sim60\%$。将一些抗虫基因转入植物中，使得果实更容易贮藏。转基因番茄可以延迟果实的变软，大大提高番茄保藏期。1994 年，美国在世界上首次销售这种转基因番茄 FLAVP 番茄，其货架期可长达 152d。自 1994 年美国食品药品监督管理局（FDA）批准生产以来，市场销售额每年达 3 亿～5 亿美元，现在美国许多超级市场，随时都可见到这种果实不软、色泽橙红鲜丽、颇受人们喜爱的转基因番茄。目前，正在进行转基因试验的作物有樱桃、草莓、香蕉和菠萝等。

二、转基因动物与食品生产

转基因动物指携带外源基因并能表达和遗传的动物。人类按照自己的意图，将需要的目的基因转入受体动物的基因组中，改变动物的DNA，从而改变动物的性状，使其获得人类期望的新功能，并能稳定地遗传给后代。转基因动物在食品中的应用主要体现在以下几个方面。

1. 促进动物生长，提高生产性能

利用动物转基因技术可以促进动物的生长发育，提高生产性能。1985 年，科学家第一次将人的生长激素基因导入猪的受精卵获得成功，使猪的生长速度显著提高，胴体脂肪率明显降低。可见通过导入外源性生长激素基因，改造动物原有的基因组，可加快动物生长速度，提高蛋、奶、肉等产品的产量，提高饲料利用率。目前，人类在猪、牛、羊、鸡等禽类以及鱼类的转基因研究方面获得成功。

2. 提高抗病力和适应性

1991 年，科学家就已经获得能产生具有抗病活性的单克隆抗体转基因猪。1992 年，获得抗流感病毒转基因猪。转基因技术有效地提高了畜类和禽类的抗病和抗寒等能力。

3. 提取保健蛋白

利用动物生物反应器提取保健蛋白。动物生物反应器是指利用转基因活体动物的某种能够高效表达外源蛋白的器官或组织来进行工业化生产活性功能蛋白的技术，这些蛋白一般是药用蛋白或营养保健蛋白。

4. 提高动物性食品的相关特性

通过转基因操作，将作用显著的激素和生长因子的基因导入动物的基因组或剔除某些对生产性能不利的基因，从而大大提高动物性食品的质量。如 2002 年，日本科学家把菠菜 $FAD12$ 遗传基因植入猪的受精卵，成功培育出了比普通猪不饱和脂肪酸含量高 20% 的转基因猪，有利于食用者的心血管健康。

三、转基因食品

1. 转基因食品的概念

转基因食品是指以转基因生物为原料加工生产的食品，利用分子生物学手段，将某些生物基因转移至其他生物上，使其出现原物种不具有的性状或产物，针对某一或某些特性，以植入异源基因或改变基因表现等生物技术方式，进行遗传因子的修饰，使动植物或微生物具备或增加特性，进而达到降低生产成本，增加食品或食品原料的价值的目的。转基因食品包括转基因动物性食品、转基因植物性食品和转基因微生物性食品。

2. 转基因食品的主要优点

（1）可延长水果和蔬菜的货架期及感官特性　如转基因番茄有更长的货架期，可延长其熟化、软化和腐烂的过程。

（2）可提高食品的品质　如转基因大豆营养更丰富，风味更佳；采用基因工程技术还可提高食品中矿物质含量，产生抗氧化的维生素（维生素 C、维生素 E、类胡萝卜素等）。

（3）提高必需氨基酸的含量　通过基因工程可增加食品中的必需氨基酸（如甲硫氨酸、赖氨酸）的含量，提高食品的功能特性，拓展植物蛋白的使用。

（4）增加碳水化合物含量　转基因番茄淀粉含量高，有利于加工番茄酱；把某些细菌中产淀粉的基因与马铃薯基因重组，得到的马铃薯可缩短烹调时间、降低成本和原料消耗。

（5）提高肉、奶和畜类产品的数量和质量　转基因动物可使产奶或产肉量增加，还能得到具有特殊功能的奶或肉类产品，如去乳糖牛奶、低脂牛奶、低胆固醇、低脂肪食品，以及含特殊营养成分的肉类食品。

（6）生产功能性食品　基因重组的茶叶富含黄酮类物质，基因工程的油料作物可生产许多不饱和脂肪酸，如富含油酸的大豆油等。

四、单细胞蛋白

单细胞蛋白（SCP），亦称微生物蛋白或菌体蛋白，主要是指利用酵母、细菌、真菌和某些低等藻类等微生物，在适宜基质和条件下进行培养时所获得的菌体蛋白，是现代饲料工业和食品工业中重要的蛋白质来源。SCP营养丰富，蛋白质含量高，可达80%，所含氨基酸组分齐全、平衡，且有多种维生素，消化利用率高（一般高于80%），其最大特点是原料来源广、微生物繁殖快、成本低、效益高。生产单细胞蛋白的原料很多，如酿酒、味精、淀粉、造纸、制糖、制药等工业废弃物，各类植物秸秆、壳类、木屑等农副产品加工副产物等。其生产方式与工艺也是多种多样，如细菌和酵母利用甲醇、乙醇、甲烷和多链烷烃生产SCP；将废物中的许多物质转化为SCP，如稻秸、蔗渣、柠檬酸废料、果核、糖浆、动物粪便和污物等；以淀粉副产物的混合物为原料，通过固态发酵法生产单细胞蛋白；利用藻类（如小球藻、蓝藻）生产SCP。

1. SCP产生的背景

蛋白质是人体氮的唯一来源，是碳水化合物和脂肪所不能替代的。随着世界人口的急剧增长以及城市化进程的加快，可耕作农田锐减，传统农业将不能提供足够的食物来满足人类的需求，尤其是蛋白质短缺。联合国粮食及农业组织（FAO）报告，世界上至少有25%的人口正在遭受着饥饿和营养不良的威胁，其中绝大多数在发展中国家。在发展中国家有20%的居民食物中热量不足，60%的居民食物中蛋白质不足；而且发展中国家与发达国家间的蛋白质摄入量的差距还在拉大。

生物技术的应用及革新加快了全球农业生产力的提高，全球人均粮食供应的增加速度已经超过了人口增长。但是，全球在粮食生产和食物分配方面仍然存在着严重的不平衡。在发达国家和发展中国家，食品从谷物至肉类的转变与经济状况呈正相关，在动物饲养中，生产1kg肉需要3~10kg的谷物，因此食肉将导致人均粮食消耗增加。因此，人们不懈地寻求蛋白质资源，推广新兴农业，培育高蛋白谷物，扩大大豆、花生等高蛋白作物的种植规模。另外，利用微生物生产蛋白质已获得成功。微生物含有丰富的蛋白质，按其干重计算，酵母含蛋白质40%~60%、霉菌含30%、细菌含70%、藻类含60%~70%，它们可为人类提供日益短缺的蛋白质。食用微生物看似新奇，其实人类早就知道一些大型微生物的营养价值，如蘑菇。由于栽培历史悠久，蘑菇种植被认为是一种传统的食品生产；其他微生物受到的关注较少，还存在许多问题，但并非都是技术问题。通过发酵获取酵母、细菌、霉菌，以及培养蘑菇、单细胞藻类等微生物，进一步由此制取大量的蛋白质。这种途径获取的蛋白质要比通过种植业和养殖业获取快得多，而且微生物蛋白质中的必需氨基酸略高于大豆蛋白质，是较优质的蛋白质。不仅如此，微生物还含有碳水化合物、脂类、维生素和无机盐。

人体降解消化核苷酸的能力有限，而微生物含有较多的DNA和RNA，核酸代谢会产生大量的尿酸，可能导致肾结石或痛风。因此，在SCP作为人类食品前必须进行加工处理，去除大量的核酸。世界上许多大公司正在积极从事SCP的生产，已研制出了许多有价值的新型产品，并投入市场，实现规模化生产。世界年产量已超过3000万吨，发展前景非常可观。当然，SCP生产的终极目标就是提高蛋白质的质量和数量，以补充人类和动物对蛋白质的需求。一方面，SCP可以作为食品添加剂，改善食物口味和脂肪含量，并可代替动物蛋白；另一方面，SCP新型饲料蛋白的生产已成为近20多年来生物技术应用于饲料产业最具潜力的领域之一，它的发展将为工农业废弃物转化为高营养的饲料资源带来希望。目前，SCP新型饲料因其富含蛋白质，成本低，且无色、无味、易贮存等，而取代鱼粉和大豆粉等传统蛋白，在养殖业，尤其是虾类、鲑鱼和大马哈鱼等水产养殖中得到广泛应用。

用微生物生产蛋白质的效率远远高于其他任何动物。250kg奶牛的蛋白生产能力只相当于250g微生物的生产能力。一头奶牛每日只能生产200g蛋白质，而理论上在理想的生长条件下，同等质量的微生物在相同时间内可以生产25t蛋白质。但奶牛能够将草转化为高蛋白的牛奶，人类几十年的研究仍未找到能与之相媲美的转化方法。因此，奶牛被认为是"活的、能自我繁殖并可食用的生物反应器"。微生物生产SCP的优点主要是：①在适宜条件下微生物可快速生长，有些微生物的生物量倍增时间为0.5～1h；②微生物比动植物更容易进行基因改良，更容易通过大规模培养筛选出高产菌株、改善酸含量等，更容易采用转基因技术；③微生物蛋白质含量较高，且蛋白质营养价值高；④微生物可采用连续发酵工艺生产，占地面积小，不受气候影响；⑤微生物可在众多原料，特别是低价值废物中生长，一些微生物还可利用植物纤维。

2. SCP的生产

(1) 用能源物质生产SCP 对于甲烷是否可以作为SCP的生产原料，已经有过比较深入的研究与论证，但由于目前还存在许多技术难题而没有得到授权开发。而以甲醇为原料进行SCP生产却可以带来巨大的经济效益。与多链烷烃、甲烷以及其他烷烃相比，用甲醇作为SCP生产碳源的优势主要表现在：其成分单一，不随季节波动，而且无毒；甲醇能以任意比例溶解于水；在得到的产品中也不存在碳源的残留物，其他一些重要的生产技术环节也很合理。

此外，以乙醇为原料生产的SCP产品最适合直接作为人类的食物，而用多链烷烃生产SCP是一个非常复杂的生物技术过程，并且生产出来的SCP中可能含有致癌物质，因此，多数企业目前已经停止生产。不过最近，日本和一些亚洲国家在该领域开发了多项技术，对于开展以乙醇和有机废物为原料生产SCP的研究具有重要的意义。

(2) 用废弃物生产SCP 目前，用废弃物生产SCP已经投入市场，并形成一定的规模。例如，利用糖蜜发酵生产酿酒酵母，利用奶酪清发酵生产脆壁克鲁维酵母等。而瑞典开发的Symba工艺过程中，则采用淀粉联合发酵肋状拟内孢霉和产朊假丝酵母两种真菌。对Symba工艺生产的饲料价值评估结果表明，受试动物生长良好，没有发现不利影响。Symba工艺可以简单地分成3个阶段：

阶段1：含有淀粉的废水（如马铃薯加工厂废水）经过一个热交换器，注入蒸汽灭菌；

阶段2：灭菌的淀粉溶液与淀粉水解酵母扣囊拟内孢霉一起投入两个生物反应器，经过水解的淀粉再投入一个大的生物反应器，并以产朊假丝酵母作为菌种；

阶段3：从假丝酵母（$Candida$）生物反应器中获得菌液，让菌液通过振动筛和水力漩流器，然后离心，对收集的菌体进行喷雾干燥，过筛后袋装或散装贮存。

(3) 用农作物生产SCP 用植物作为SCP生产过程的原料是一个非常重要的理念。因为只要采取适当的种植方法，这些植物就能获得比收割天然植物或加工废弃物更高的碳固定效率。目前，这类计划的实施大部分是以生产乙醇为主要目的。木薯、甘蔗、淀粉被公认为是为数不多的可能实现主流发酵经济运行的生产原料。一旦木质素和纤维素能被经济地利用，世界上的大多数地方将拥有无数的可再生原料用于生产过程。

(4) 用藻类生产SCP 以小球藻为例说明藻类生产SCP的工艺流程，工艺过程可分为以下几个步骤：

① 污水预处理。在无氧或好氧条件下，有机污水发酵一段时间，使其中大分子有机物分解为小分子有机物和无机盐，供小球藻利用，即可溶化处理。

② 小球藻培养。可溶化后的污水进入培养池，接种小球藻后进行培养。目前其培养方式主要包括开放式培养和封闭式培养。开放式培养在敞开容器中进行，一般为水泥池。开放式培养投资小、运行费用低、工艺流程简单。封闭式培养主要有密闭发酵罐和玻璃管道光合生物反应器培养，离心式水泵搅拌或气升式搅拌，补加无机营养液或有机营养液及CO_2，

产量约为开放式培养的10倍。小球藻的培养需要考虑光照、温度、夜间的呼吸等因子对其生长和产率的影响,防止其他藻类的污染以及避免喜食藻类的动物的繁衍,还需要考虑营养盐的浓度、pH等。

③ 收获及加工。小球藻的培养基浓度低,藻产物较稀,需要有专门的脱水工艺。

五、氨基酸发酵生产

氨基酸是构成蛋白质的基本单位,是人体及动物的重要营养物质,氨基酸产品广泛应用于食品、饲料、医药、化学、农业等领域。以前氨基酸主要是用酸水解蛋白质制得,现在氨基酸生产方法有发酵法、提取法、合成法、酶法等,其中最主要的是发酵法生产,用发酵法生产的氨基酸已有20多种。

谷氨酸是一种重要的氨基酸。我们吃的味精是以谷氨酸为原料生成的谷氨酸单钠的俗称,谷氨酸还可以制成对皮肤无刺激性的洗涤剂(十二烷酚基谷氨酸钠肥皂)、能保持皮肤湿润的润肤剂(焦谷氨酸钠)、质量接近天然皮革的聚谷氨酸人造革以及人造纤维和涂料等。谷氨酸是目前氨基酸生产中产量最大的一种,同时,谷氨酸发酵生产工艺也是氨基酸发酵生产中最典型和最成熟的。现以谷氨酸的发酵生产为例简单介绍一下氨基酸的发酵生产。

1. 谷氨酸发酵生产的菌种

谷氨酸发酵生产菌种主要有棒状杆菌属、短杆菌属、小杆菌属及节杆菌属的细菌。除节杆菌外,其他三属中有许多菌种适用于糖质原料的谷氨酸发酵。这些细菌都是需氧微生物,都需要以生物素为生长因子。我国谷氨酸发酵生产所用菌种有北京棒状杆菌 AS1299、钝齿棒状杆菌 AS1542、HU7251 及 7338、B9 等。这些菌株的斜面培养一般采用由蛋白胨、牛肉膏、氯化钠等组成,pH 为 7.0~7.2 的琼脂培养基,32℃培养 24h,冰箱保存备用。

2. 谷氨酸发酵生产的原料制备

谷氨酸发酵生产以淀粉水解糖为原料,淀粉水解糖的制备一般有酸水解法和酶水解法两种。国内常用的是淀粉酸水解工艺,干淀粉用水调成一定浓度的淀粉乳,用盐酸调节 pH 为 1.5 左右;然后直接用蒸汽加热,水解 25min 左右;冷却糖化液至 80℃,用 NaOH 调节 pH 至 4.0~5.0,使糖化液中的蛋白质和其他胶体物质沉淀析出。最后用粉末状活性炭脱色,在 45~60℃下过滤,得到淀粉水解液。

3. 菌种扩大培养

(1) 一级种子培养 采用液体培养基,由葡萄糖、玉米浆、尿素、磷酸氢二钾、硫酸镁、硫酸铁及硫酸锰等组成,pH 为 6.5~6.8;三角瓶内 32℃振荡培养 12h,贮于 4℃冰箱备用。

(2) 二级种子培养 培养基除用水解糖代替葡萄糖外,其他与一级种子培养基相仿。种子罐内 32℃通气搅拌培养 7~10h,即可移种或冷却至 10℃备用。

4. 谷氨酸发酵生产

发酵初期,菌体生长迟滞,约 2~4h 后即进入对数生长期,代谢旺盛,糖耗快,这时必须流加尿素以供给氮源并调节培养液的 pH 至 7.5~8.0,同时保持温度为 30~32℃。本阶段主要是菌体生长,几乎不产酸,菌体内生物素含量由丰富转为贫乏,时间约 12h。随后转入谷氨酸合成阶段,此时菌体浓度基本不变,糖与尿素分解后产生的 α-酮戊二酸和氨主要用来合成谷氨酸。这一阶段应及时流加尿素以提供氨及维持谷氨酸合成最适 pH(7.2~7.4),需大量通气,并将温度提高到谷氨酸合成最适温度 34~37℃。发酵后期,菌体衰老,糖耗慢,残糖量低,需减少流加尿素量。当营养物质耗尽、谷氨酸浓度不再增加时,及时放罐。发酵周期约为 30h。

5. 谷氨酸提取

谷氨酸提取有等电点法、离子交换法、金属盐沉淀法、盐酸盐法和电渗析法，以及将上述方法结合使用的方法。国内多采用的是等电点-离子交换法。谷氨酸的等电点为 3.22，这时它的溶解度最小，所以用盐酸将发酵液 pH 调节到 3.22，谷氨酸就可结晶析出。晶核形成的温度一般为 25~30℃，为促进结晶，需加入 α 型品种育晶 2h，等电点搅拌之后静置沉降，再用离心法分离得到谷氨酸结晶。等电点法提取了发酵液中的大部分谷氨酸，剩余的谷氨酸可用离子交换法进行进一步分离提纯和浓缩回收。谷氨酸是两性电解质，故与阳性或阴性树脂均能交换。当溶液 pH 低于 3.2 时，谷氨酸带正电，能与阳离子树脂交换。目前国内多用国产 732 型强酸性阳离子交换树脂来提取谷氨酸，然后在 65℃ 左右，用 NaOH 溶液洗脱，pH 为 3.0~7.0 的洗脱液作为高流液，再用等电点法提取。

六、维生素发酵生产

维生素是人体生命活动的必需要素，主要以辅酶或辅基的形式参与生物体各种生化反应。维生素在食品、医疗、畜牧业及饲料工业中被广泛应用。

维生素的生产多采用化学合成法，后来人们发现某些微生物可以完成维生素合成中的某些重要步骤。在此基础上，化学合成与生物转化相结合的半合成法在维生素生产中得到了广泛应用。目前可以用发酵法或半合成法生产的维生素有维生素 C、B_2、B_{12}、D 以及 β-胡萝卜素等。

维生素 C 又称抗坏血酸，能参与人体内多种代谢过程，使组织产生胶原质，影响毛细血管的渗透性及血浆的凝固，刺激人体造血功能，增强机体的免疫力。另外，由于它具有较强的还原能力，可作为抗氧化剂，已在医药、食品工业等方面获得广泛应用。维生素 C 的化学合成方法一般指莱氏法，后来人们改用微生物脱氢代替化学合成中 L-山梨糖中间产物的生成，使山梨糖的得率提高 1 倍；我国进一步利用另一种微生物将 L-山梨糖转化为 2-酮基-L-古龙酸，再经化学转化生产维生素 C，称为两步法发酵工艺。此法使产品产量得到大幅度提高。简单介绍如下：

第一步发酵是生黑葡糖酸杆菌（或弱氧化醋杆菌）经过二级种子扩大培养，种子液质量达到转种液标准时，将其转移至含有山梨醇、玉米粉、磷酸盐、碳酸钙等组分的发酵培养基中，在 28~34℃ 下进行发酵培养。在发酵过程中可采用流加山梨醇的方式，其发酵收率达 95%，培养基中山梨醇浓度达到 25% 时也能继续发酵。发酵结束，发酵液经低温灭菌，得到无菌的含有山梨糖的发酵液，作为第二步发酵的原料。

第二步发酵是氧化葡糖酸杆菌（或假单胞菌）经过二级种子扩大培养，种子液达到标准后，转移至含有第一步发酵液的发酵培养基中，在 28~34℃ 下培养 60~72h。最后发酵液浓缩，经化学转化和精制获得维生素 C。

七、柠檬酸的生产

柠檬酸应用范围很广，特别是在饮料工业中。大量生产柠檬酸已成为现实，现在多用黑曲霉生产，通过大量筛选可获得黑曲霉超量生产菌株，再给以使柠檬酸大量生产的培养条件，包括：①供给大量的氧气，因黑曲霉是严格的好氧菌；②培养基中锰元素不能超标；③要供给大量的葡萄糖。

柠檬酸在黑曲霉体内不是发酵或其他路径的终产物，而是三羧酸循环中的一个中间物质。在此过程中有两个关键的调节酶：磷酸果糖激酶（PEK，一种糖酵解酶）和 α-酮戊二酸脱氢酶（α-KDH，一种 TCA 循环酶）。柠檬酸变构会抑制 PEK，这种抑制会导致只有极少量的葡萄糖进入糖酵解或 TCA 循环。但锰含量的减少却削弱了这一反馈抑制。在锰缺失的菌丝中，蛋白质的转化率会增加，胞内 NH_4^+ 含量增加，NH_4^+ 的含量增加对由锰缺失而引起的 PEK 的变构抑制起了至关重要的缓解作用。

α-KDH 是 TCA 循环中调节柠檬酸分解代谢的关键酶，它被 TCA 循环后期的中间产物——草酰乙酸所抑制。草酰乙酸是通过碳的固定过程生成的，它反过来被外界环境中高水平的糖所激发，即高浓度的葡萄糖和其他糖类会激发草酰乙酸，草酰乙酸反过来又抑制 α-KDH 的活性。高浓度的葡萄糖也会降低 PEK 的 K_m（米氏常数）值，这样既增强了 PEK 的活性，也增加了通过糖酵解的碳含量，碳便不能被氧化而进入 TCA 循环，细胞只有通过分泌柠檬酸来改变这种情况。

八、食品和饮料的发酵生产

1. 酒精饮料

（1）葡萄酒　大多数商品葡萄酒采用酿酒葡萄酿造。葡萄的收获时间在很大程度上取决于酿酒技工的经验，一般葡萄含糖 15%～25%，可以机械碾碎或用脚踩碎。汁液（称为葡萄汁）是采用生物技术进行葡萄酒生产的真正基质，葡萄汁中含有很多污染的酵母和细菌，因此通常添加 SO_2 来抑制这种自然发酵作用。在大规模的葡萄酒生产中，葡萄汁先进行部分或完全灭菌，再接种所需的酵母菌——酿酒酵母椭圆变种，然后在合适的发酵罐中控制条件进行发酵。葡萄酒的干度或甜度取决于糖的转化程度、甘油含量、继发感染等因素。

发酵条件取决于要生产葡萄酒的品种。发酵后，葡萄酒贮藏在大桶中，迅速降低温度，会产生沉淀并发生细微的化学变化。许多葡萄酒会再次发生细菌（明串珠菌）发酵（即苹果乳酸发酵），把葡萄酒中残留的苹果酸转化成乳酸。葡萄酒的最终酒精含量为 10%～16%。高浓度葡萄酒（如雪利酒、波特酒等）是在发酵后另加入酒精，将酒精浓度提高到约 20%。

（2）啤酒　啤酒是通过在发芽谷物的液态提取物中添加啤酒花，再进行酒精发酵制得的一种饮料。啤酒工艺流程（图 6-1）包括 5 个主要步骤：制麦、糖化、发酵、加工和成熟。

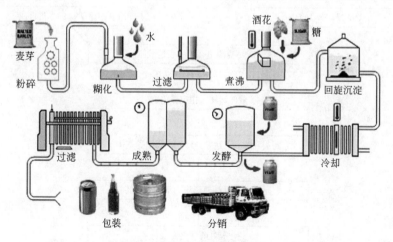

图 6-1　啤酒工艺流程示意图

① 制麦工序。把干的大麦浸泡在水中，然后散开在地板上或在桶中旋转振荡，使种子发芽，同时产生淀粉酶和蛋白酶。把发芽的种子慢慢烘至 80℃以停止发芽过程，然后去根，制成麦芽，仍保持大部分酶活性。

② 糖化工序。a. 糊化锅。首先将一部分麦芽、大米、玉米及淀粉等辅料放入糊化锅中煮沸。b. 糖化槽。往剩余的麦芽中加入适当的温水，并加入在糊化锅中煮沸过的辅料。此时，液体中的淀粉将转变成麦芽糖。c. 麦汁过滤槽。将糖化槽中的原浆过滤后，即得到透明的麦汁（糖浆）。d. 煮沸锅。向麦汁中加入啤酒花并煮沸，散发出啤酒特有的芳香与苦味。

③ 发酵工序。将制好的麦芽浆加入生物反应器中接种纯种酵母菌。麦汁中的糖分分解为酒精和二氧化碳，大约一星期后，即可生成"嫩啤酒"。

④ 加工与成熟工序。啤酒通常需放在木桶中 0℃ 保藏几个星期以改进口味，除去酵母菌和雾气才最终成熟。瓶装或听装啤酒要在 60~61℃ 灭菌 20min。啤酒的酒精含量为 4%~9%，淡色啤酒会更高些。

⑤ 过滤工序。啤酒过滤机，将成熟的啤酒过滤后，即得到琥珀色的生啤酒。

⑥ 装罐工序。酿造好的啤酒先被装到啤酒瓶或啤酒罐里，然后经过目测和液体检验机等严格的检查后，再被装到啤酒箱里出厂。

2. 乳制品

(1) 奶酪 奶酪蛋白生产中共有的基本步骤是：①通过乳酸菌将乳糖转化为乳酸；②蛋白质水解和酸化联合作用使酪蛋白凝结。

奶酪生产的一个重要生物技术革新是将重组 DNA 技术应用于奶酪生产上。商业用的粗制凝乳酶有 6 大来源：三种来自动物（小牛、成年的牛或猪），另外三种来自真菌。通过基因工程可以获得经遗传修饰的微生物，这些经基因改良的微生物可生产与动物相同的凝乳酶。在英国一些公司已用这种方法生产出纯正的动物凝乳酶，占该国凝乳酶总产量的 95% 以上，产品已销往世界各地。这些酶的作用方式与小牛凝乳酶完全相同，而且所含的杂质更少，活性更易预测。采用基因工程改良的微生物生产小牛凝乳酶的流程如图 6-2 所示。

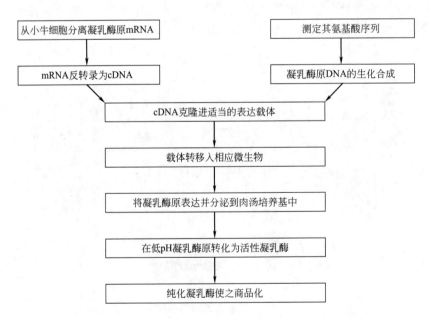

图 6-2 采用基因工程改良的微生物生产小牛凝乳酶

(2) 酸乳 酸乳就是牛乳整体的发酵，这一过程通常用到两种微生物：保加利亚乳杆菌和唾液链球菌嗜热亚种。保加利亚乳杆菌产生了极具特色的香味化合物——乙醛；而唾液链球菌嗜热亚种通过将乳糖转化成乳酸产生了新鲜的酸味,而且发酵后可减少牛乳中的乳糖,对一些乳糖不耐受的人群健康有益。两种细菌都能产生胞外多聚物,使产品具有特征性的黏度。接种后,凝固型酸乳被分装至容器中发酵,培养温度保持在30～45℃。

(3) 双歧杆菌乳 双歧杆菌是乳酸菌中一种具有重要生理功能的菌种。双歧杆菌发酵制品工业化生产的困难在于该菌是一类专性厌氧乳酸菌,对厌氧环境及营养成分要求比较高,在5～10℃下存放7d活菌死亡率为96%。选择添加何种双歧杆菌生长因子,是解决问题的关键。

日本研制的促进双歧杆菌生长的双歧杆菌生长因子达数十种,目前仍不断开发新的品种。我国科学家结合我国实际情况,充分利用农副产品研制新型双歧杆菌生长因子,这成为研究开发新型高效双歧杆菌生长因子的一种方式。他们对各种农副产品和中药材进行了广泛的普查试验,研制了几种高效的双歧杆菌生长促进物质,其中大豆和青刀豆的促生效果被认为最好,仅需9h牛乳就能均匀地形成乳白色凝乳,也无异味。另外,等量大豆和青刀豆混合磨浆后的提取液或加入复合蛋白酶和淀粉酶的双酶水解液均具有高效的促进双歧杆菌增殖的作用。而且该促生剂由天然豆类制成,具有色淡、味纯、安全、高效而价廉的特点,人们在饮用活菌饮品的同时也口服了大量双歧杆菌生长因子,对促进身体健康更有益。

3. 谷类发酵食品

(1) 面包 面包的质地主要受到脂肪、乳化剂和氧化剂的影响,而面包发酵速度则由酵母、脂肪和氧化剂等决定。在发酵过程中,酵母产生的酶起着关键作用,其他添加酶(例如淀粉酶)则可促进混合、发酵,有利于面包的烘焙以及存放。现代生物技术将更多利用改良的酶来控制这一复杂过程。整个发酵过程要达到三个主要目标:发酵(产生 CO_2)、出味和面团疏松膨胀。最后,把发酵面团放在炉中烘烤,杀死产品中活的微生物,以便出售和食用。

(2) 食醋 目前,高浓度(15%)的醋在国际市场上大受欢迎,而我国市场上很少见到醋酸含量大于10%的深层发酵食醋的产品,其中一个很重要的原因是不具备能适应高浓度醋酸条件下进行发酵的醋酸杆菌菌株。现代生物技术中,酶技术在食醋生产中得到了应用,酶法通风回流制醋。该法的特点是:①用α-淀粉酶制剂将原料淀粉液化后,再加麸曲糖化,提高了原料的利用率;②采用液态酒精发酵,固态醋酸发酵的发酵工艺;③醋酸发酵池近底处设假底,假底下面的池壁上开设通风洞,可让空气自然进入,利用固态醋醅的疏松度,使醋酸菌得到充足的氧气;④利用假底下积存的温度较低的醋汁,定时回流喷淋在醋醅上,以降低醅温,从而调节发酵温度,保证发酵在适当温度中进行。

九、酶与食品加工生产

生物技术中对食品工业生产影响最大的还是酶工程和发酵工程。近年来,随着酶工程应用技术的逐步成熟,酶工程应用技术也得到了广泛推广,在食品加工中,可以参与食品加工的各个环节,有效发挥各类酶在保障食品安全与质量方面的作用,提高食品生产企业的生产效率,提升产品的质量,促进食品的多样化发展,为人们的健康饮食提供保障。

1. 酶在食品生产中的作用

酶是现代食品加工技术中必不可少的要素。食品加工中常使用的酶(表6-1)大多数来自参与发酵的微生物,这些酶中60%属于蛋白质水解酶类、10%属于糖水解酶类、3%属于脂肪水解酶类,其余部分为较特殊的酶类。现在也直接添加外源酶来改进工艺。由于酶能在接近室温的条件下起反应,不需高温高压,有高度特异性、副产物少和安全性好等优点,因而越来越得到食品工业的重视,其应用范围也得以不断拓展。例如,蛋白酶类已在阿斯巴甜蛋白糖的生产中发挥了作用,胆固醇降解酶用于分解食品中的胆固醇,葡萄糖异构酶大量地应用于高果糖浆的生产。酶可以促进甚至取代机械加工,在工业生产上已基本用酶来水解淀粉。酶还可改良保健食品中的有效成分。例如,在牛乳中添加乳糖酶,可以充分使乳糖降解为半乳糖和葡萄糖,以利于人体充分吸收,从而避免因乳糖无法穿透肠黏膜,以致滞留在肠道中被细菌发酵后积聚水和气体,造成腹胀或腹泻。

表 6-1　食品加工中常使用的酶

工业	使用的酶	花费/万美元
酿造	α-淀粉酶、β-淀粉酶、蛋白酶、木瓜蛋白酶、淀粉葡萄糖苷酶、木聚糖酶	3000
乳制品	动物/微生物凝乳酶、乳糖酶、脂肪酶、溶菌酶	9000
面包	α-淀粉酶、木聚糖酶、蛋白酶、磷脂酶 A 和 D、脂肪氧合酶	2000
果蔬加工	果胶脂酶、多聚半乳糖醛酸酶、果胶裂合酶、半纤维素酶	1800
淀粉和糖	α-淀粉酶、β-淀粉酶、葡糖淀粉酶、木聚糖酶、支链淀粉酶、异构酶、寡聚淀粉酶	12000

酶在食品工业中的应用包括增加食品产量、提高食品质量、降低原材料和能源消耗、改善劳动条件和降低成本,甚至可以生产出用其他方法难以得到的产品,促进新产品、新技术和新工艺的兴起和发展。未来,利用 rDNA 技术生产的食品酶将会越来越多。凝乳酶是一个典型的例证,在美国和加拿大,它已占据 80% 以上的市场份额。要让人们接受利用 rDNA 技术来生产的凝乳酶或其他酶,必须具备以下条件:①酶的制备没有任何生物加工和纯化步骤;②在终产品中没有活的经 rDNA 技术改良的微生物。在酶的可用性、纯度和成本方面,取得的改进越来越显著,可以提高食品的品质,使消费者受益,具体例子有用于乳糖水解的乳糖酶、用于高果糖玉米糖浆水解的 α-淀粉酶和淀粉葡萄糖苷酶以及用于啤酒熟化和双乙酰基还原的乙酰乳酸脱羧酶。

2. 酶在食品加工和生产中的具体应用

酶在食品加工和生产中主要应用于淀粉加工,乳品加工,水果加工,酒类酿造,肉、蛋、鱼类加工,面包与焙烤食品的制造,食品保藏,以及甜味剂制造等工业。

(1) 酶在淀粉加工中的应用　用于淀粉加工的酶有 α-淀粉酶、β-淀粉酶、葡萄糖淀粉酶(糖化酶)、葡萄糖异构酶、脱支酶以及环糊精葡萄糖基转移酶等。淀粉加工的第一步是用 α-淀粉酶将淀粉水解成糊精,即液化。第二步是通过上述各种酶的作用,制成各种淀粉糖浆,例如,高麦芽糖浆、饴糖、葡萄糖、果糖、果葡糖浆、偶联糖以及环糊精等。各种淀粉糖浆糖成分不同,其性质也各不相同,风味各异。

(2) 酶在乳品加工中的应用　用于乳品工业的酶有凝乳酶、乳糖酶、过氧化氢酶、溶菌酶及脂肪酶等(表 6-2)。凝乳酶用于制造干酪;乳糖酶用于分解牛奶中的乳糖;过氧化氢酶用于消毒牛奶;溶菌酶添加到奶粉中,用以防止婴儿肠道感染;脂肪酶可增加干酪和黄油的香味。

(3) 酶在水果加工中的应用　用于水果加工和保藏的酶有果胶酶、柚苷酶、纤维素酶、半纤维素酶、橙皮苷酶、葡萄糖氧化酶以及过氧化氢酶等。果胶在酸性和高浓度糖溶液中可以形成凝胶,这一特性是制造果冻、果酱等食品的物质基础,但是在果汁加工中果胶却会导致果汁过滤和澄清发生困难。果胶酶可以催化果胶分解,使其失去产生凝胶的能力。工业上用黑曲霉、文氏曲霉或根霉所生产的果胶酶处理破碎的果实,可以加速果汁过滤,促进果汁澄清,提高果汁产率。

表 6-2 酶在乳品加工中的应用

酶	应用实例牛乳凝乳
酸性蛋白酶	加速干酪成熟和脱苦,酶改性干酪,低致敏性牛乳制品的生产
中性蛋白酶和肽酶	加速干酪成熟,酶改性干酪,干酪的风味改善,乳脂产品的结构改性
脂肪酶	减少乳清制品中的乳糖
β-半乳糖苷酶(乳糖酶)	牛乳的冷杀菌
乳过氧化物酶	替代凝块水洗类干酪(如高达干酪)和多孔类干酪(如埃门塔尔干酪)中使用的硝酸盐
溶菌酶	巴氏杀菌奶

在制造橘子罐头时,用黑曲霉所生产的纤维素酶、半纤维素酶和果胶酶的复合酶处理橘瓣,可以从橘瓣上去囊衣。用柚苷酶处理橘汁,可以除去橘汁中带苦味的柚苷。加黑曲霉、橙皮苷酶于橙汁中,可以将不溶化的橙皮苷分解成水溶性橙皮素,从而使橙汁澄清,也脱去了苦味。用葡萄糖氧化酶和过氧化氢酶处理橙汁,可以除去橙汁中的 O_2,从而使橙汁在贮藏期间保持原有的色香味。

果胶酶是果汁生产中最重要的酶制剂之一,已被广泛应用于果汁的提取和澄清、改善果汁的通量以及植物组织的浸渍和提取。在许多国家,添加果胶酶已是制造澄清或者浓缩的草莓汁、葡萄汁、苹果汁及梨汁的标准加工作业。大部分原果汁、浓缩果汁的生产过程中,都在使用果胶酶,但各种水果中果胶含量差别较大,而且果胶质的成分也有差异,因此,应根据水果的不同品种、不同加工目的来确定合适组成的果胶酶。

(4) 酶在酒类酿造中的应用 啤酒以大麦芽为原料,在大麦发芽过程中,呼吸使大麦中的淀粉损耗很大,很不经济。因此,啤酒厂常用大麦、大米、玉米等作为辅助原料来代替一部分大麦芽,但这将引起淀粉酶、蛋白酶和 β-葡聚糖酶的不足,使淀粉糖化不充分,蛋白质和 β-葡聚糖的降解不足,从而影响了啤酒的风味和产率。工业生产中,使用微生物的淀粉酶、中性蛋白酶和 β-葡聚糖酶等酶制剂来处理上述原料,可以补偿原料中酶活力不足的缺陷,从而增加发酵度,缩短糖化时间。

在啤酒巴氏灭菌前,加入木瓜蛋白酶或菠萝蛋白酶或细菌酸性蛋白酶处理啤酒,可以防止啤酒混浊,延长保存期。

糖化酶代替麸曲,用于制造白酒、黄酒、酒精,可以提高出酒率、节约粮食、简化设备等。

果胶酶、酸性蛋白酶、淀粉酶用于制造果酒,可以改善果实的压榨过滤性能,使果酒澄清。

(5) 酶在肉、蛋、鱼类加工中的应用 老龄动物的肌肉,由于其结缔组织中胶原蛋白高度交联,机械强度很大,烹煮时不易软化,难以咀嚼。用木瓜蛋白酶或菠萝蛋白酶、米曲霉蛋白酶等处理,可以水解胶原蛋白,从而使肌肉嫩化。工业上嫩化肌肉的方法有两种:一种是宰杀前,肌注酶溶液于动物体;另一种是利用蛋白酶水解废弃的动物血、杂鱼以及碎肉中的蛋白质,然后抽提其中的可溶性蛋白质,以供食用或饲料。这是开发蛋白质资源的有效措施,其中以杂鱼的利用最为瞩目。

用葡萄糖氧化酶和过氧化氢酶共同处理,以去除禽蛋中的葡萄糖,消除禽蛋产品"褐变"的现象。

(6) 酶在面包与焙烤食品制作中的应用 焙烤食品在面团中添加淀粉酶、蛋白酶、转化酶、脂肪酶等(表 6-3),可使发酵的面团气孔细而均匀、体积大、弹性好、色泽佳。

木聚糖酶在食品工业中的应用主要是在小麦改良方面。就面包而言，木聚糖酶的添加主要在制作过程及防止老化这两方面起着积极的作用。

许多试验观察得出，适量添加木聚糖酶的面团弹性显著增强；切分、搓团、成型时易于操作；面团的形成时间和稳定时间明显缩短，醒发后的面团体积明显增加；烘烤后的面包不仅表皮颜色适中且硬度下降，而且质地洁白、组织细腻、气孔均匀，入口松软且有咬劲。

面包在储藏过程中会产生非常显著的老化现象：表皮干裂、内部组织变硬、易掉渣、风味损失等，丧失了食用功能。面包老化主要是由水分的损失、重新分配及结构的变化所导致的。适量添加木聚糖酶，导致黏度更高的物质显著增加，提高了面包在贮藏过程中的持水性，优化了面筋网络，从而阻碍了水分的损失和重新分配，稳定了面包的组织结构，面包在贮藏7d后，其硬度和弹性没有明显的变化。木聚糖酶同样可以应用在馒头、蛋糕等其他小麦食品中，通过改善面团的持水性和面筋结构进而改善其品质，并延长其货架期。

表 6-3 不同的酶在面包制作中的大致作用

酶种类	改善面筋网络	保气性/增大体积	改善颜色和风味	改善面包瓤结构	改善货架期性质
淀粉酶类	—	√	√	√	√
蛋白酶类	√	—	—	—	—
木聚糖酶类	√	√	—	√	—
氧化酶类	√	√	—	—	—
脂肪酶类	—	√	√	√	—

十、生物技术与食品添加剂

1. 功能性甜味剂

功能性甜味剂是指具有较低热量，能被高血压、糖尿病患者食用，具备独特生理功能的甜味剂，主要包括功能性低聚糖和糖醇两大类。

(1) 功能性低聚糖 低聚糖可从天然食物中提取，也可用微生物酶法转化或水解法制取。食品中使用的低聚糖大多由微生物生产，是微生物分泌到胞外的一种物质。生产用的细菌主要是假单胞菌和肠膜明串珠菌。功能性低聚糖的生理活性，主要表现在以下几个方面：①低热值，难以被人体消化，有食物纤维的作用，不会引起血糖升高；②对人体内的双歧杆菌具有增殖作用，能抑制肠道内有害菌和腐败物质的形成，增加纤维素的含量，增强机体免疫力；③防龋齿功能，新型功能性低聚糖不被口腔突变链球菌利用，不引起蛀牙；④可使血清中的低密度脂蛋白降低，高密度酶脂蛋白升高，有利于防止心脑血管疾病；⑤提高人体的免疫力，防止癌变。

(2) 糖醇 糖醇是由相应的糖分子经镍催化加氢而成。用作功能性甜味剂的主要有：木糖醇、山梨糖醇、麦芽糖醇、甘露糖醇、乳糖醇和赤藓醇等。糖醇的生理功能有：①低热值，其热值远远低于蔗糖，大部分被小肠吸收，其余的从尿液中排泄，可预防肥胖；②糖醇在体内的代谢不受胰岛素控制，不会引起血糖升高，因此可供糖尿病人食用，此外，糖醇还具有降血脂的功能；③预防龋齿；④在食品加工过程中，糖醇不会发生美拉德褐变。

糖醇的这些生理功能和其优越的加工性能，决定了它在食品工业中的重要性。糖醇在食品工业中的应用主要是生产糖果、口香糖、乳制品及饮料。

2. 高甜度新型甜味剂

（1）阿斯巴甜 阿斯巴甜简称 APM，化学名为天门冬氨酰苯丙氨甲酯，由 L-天门冬氨酸和 L-苯丙氨酸缩合而成。APM 味如白糖，甜度为蔗糖的 150～200 倍，热量低。同等甜度的 APM 在体内放出的热量仅为蔗糖的 1/200。实验证明，APM 在体内能迅速代谢，不会积存，安全可靠。1975 年，JECFA 对阿斯巴甜作了安全评价，认为无致癌等毒理作用，因此被列为 A1 级安全无害食品，被认为是利用生物技术方法发展的最安全的、最受欢迎的新型甜味剂。目前，已有包括中国在内的 50 多个国家和地区正式批准使用，被广泛应用于调味品、速溶茶、果冻、布丁等食品中。

（2）甜蜜素 甜蜜素的商品名为 Cyclamate，它的化学名为环己氨基磺酸钠，为白色粉状晶体。甜蜜素的甜度是蔗糖的 50～80 倍，甜味较纯正，可代替蔗糖，也可与蔗糖混合使用，能保持食品风味，延长食品的保质期，同时也具有低热值等特点。1984 年 7 月，美国科学技术委员会的研究表明甜蜜素没有致癌性，在肠道内不完全吸收，对人体安全无害，已在 80 多个国家批准允许使用。目前在国内市场上作为糖的替代品，正逐步取代糖精，用于饮料、糕点、蜜饯及日用化学品。

（3）甜菊苷 甜菊苷是从甜味菊中提取的一种二酰烯类糖苷。纯甜菊苷为白色粉末状结晶体，易溶于水，有较好的耐热性和稳定性，其甜度为蔗糖的 200～300 倍，可单独使用，也可与蔗糖、果糖等混合使用。它使用后不被人体消化吸收，不产生能量，所以是适合糖尿病、肥胖病患者的天然甜味剂，同时它具有降低血压、促进代谢、治疗胃酸过多等功能。然而美国食品药品管理局（FDA）在过去的 10 年里 3 次拒绝将其作为食品添加剂的申请，认为它的安全性还没有获得充分的认识，欧盟等国家和地区也是如此认为。但中国、日本、巴西等国都批准甜菊苷作为食品添加剂使用，目前的研究报道也显示，尚未发现甜菊苷直接危害人体健康的证据。

（4）甜蛋白 甜蛋白是从天然资源中提取的一类天然甜味剂，具有甜度高、热量低、不致龋、安全性好的特点。迄今为止，在植物中找到了 7 种甜蛋白，分别是：嗦吗甜、应乐果甜蛋白、马槟榔甜蛋白、培他丁、布那珍、仙茅甜蛋白、奇异果甜蛋白。甜蛋白与化学合成的甜味剂相比有以下优点：甜味纯，口感好；无毒，不致癌。甜蛋白正是人们所期待的一类理想的甜味剂。1979 年，日本允许嗦吗甜作为一种安全的天然食品使用；1982 年，英国毒理学委员会将嗦吗甜的安全级别定为 A 级，并推荐用作食品添加剂；1983 年，由英国 Tate & Lyle 公司从植物中提取，以"肽灵"的商品名上市；美国食品和药物管理局（FDA）批准应乐果甜蛋白为"公认安全的"（GRAS）食品添加剂。在国外有多家公司生产甜蛋白，可应用于食品、饮料、糖果、蜜饯、乳制品、保健品、宠物饲料以及医药、化妆品中作为添加剂或辅料。不过，由于它们是蛋白质组成，稳定性不如蔗糖，因而应用范围有一定的局限性。尽管如此，目前甜蛋白在全球仍有几十亿美元的销售市场。

（5）二氢查尔酮 二氢查尔酮是许多种有甜味的衍生物的总称，包括橘皮苷二氢查尔酮、柚皮苷二氢查尔酮、新橙皮苷二氢查尔酮等，为无营养型甜味剂，它们的甜度是蔗糖的 100～1000 倍不等，且呈水果甜味、无后苦，室温下 pH 2.0 以上稳定。橘皮苷二氢查尔酮是以橘皮苷为原料，切去其糖基上的鼠李糖残基，在碱性条件下加氢，再接上几个葡萄糖基而成的，它在水中的溶解度可达到 1%，这样就可以方便的应用到食品饮料之中，而且二氢查尔酮甜味剂具有特殊的水果甜味和香气，添加到水果饮料中是理想的选择。

（6）其他 另外，还有三氯蔗糖、甘草甜素、罗汉果糖苷、阿力甜等甜味剂也是具有很好发展前途的新型甜味剂，必将在今后食品工业的发展中占有一席之地。

3. 其他食品添加剂

(1) 食用有机酸　食用有机酸是重要的食品添加剂，常用的包括柠檬酸、醋酸、乳酸、苹果酸、葡萄糖酸和酒石酸，其中以柠檬酸的产量和用量最大。这些有机酸都需要通过微生物发酵制成。柠檬酸在食品工业中应用广泛，如饮料、糖果、果酱的生产，水果的保存等。它是以糖蜜为原料，经过黑曲霉发酵而生产的。其他有机酸分别利用醋酸杆菌、曲霉、德氏乳杆菌、葡糖杆菌和根霉等发酵而成。

(2) 氨基酸和维生素　氨基酸在食品与饮料工业中，常作为鲜味剂和营养添加剂使用。作为鲜味剂的有谷氨酸和天冬氨酸的钠盐，甲硫氨酸、赖氨酸、色氨酸、半胱氨酸、苏氨酸和苯丙氨酸等常作为营养添加剂。氨基酸的世界年产量超过 60 万吨，日本是主要生产国，占有 1.5 亿美元的全球市场。谷氨酸和赖氨酸是发酵生产的两种主要氨基酸，分别由棒状杆菌和短杆菌生产。通过广泛筛选突变株，已培育了一些高产菌株，DNA 技术还将进一步提高菌株的生产能力。

维生素通常是生物体内的辅酶或辅基，维生素缺乏会影响酶的活性，进而影响生物体的代谢功能，严重的维生素缺乏还能导致多种疾病的产生。因此维生素常作为食物的补充剂，目前维生素大多由微生物生产。

(3) 调味剂或调味增强剂　最有名的调味剂是谷氨酸钠（味精），目前主要由天然微生物或工程微生物发酵产生。此外，酶降解酵母菌 RNA 产生的核酸衍生物也是很好的调味剂。目前，世界市场对食品调味剂的需求量价值在 20 亿美元左右，并在不断增加。通过运用基因工程和改善酶的特性，生物技术将对这一市场产生深远影响。

第二节　生物技术与食品包装

随着人们生活水平的提高和消费观念的改变，人们更关注食品的内在营养和卫生安全，同时提倡绿色消费，这就对食品包装提出了更高的要求，这在很大程度上需要借助于生物技术。现代生物技术在食品包装中的应用将促进食品包装行业的创新，推动包装行业的发展。现代生物技术在食品包装上的应用主要是制造一种有利于食品保质的环境，以改变食物贮藏方式和贮藏期。

一、基因工程在食品包装中的应用

塑料作为四大包装材料之一，由于其质轻、强度好，用量逐年递增。但用石油产品制成的传统塑料，其废弃物很难降解，是白色污染的主要来源，因而，可降解塑料成为当今的研究热点。可生物降解塑料是环境友好的、可替代石化聚合物的新型材料。聚 β-羟基脂肪酸（PHA）是一类微生物合成的聚合物，其结构简单，是可生物降解材料研究的热点。而聚 β-羟基丁酸（PHB）是 PHA 中最典型的一种。目前，PHB 的生产成本依然太高，用细菌发酵生产的成本至少是化学合成聚乙烯的 5 倍，这严重限制了 PHB 在商业上的应用。为降低 PHB 的生产成本，提高 PHB 与传统塑料的市场竞争力，可向植物体内引入 PHB 生物合成途径，以植物为表达载体，利用 CO_2 及光能合成。这是大规模廉价生产 PHB 的一种很有前景的方法，用转基因植物来生产 PHB 是降低生产成本的较好选择。

John 等从纤维的改性出发，研究了 PHB 合成基因在棉花中的表达情况。另外，利用蓝细菌生产 PHB 也很有研究前景，它生长周期短、繁殖快，成本更低。

在食品保藏、贮运方式上，利用基因工程可延长食物的贮藏期，改变传统的贮运方式。

如通过转基因技术生产的延熟番茄，主要通过乙烯合成途径调控，抑制乙烯合成，从而达到延迟成熟、耐贮藏的目的。主要对乙烯合成过程中的 ACC 合成酶、ACC 氧化酶进行转基因工程，利用 ACC 合成酶和 ACC 氧化酶的反义 RNA 表达来延迟成熟，可一直保持在绿熟期，外源喷施乙烯后才能成熟，因此，这类番茄完全可以在常温下保藏、贮运，降低保藏成本，延长货架寿命。基因工程要使食品包装更加环保，同时降低成本，这还需要研究人员长期的努力。

二、酶工程在食品包装中的应用

生物酶是一种催化剂，可用于食品包装而产生特殊的保护作用，主要包括：将生物酶直接用于食品包装的前期处理或包装用辅剂，使食品在包装后能够很好地保鲜、保质；将生物技术用于制造具有特殊功能的包装材料，如在包装纸、包装膜中加入生物酶，使其具有抗氧化、杀菌、延缓食品中酶的反应速度等功能；也可将多种生物酶与相关成分配制成防霉、防氧化等食品保鲜剂，使之单独或混入食品包装容器中，达到延长食品货架寿命的目的。作为生物技术在食品包装上的应用，生物酶工程将最先发挥效能。研究已证实，生产酶制剂用于食品包装，对人也是最安全的。可用于食品包装的酶的种类很多，这里重点介绍三种酶在食品包装中的应用。

1. 葡萄糖氧化酶

葡萄糖氧化酶（EFAD）对食品有多种作用，在食品保鲜及包装中最大的作用是除氧，延长其食品保鲜期。食品在贮藏保存过程中如何保持色、香、味的稳定性，这是食品工业的一个重要技术课题。除微生物的腐败变质外，最主要的变质因素之一就是氧化。除氧是食品保藏中的必要手段，很多除氧方法效果都不佳。从选择抗氧剂的特性来说，利用葡萄糖氧化酶除氧是一种理想的方法，葡萄糖氧化酶具有对氧非常专一的理想抗氧化作用。对于已经发生的氧化变质作用，它可以阻止进一步发展，或者在未变质时，它能防止发生。国外已采用各种不同的方式应用于茶叶、冰淇淋、奶粉、罐头等产品的除氧包装，并设计出各种各样的片剂、涂层、吸氧袋等用于不同的产品中除氧。每瓶啤酒只需加入 10 单位 EFAD，可使溶解氧从 $2.5mg/L$ 降为 $0.05mg/L$，去氧率达 98%，去氧效果之佳是其他同类产品所无法比拟的。

此外，有多项试验发现葡萄糖氧化酶与食品相关的多种用途。商业上有将葡萄糖氧化酶直接加入罐装葡萄酒中来防止容器氧化变质。在瓶装啤酒中加葡萄糖氧化酶防止铁的溶出也颇见成效，经过处理的啤酒贮藏 10 个月与未处理的贮藏 3 个月的啤酒铁的含量相同。在 600mL 瓶装啤酒中加入葡萄糖氧化酶能显著降低瓶颈空气中含氧量，可以防止在巴氏杀菌时产生有害的氧化过程，还可防止因氧混浊，增加保存期。另外，还可将葡萄糖氧化酶用于金属包装的防腐。

2. 细胞壁溶解酶

细胞壁溶解酶最大的特点是消除某些微生物的繁殖，而让某些有益细菌得以繁殖。在食品包装上更多的是用作防腐剂。例如，细胞壁溶解酶中的卵清溶菌酶就被用作代替有害人体健康的化学防腐剂，对食品进行保鲜贮藏。溶菌酶可用于清酒的防腐，研究发现，$15mg/kg$ 溶菌酶防腐效果与 $250mg/kg$ 的水杨酸相当，还可有效避免水杨酸对胃肠的刺激，是一种良好的防腐剂。溶菌酶在含食盐和糖等的溶液中稳定，耐酸、耐热性强，可用于水产、香肠、奶油和生面条的保藏，有效延长保藏期。

将溶菌酶固定在食品包装材料上，可生产出有抗菌功效的食品包装材料，以达到抗菌保鲜功能。肉制品软包装如果在产品真空包装前添加一定量的溶菌酶（1%～3%），然后巴氏杀菌（80～100℃，25～30min），可获得很好的保鲜效果，同时可以有效防止高温灭菌处理后制品脆性变差甚至产生蒸煮味。

用细胞壁溶解酶对食品进行保鲜贮藏时，应考虑以下问题：第一，专一性强，只对某些微生物有作用；第二，敏感的对象菌株，在超出生长的某一时期以外酶的效果降低；第三，对食品中的细菌芽孢无作用；第四，像酵母等微生物，只有加热处理后的菌体才能被分解；第五，对溶菌有抵抗性的变异菌株很快出现。这些都限制了酶的应用。卵清溶菌酶对革兰氏阴性菌无效或少效，因此有时会因革兰氏阴性菌大量繁殖而使保藏失效。如将溶菌酶与甘氨酸同用，由于发挥了协同作用，对革兰氏阴性细菌的溶菌力可显著提高。

3. 转谷氨酰胺酶

转谷氨酰胺酶广泛分布在自然界，包括人体、高级动物、一些植物及微生物中，是一种催化酰基转移反应的酶。它能够通过形成蛋白质分子间共价键，催化蛋白质分子聚合和交联，因而它能使食品小分子结合在一起。把低价值的肉、鱼肉的碎片与配料结合在一起，在酶作用下，改变它们的结构、形状和特性，可以制成多种食品，大大提高它们的市场价值。例如，做成各种鱼酱、汉堡、肉卷和鲨鱼鳍仿制品等。由于该酶的作用特殊，其在食品工业中有广泛的应用前景。研究发现，转谷氨酰胺酶聚合作用还有增加蛋白质热稳定性等功能，酶的添加量控制在0.2%～0.3%，其机械性能和阻隔性能都可达到包装要求，适宜用作食品的内包装纸。

三、包装检测指示剂在食品包装中的应用

反映商品质量的信息型智能包装技术，主要是利用化学、微生物和动力学的方法，通过指示剂的颜色变化，记录包装商品在生命周期内商品质量的改变，主要研究成果有包装渗漏指示剂和保鲜指示剂。目前记录包装内环境的变化采用渗漏指示剂，这种指示剂的关键意义在于具有可直接给出有关食品质量、包装和预留空间气体、包装的贮存条件等信息的能力。例如，包装破损是包装商品在生产、仓储、运输和销售过程中最严重的质量问题，特别是对于食品包装。可采用包装破损信息指示剂来显示破损信息。该指示剂以氧敏性染料为基础，适用MAP（气调包装）食品质量控制。该指示剂中还含有吸氧成分，可延长食品的货架寿命，并能防止指示剂与MAP中残留的O_2发生反应。还有利用漆酶催化促酶反应，指示剂遇氧发生反应，产生快速的颜色变化，从而显示包装破损信息。

保鲜指示剂通过对微生物生长期间新陈代谢的反应，直接指示食品的微生物质量。如可将肌红蛋白保鲜指示剂贴在内装新鲜禽肉的包装浅盘的封盖材料内表面，其颜色变化与禽肉质量直接相关联。

四、生物信息技术在食品包装检测中的应用

生物信息技术中最重要的生物载体是生物芯片。生物芯片在包装中的应用主要包括以下几个方面。

1. 生物芯片检测食品中致病微生物

传统的微生物生化培养检测方法需要经过几天的微生物培养和复杂的计数，操作费时而繁杂，不能及时反映食品生产过程和销售过程中的污染情况，且灵敏度不高。而生物芯片，不仅可快速、灵敏检测出食品包装中的致病微生物，而且一次可以检测多种微生物及同种微生物的不同菌株和亚型。

2. 生物芯片检测包装物特定蛋白质

在食品包装技术中，各种包装工艺对食品的蛋白质成分都会产生不同程度的影响，而食品的各种蛋白质的组成和含量，直接决定了包装商品的质量和风味。在开发新产品时，需要对某些蛋白质进行检测。采用生物芯片可一次性对多种蛋白质进行检测。

3. 包装毒理性分析与检测

许多包装材料不同程度地存在一定的毒性，特别是包装材料与包装物之间存在成分相互扩散，某些有毒成分如重金属在商品贮存期内会扩散进入食品中。因此，对包装和商品进行毒性评价，是包装技术研究过程中一个十分重要的环节，也是维护人类健康和保护环境的重要环节。

第三节 生物技术与食品检测

所有食品加工提供的产品必须没有有害微生物或其毒素的污染。食品成分及污染物的传统检验方法，都不同程度存在着操作烦琐、耗时、特异性差等不足。随着现代生物技术的飞速发展，人们开始运用包括聚合酶链式反应技术、核酸探针技术、DNA芯片和微阵列技术、抗体检测系统等现代生物技术手段取代许多传统的检测方法来进行食品检测。

一、聚合酶链反应技术（PCR）的应用

PCR技术具有快速、特异、灵敏的特点，在检测食品中致病微生物和追踪传染源方面已被广泛应用，该方法尤其适合于那些培养困难的细菌和抗原性复杂的细菌检测鉴定。

1. 沙门菌的检测

沙门菌是一种重要的人畜共患传染病病原，主要寄生在人和动物的肠道，引起人的食物中毒、急性胃肠炎和动物腹泻。因此，不管是食品卫生还是动物检疫，沙门菌是必检项目之一。现在可采用PCR诊断试剂盒来检测，结果发现，用该试剂盒检测人工感染和自然发病动物血液、粪便中的沙门菌，阳性率均比培养法高，且培养法检测阳性的样品在PCR法中均为阳性，而且PCR法仅需几小时，相比于培养法烦琐的步骤，大大缩短了检测时间。

2. 肉毒杆菌的检测

肉毒杆菌毒素可引起各种动物发生中毒性疾病，毒株鉴定靠检测毒素以证明。Szabo等建立了检测A~E型毒素基因的PCR技术，并应用于马肉毒杆菌病例调查，用鼠生物学实验从马血清、便、肠内容物检测出B型神经毒素，用PCR技术也毫无例外地全部检出。结果准确且速度更快。

3. 李斯特单核增生菌的检测

李斯特单核增生菌是一种聚集性的革兰阳性杆菌。在李斯特属的所有细菌中，李斯特单核增生菌似乎是唯一的人类病原菌，已发生过几次食物污染李斯特单核增生菌引起的食物中毒。PCR已成为李斯特单核增生菌检测的技术基础。检测的目标基因是李斯特单核增生菌细胞溶血素基因（$hlyA$），这也是李斯特单核增生菌呈现毒性的必需基因。

4. 病毒的检测

对那些难以进行病毒培养和血清学检验的病毒，用PCR法可快速检测与诊断。鸡传染性喉气管炎（ILT）是由鸡传染性喉气管炎病毒（ILTV）引起的一种急性呼吸道传染病。

该病在临床上易与其他呼吸道疾病，如鸡传染性支气管炎（IB）、鸡新城疫（ND）等相混，给该病的鉴别诊断带来困难。康复鸡往往成为带毒者，因此该病原的检测和诊断对于有效控制该病尤为重要。目前，诊断该病主要采用病原分离鉴定和血清学诊断等方法，但这些方法都较烦琐，且特异性、敏感性较差，不能满足现代养禽业和食品卫生发展的需要。采用PCR方法能快速鉴定出病原体。

二、核酸探针技术的应用

核酸探针指的是能与特定的靶分子（DNA或RNA）发生特异性互补结合，并可用特殊方法检测的已知序列核酸分子。作为探针的核酸分子，必须在其分子中做上标记，才能起到检测目的核酸的作用。

DNA探针与病原体微生物的基因互补，必须将食物样品预先进行处理，让所含的微生物细胞溶解，释放它们的DNA。微生物DNA从双链变为单链，此时加入探针，然后单链DNA探针与食物中病原体微生物释放的单链DNA开始杂交（互补链的退火），没有与探针杂交的DNA通过样品的清洗去除，此时与DNA探针杂交的DNA就被检测出来。DNA探针是最常用的核酸探针，它多为某一基因的全部或部分序列，或某一非编码序列，可以是双链DNA也可以是单链DNA。DNA探针种类很多，有来源于细菌、病毒、原虫和真菌的DNA探针，也有源自动物和人类细胞的DNA探针。作为探针的DNA片段必须是特异的，即探针仅与其对应的DNA或RNA结合，而不与其他非靶核酸结合。这些DNA探针的获得依赖于分子生物学的发展以及研究数据的积累和应用。核酸探针技术已被用于检测食品中一些常见的病原菌，如大肠杆菌和沙门菌等。同时在检测食品中其他致病菌及产毒素菌等方面也有广泛的应用。

1. 大肠杆菌的检测

产肠毒素大肠杆菌是引起人和动物腹泻的主要病原之一。放射性同位素标记的核酸探针正被广泛地用于产肠毒素大肠杆菌的快速检测中，Hill等人曾用[α-^{32}P]标记的DNA探针检测了污染食品中产热敏肠毒素大肠杆菌，其敏感性达100个细菌/g。此法虽适于大样本的检测，但半衰期短，对人体有危害，不适合作为常规诊断和食品检验实验室使用。国内学者用生物素标记的编码大肠杆菌耐热肠毒素的DNA片段作为基因探针，检测了污染食品（包括鲜猪肉、鸡蛋、牛乳）中的产耐热肠毒素大肠杆菌。本法特异、敏感而又没有放射性，同时也不需要进行复杂的增菌和获得纯培养物，节省了检测时间，减少了由质粒决定的毒力丧失的影响，从而提高了检测的准确性。

2. 沙门菌的检测

沙门菌是重要的人畜共患致病菌及食物中毒性细菌之一，广泛地分布于自然界及畜禽体内。由该菌引起的食物中毒占细菌性食物中毒的首位。常规的分离培养检测方法费时（需4~6d）、费力；血清学检测方法虽具有快速、简便等优点，但特异性及敏感性却不够理想。本法具有高度的特异性，敏感性为80个细菌/g，从而为食品中沙门菌的检验提供了一种快速、特异、敏感和安全的检测方法。

三、DNA芯片与微阵列技术的应用

生物芯片也称微阵列，它是根据生物分子间特异相互作用的原理，将生化分析过程集成于芯片表面，从而实现对DNA、RNA以及其他生物成分的高通量快速检测。利用微电子、微机械、化学和物理技术、计算机技术，使样品检测、分析过程实现连续化、集成化、微型化。因此，生物芯片具有多元化、自动化、高通量、检测时间短、样品用量少和便于携带等优点。根据芯片上固定的探针不同，生物芯片包括基因芯片、蛋白质芯片、细胞芯片、组织芯片等，如芯片上固定的分子是寡核苷酸探针或 DNA，称为基因芯片或 DNA 芯片；如芯片上固定的是蛋白质，称为蛋白质芯片。该技术可广泛地应用于各种导致食品腐败的微生物的检测，及时反映食品中微生物的污染情况。

生物芯片已经在食物微生物技术中得到许多应用，例如，在病原体细菌中由酸性防腐剂接触而引发的基因表达，在作为检测手段方面优势明显，不过目前仍然处于研究和开发阶段。

四、免疫学检测系统的应用

抗原和抗体（免疫球蛋白）之间的结合特异性是免疫学检测技术的基础。在检测中，抗原是要检测的对象，而抗体是抗原刺激产生的具有对抗原特异结合能力的免疫球蛋白。目前，利用免疫学检测技术已经达到了 ng、pg 级的水平，而可利用抗原的范围也在扩大，现在无论是生物大分子还是有机小分子，都可以通过免疫技术获得相应的抗体（或单克隆抗体），这样就大大拓宽了免疫检测的应用范围。从目前的现代分子检测技术而言，免疫学检测方法是最特异、最灵敏、用途最广泛的技术之一。

免疫学检测系统技术已在食品生产及科研中得到了广泛的应用，其应用范围包括：①食品成分的检测，包括食品中蛋白质等营养成分、香气成分及某些不期望成分的检测等；②食品生产和加工过程中某些引起食品质量问题的成分检测，如定性或定量检测腐败微生物及其酶等；③食品安全性的检测，如病原微生物或微生物毒素、杀虫剂、抗生素以及食品掺假物等检测。

1. 沙门菌的检测

沙门菌是肉品污染中一种典型的病原微生物。目前出现的许多快速检测方法都利用免疫（EIA）方法，包括直接 EIA、酶联免疫分析（ELISA）等。最新的检测方法是采用特殊材料制成固相载体。如先用聚酯布结合单克隆抗体放置在色谱柱的底部富集鼠伤寒沙门菌，然后直接做斑点印迹试验。还有用单克隆抗体结合到磁性粒子（直径 28nm）上，用来检测卵黄中的肠炎沙门菌。此外，英国生物公司推出一种全自动沙门菌 ELISA 检测系统，其原理是将捕捉的抗体包被到凹形金属片的内面，吸附被检样品中的沙门菌，仅需把样品加到测定孔中，其余全部为自动分析，耗时仅 45min，而用传统的方法需要 5d，因而节省了大量的时间和劳动力。

2. 霉菌的检测

食品在贮运过程中会受到霉菌等微生物的污染，其结果不仅导致感官品质和营养价值降低，更重要的是某些霉菌能产生毒素。对霉菌的检测一般采用培养、电导测量、测定耐热物质（如几丁质）以及显微观察等，烦琐而费时。而用 ELISA 方法可以快速检出食品中的霉菌。黄曲霉毒素是由黄曲霉和寄生曲霉产生的致癌突变物。对这种真菌毒素的免疫学分析方法有放射免疫分析（RIA）和 ELISA 等，而新一代 ELISA 引入了放大机制，使 ELISA 敏感性大为提高。例如，底物循环放大机制，使碱性磷酸酶不直接催化有色物质生成，而是使 NADP 脱酸生成 NAD，NAD 进入由醇脱氢和黄素酶催化的氧化还原循环，导致有色物质的生成。这种放大机制使碱性磷酸酶的信号比标准 ELISA 放大了 250 倍。有一种专一的竞争 ELISA 微量试验盒，检测黄曲霉毒素 B_1 的灵敏度可达 25pg，为减少黄曲霉毒素 B_1 和 B_2 之间的交叉反应，用抗黄曲霉毒素 B_2 的单克隆抗体进行间接竞争 ELISA，灵敏度为 50pg。用于黄曲霉毒素检测专用的免疫试剂盒已成为世界各地分析实验室常规使用的方法。

而免疫层析技术、免疫印迹技术、酶联荧光免疫分析技术、乳胶凝集试验在食品检测尤其是微生物以及毒素检测中均有使用。总之，免疫学检测技术具有特异性强、准确性高、检测速度快等优点，在食品微生物检测中具有广泛的应用前景。

五、生物传感器检测技术的应用

食品行业基质复杂，需要检验方法的选择性好；成品质量控制都需要过程监控，需要检验方法有较强在线分析能力；农兽药残留、添加剂的添加剂量都较小，需要检验方法的检出限和灵敏度高。这几点都是生物传感器的优势，目前生物传感器在食品行业的应用包括以下几个方向。

1. 农兽药残留的检测

农兽药残留一直都是广大民众关注的重点和热点，生物传感器在农兽药残留上的应用非常广泛。国内学者王晓朋等在农药检测上以固定化乙酰胆碱酯酶为识别元件与底物碘化硫代乙酰胆碱特异性反应，采用微流控芯片与化学发光仪作为检测元件，以鲁米诺与铁氰化钾作为化学发光体系，通过流动注射分析法来检测有机磷和氨基甲酸乙酯类农药辛硫磷、敌敌畏、乐果的浓度。韩恩等把聚二烯丙基二甲基氯化铵功能化的碳纳米管在玻碳电极表面固载酪氨酸酶测定莠去津，方法操作简单、检测速度快、灵敏度高，可用于实际样品中莠去津的残留检测。在兽药检测上，杨敏采用β-激动剂核酸适配体电化学生物传感器测定莱克多巴胺、克伦特罗、沙丁胺醇、苯乙醇胺和丙卡特罗，重现性良好；国内学者利用表面等离子体共振技术将氨苄青霉素克隆抗体修饰到电极上测定乳制品中的氨苄青霉素，对氨苄青霉素的水溶液和牛奶溶液分别进行了检测，最低检测限（1.7ng/mL 和 1.8ng/mL）均低于氨苄青霉素的最大残留检测限 4.1ng/mL，验证了检测方法的可行性。

生物传感器在农兽药残留的应用还有很多，检出限低、响应速度快、专一性好是生物传感器的优势。但缺点是检测每一种农药都需要对应的催化配体，如何找到合适的催化配体比较困难，而且如果是结构类似的一类农药，则难以进行区分。

2. 真菌毒素

真菌毒素检测也是生物传感器的一个应用方向。国内学者杜祎等通过黄曲霉毒素氧化酶测定花生中的黄曲霉毒素 B_1，检测线性良好、稳定性好、专一性强。生物毒素在食品中含量较低，因此检出限低和灵敏度高的生物传感器非常适合用于生物毒素的检测。不过大部分生物传感器基于蛋白质酶，对温度、pH 等条件要求较高；而且如何找到合适的酶，找到合适的方式把酶修饰到电极上也较为困难。

3. 微生物及病毒

生物传感器也广泛应用于食品中微生物的检测，国内学者使用生物传感器对单增李斯特菌、大肠杆菌、诺如病毒、乙肝病毒等进行测定，检测方法灵敏度高、稳定性良好。但与传统的微生物及病毒检测方法不同，生物传感器通过检测微生物或者病毒的抗体、代谢产物等对微生物含量进行测定，属于间接测定，准确性相对较低，也容易受到代谢物类似的其他菌种的干扰。

4. 其他污染物和添加物

目前，可通过电子媒介体聚苯胺和纳米 TiO_2 固定辣根过氧化物酶测定火腿肠中的亚硝酸盐含量；利用牛血红蛋白与纳米金-还原氧化石墨烯结合修饰的玻碳电极对亚硝酸盐进行检测；用一种新型的壳聚糖/聚乙烯吡咯烷酮复合膜固定辣根过氧化物酶，以乙二醛作交联剂、二茂铁作媒介体，测定啤酒中的过氧化氢含量等。食品中其他污染物主要的检验方法还是理化分析法，相比于理化检验方法，生物传感器法选择性和灵敏度都高了许多，实验速度可以大幅度缩减，但是制备及使用难度大，成本也较高。

生物传感器相对起步较晚，因其优良的特性在各行业被广泛应用，其优势是分析速度快、专一性强、可以实时在线分析。分析速度快可以应用在快速检测领域，特别是对于食品这种保质期不长、容易变质的产品。专一性强让生物传感器可以针对性地对待测物进行检测，有效避免了食品中复杂的基质和各类干扰物的污染；实时在线分析技术可以应用在实时监测系统的构建，在食品行业中可以对生产线全程实时监控预警。但生物传感器属于电化学分析方法，有电化学重现性不好的缺点，因此难以像光谱法和色谱法一样成为准确稳定的标准分析方法；其次制备难度大、使用要求高，也制约着生物传感器的发展。

第四节　转基因食品的检测

转基因食品已逐步进入普通百姓的生活，但由于转基因品种对于人体的影响未经过长期检验，其对于生物多样性的影响也没有明确的结果，同时转基因物质有可能在耕种、收获、运输、贮存和加工过程中混入食品中，对食品造成偶然污染，此外由于转基因技术的特点，外源基因的性能结构，尤其是病毒基因的使用，使得人们对转基因食品的安全性产生质疑和抵制。为保护广大消费者的权益，满足其选择权和知情权，以及转基因作物可能对于生态环境的影响和出于国际贸易的需要，转基因食品的检测越来越引起重视。另外，要区分转基因与非转基因食品，对转基因食品进行选择性标记、对食品中转基因含量的多少加以限制，也需要准确有效的检测技术。

对转基因食品的食用安全性和营养质量进行评价是20世纪我国食物资源开发利用、食品产业结构调整和食品卫生监督管理的重大课题。我国自2001年5月23日实施《农业转基因生物安全管理条例》（2017年修订），条例明确提出国家建立农业转基因生物安全评价制度，实行农业转基因生物标识制度，并要求对农业转基因生物进行检测。

转基因食品的检测方法是对转基因食品进行确定、生产和管理的必要手段。转基因产品的检测，其实质就是检测转基因产品中是否存在外源DNA序列或重组蛋白质产物，因为转基因农作物的种类多、数量大，所以检测难度很大。与庞大的植物基因组相比，转基因作物中外源DNA的含量确实太小，这就要求检测技术的灵敏度非常高，特异性非常强。转基因生物的特征是含有外源基因和表现出导入基因的性状，因此，目前国际社会对植物性转基因食品的检测采用的技术路线有两条：一是检测插入的外源基因，主要应用PCR法、Northern杂交、Southern杂交、生物芯片技术等；二是检测表达的重组蛋白质，主要采用ELISA法、Western杂交及生物学活性检测等。

一、转基因食品的PCR检测

PCR技术应用于转基因食品的检测，其敏感、快速、简便的特点是其他检测技术所无法比的。PCR技术是当前检测转基因食品的常用方法，目前它对转基因食品的定量检测方法日趋成熟，而对特定转基因生物的DNA进行定量检测的研究也迅速发展。目前，大多数植物性转基因产品中含有花椰菜花叶病毒（CaMV）的35S启动子和根癌农杆菌的NOS终止子（T-NOS）这两个基因片段，因此，PCR技术已用于检测转基因大豆、马铃薯等产品中的 CaMV 35S 启动子、T-NOS 终止子和某些常用的目的基因，建立了 PCR 定性检测作为转基因产品的初步筛选方法，在初筛结果为阳性的基础上再用酶切试验或 Southern 杂交进一步验证。PCR 技术既可做定性分析又可做定量分析，目前大多以定性检测为主，定性检测的检出下限为 0.1%。但是在定量检测中，以大豆作为检测体，检出限可以在 0.01% 之内，检测精度为 99%。在定量检测中可采用专用的实时 PCR 装置，该法可将极微量的 DNA 扩增 100 万倍以上，检出灵敏度高，比以蛋白质为基础的免疫法敏感 100 倍。但 PCR 技术的检测结果也有可能与实际不相符，会出现假阴性或假阳性结果（即检测物质本身含有转基因物质，未被检出；或是本身没有转基因物质，而检出有转基因成分）。例如，有些植物和土壤微生物中也含有 CaMV 35S 启动子、T-NOS 终止子和其他被检测基因，或者样品在生产、加工和运输过程中的偶然污染都会造成假阳性结果。

随着 PCR 技术的深入发展，PCR 技术和探针杂交技术进一步交融，从而出现了荧光定量 PCR 技术，该技术融合了 PCR 技术和探针杂交技术各自的优点，通过对 PCR 过程中的荧光变化的直接探测，可以获得待检产品的 DNA 模板的准确定量结果。整个过程实行闭管式实时测定，扩增与检测同时完成，既简化了操作步骤又使扩增产物交叉污染得以杜绝，提高了检测的特异性。国内学者使用荧光定量 PCR 检出了马铃薯、大豆、玉米、甜椒中 35S 和 NOS，以及 35S 和 NOS 的含量。作为目前最先进的 PCR 技术，将荧光定量 PCR 应用于转基因食品的检测，具有很高的研究价值和实用价值。

二、转基因食品的 ELISA 检测

转基因食品也可以通过转基因的表达产物——蛋白质进行检测，ELISA 是检测转基因作物中的重组蛋白质产物的常用方法，在美国和日本已经出现了定量检测转基因"新"蛋白质的试剂盒。在转基因食品的检测中，运用最多的是双抗夹心 ELISA 检测技术。目前，在转基因植物源食品商业化前的安全性评价中，对抗性标记筛选基因、报告基因、外源结构基因表达产物的检测，以及在模拟消化道的降解试验、过敏试验、环境安全等的检测中大多应用这一技术。利用双抗夹心 ELISA 已对卡那霉素抗性基因 *npt* II、Bt 内毒素基因（*Cry*1A、*Cry*2A、*Cry*3A、*Cry*9C）、GOX 基因、*gus* 基因等产物进行了检测和安全性评价。

这种方法具有操作简便、结果准确等特点，但是检测范围有限。该项技术检测转基因食品需要特殊的抗体和"新"蛋白质的表达，而食品中这类"新"蛋白质的含量极低，常在 $10^{-9} \sim 10^{-6}$，甚至 10^{-12} 数量级。另外 ELISA 不能用于加工食品中是否含有转基因成分的检测，因为在加工的食品中，抗原蛋白质发生了变性，不能被抗体所识别，这也是 ELISA 技术的局限性。再者该分析方法需要有熟练的操作技术。以上原因使 ELISA 方法在转基因检测应用上受到了一定的限制。

对于转基因食品，特别是经过深加工的食品，要检测的目的蛋白（抗原）发生了变性，造成三级或四级结构的改变，使抗体无法识别抗原，检测结果出现假阴性，因此，在实际应用中有其局限性，只能用于对未加工食品的检测。相对而言，PCR 技术对 DNA 的要求要低得多，只要求有一定数量的 DNA 模板，而且对 DNA 模板的结构完整性没有过多的要求，适用于各种加工食品的检测，因此，目前 PCR 技术检测转基因食品应用范围更广。

三、转基因食品的生物芯片检测

生物芯片是转基因食品检测的新方法。1999 年 10 月，欧洲共同体公布的转基因食品检测方法有酶联免疫吸附检测法（ELISA）和 PCR 法，前者存在加热可能使某些成分变性的缺点，后者受多种因素的影响，而且容易交叉感染，造成假阳性等缺点，使得这两种方法的

应用受到一定的限制,不适合于对食品中大量不同转基因成分的快速检测。基因芯片具有高通量且能并行检测的优点,仅靠一个实验就能选出大量的各种转基因食品,被认为是最具潜力的检测手段之一。

目前转基因食品主要分为两类:一类是经过基因修饰的食品及其原料,另一类是由基因修饰的生物直接生产但不含修饰成分的食品。生物芯片技术可对大量的基因成分同时进行高通量的检测。目前研究成果有:Rudi 等研制出一种基于 PCR 的复合定性 DNA 阵列,并将其用于食物中转基因玉米的定量检测,将包含 7 种不同转基因成分($Bt176$、$Bt11$、$Mon810$、$T25$、$GA21$、$CBH351$ 和 $DBT418$)的玉米混杂于 17 份食物和种子样品中,利用该方法检出其中的 10 份样品呈阳性,主要含有 $Mon810$、$Bt11$ 和 $Bt176$ 的混合转基因成分;还有一个样品被检出含有 $GA21$。此系统能定量测出样品中 0.1%~2.0% 的转基因成分,因而被认为适于转基因生物检测的需要。此外,Mariotti 等介绍了一种用于转基因食品检测的基于 DNA 杂交原理的生物芯片 SPR(表面等离子共振)。单链 DNA(SSDNA)探针被固定在 SPR 装置的芯片上,探针与目的成分序列的杂交可被监控。含有转基因目的序列的样品经 PCR 扩增后利用 SPR 生物芯片检测,可定量出样品中含 2% 的转基因大豆粉。此芯片的研制也为基因芯片检测食品中的转基因成分提供了有利借鉴。

第五节 食品生物技术安全和规范

生物技术在食品领域的广泛应用给人类社会带来了福祉。但是,生物技术同世界上所有的新生事物一样,是一把双刃剑,隐藏着前所未有的问题和风险,目前,国际上对食品生物技术领域争议最激烈的就是转基因食品的安全性问题。国际上也存在两种完全不同的管理模式:一种是以美国、加拿大等转基因食品生产和出口大国为代表,认为转基因产品的安全性与传统生物技术没有本质区别,管理应针对生物技术产品,而不是生物技术本身;另一种是以欧洲共同体及其成员国为代表,认为基因重组技术本身具有潜在的危险性,只要与基因重组相关的活动,都应进行安全性评价并接受管理。全球普遍关注的转基因食品的安全性问题基本上可以归为四类:人类健康安全(食品安全)、生态环境安全、对生物多样性的影响以及可能的跨物种污染。

一、消费者对转基因食品的态度

消费者是产品生产流通领域中关键的一环。消费者的态度决定了食品生物技术商业化的成败。食品生物技术的安全性是一系列相关问题的直接原因。无论是发达国家,还是发展中国家,消费者对转基因技术的认知程度普遍不高,但不同国家消费者对转基因食品的接受程度却有很大的差异。目前,国内外学者关于消费者对转基因食品态度的研究集中在消费者对转基因食品的整体认知、态度、购买意愿和支付意愿,以及消费者对转基因食品身份标签的态度研究这几个方面。

消费者对转基因技术及转基因食品了解的多寡有时成为是否接受转基因食品的一个重要因素。但人们对转基因食品的态度受价值观念、习惯、伦理和道德等因素的影响,态度发生改变不太容易,试图短期内改变人们对现代生物技术的态度是不现实的。在人们对生物技术认知程度不高的情况下,有效的政府管理却能增强消费者对生物技术的信心,赢得人们对生物技术和转基因食品的支持。调查发现,世界各国消费者对转基因食品的关注程度越来越高,但不同国家消费者对转基因食品的态度存在很大差异。在不同的国家,由于消费者对转基因食品的认知程度不同,他们对转基因食品的支付意愿也有所差别。欧洲和日本的消费者对转基因食品的接受程度比较低,而美国和加拿大等国家以及许多发展中国家对转基因食品的接受程度则比较高。

我国消费者对转基因食品的接受程度偏低,而且高校研究生对转基因食品的接受程度比普通消费者要低,这可能是因为学历越高对食品安全性的关注也越高。公众对转基因食品的接受程度偏低,一方面是由于公众对转基因食品缺乏科学的认识造成的。由于不了解而盲目地害怕排斥转基因食品的心理是可能存在的。事实上,许多专家倾向于认为,那些经过规范化管理体制审查、鉴定后才投放市场的转基因食品应当是安全的,但这也不能得出所有转基因食品都是安全的这一结论。另一方面,目前科学上也确实不能完全排除转基因食品的安全隐患和食用风险。

总之,接受转基因食品的主要原因为:因缺乏相关信息导致无法避免转基因食品、喜欢尝试新食品和一些知名的公司在销售转基因食品。不接受转基因食品的主要原因为:转基因食品可能威胁健康、不知道消费转基因食品会产生怎样的后果、转基因食品是不安全的、对转基因食品知之甚少和认为转基因食品是人造的。

购买意愿是指消费者根据自己对物品效用的价值估算来决定是否购买的愿望。对消费者购买意愿的研究成为近来学者们研究的热点。影响转基因食品购买意愿的主要因素有:受教育水平、价格、收入、标识和消费者对转基因食品的态度等。研究发现,随着消费者受教育水平的提高,越来越少的消费者会选择转基因食品。当非转基因食品的价格比转基因食品的价格高时,会有一部分人转向购买转基因食品。但是即使非转基因食品价格再高,还有较小比例的消费者不为所动。另外,随着收入水平的提高,人们购买转基因食品的意愿在降低,购买非转基因食品的意愿在上升。标识也是影响消费者购买意愿的重要因素。研究发现,当食品被标识为转基因食品后,消费者的购买意愿减少。此外,积极的消费态度会提高消费者的购买意愿。

二、转基因食品的评估内容

1. 毒性

转基因是一种将多种基因组合起来的 DNA 技术,在实际操作中,转基因食品中的外源基因以及食品本身 DNA 的结构成分都是由 4 种碱基组成,即转入基因和受体 DNA 在本质上并无差异,且食品进入人体被食用后均会在人体消化道被分解。但转基因食品的目的基因被编导时也可能导致传统食品的天然毒素含量骤增,并可能诱导新的毒素生成。从现状来看,转基因食品中毒事件并未发生,但在实验室中进行的转基因试验发生小白鼠中毒情况,因此转基因食品存在潜在毒性问题。对转基因食品的毒性检测主要包括对外源基因表达产物的毒性检测和对整个转基因食品的毒理学检测,通常是将二者结合进行,检测主要依据《食品安全性毒理学评价程序》进行。

2. 过敏原

食物的过敏性是由 IgE 介导的,过敏蛋白具有对 T 细胞和 B 细胞的识别区。潜在过敏原问题一直是转基因食品研究重点,Finamore 通过转基因玉米研究发现转基因大豆会对幼鼠的细胞基因造成影响,且通过类比研究可知该类型转基因大豆存在对人体造成过敏反应的可能性。转基因食品还存在引起人体过敏反应原扩充的情况,即改变人们身体原有过敏原范围,导致人们更容易出现过敏反应,由此导致食用者在食用含有过敏原食品的情况下出现过敏反应,并会出现高出传统过敏反应强度的情况,导致人体过敏反应加剧,甚至影响生命安全。目前,已弄清一些过敏性蛋白的氨基酸顺序,并可通过 Genbank、欧洲分子生物学实验室等核酸数据库查询。但一些未知的过敏原仍然存在，是无法预料的，敏感病人也难以用药物治疗。

3. 抗生素抗性问题

抗生素抗性标记基因主要被用于筛选已转入外源基因的生物，其作用主要是在基因转移过程中保证其可被有效监测。目前还没有报道标记基因可以从植物转移或者影响肠道等消化系统微生物群，因而许多研究者认为基因水平转移的可能性极小。但可能性极小并不等于不存在，在评估任何潜在健康问题时，抗生素抗性标记基因可能引起的抗性影响都不容忽略。另外，标记基因无法对人体造成危害这一说法并未确立，因此存在危害可能性，尤其是对人体健康安全管控中存在可能性的问题需要引起重视。

4. 影响生态环境

（1）诱导生物抗性　转基因食品的外源基因来源广泛，多来自一些细菌、病毒、昆虫等，这些细菌、病毒、昆虫存在较为明显的抗虫或抗病特性。而转基因作物并未与传统作物分开种植，因此在实际生产中会存在杂交情况，在转基因农作物大量种植后，这些外源基因靶对象以及抗虫抗病基因接触时间和范围大幅提高，生物体发生变异的可能性进一步增大。长此以往，可能导致现场的农作物和昆虫发生变异。例如，种植园的杂草会受到转基因作物影响，新生的杂草可能会遗传抗除草剂基因，并对除草剂产生抗性，由此直接变为超级杂草；转 Bt 基因抗虫棉大量种植后，昆虫对 Bt 农药产生抗性。且这些外源基因可能直接导致其抗性转移给与人类关系较为密切的微生物，对物种造成无法预估的后果。

（2）影响生物多样性　在种植过程中，转基因农作物的外源基因不可避免会扩散到亲缘较近的野生植物中，从而造成基因污染，影响生物多样性。如 Losey 等在马利筋叶片加入含有苏云金芽孢杆菌基因玉米花粉并用于喂养大斑蝶幼虫，研究表明该组幼虫次日死亡率高达 10%，3d 后死亡率接近 50%；而对照组未出现任何幼虫死亡情况。这项研究表明：嵌入基因可能会对靶向生物造成灭绝性危害，而人类作为转基因农作物的直接食用者，可能也会有一定的风险。因此，自然界中与转基因农作物直接或间接接触的生物不可避免会承受潜在危害，从而破坏生态多样性，破坏生态系统平衡。

三、转基因食品的安全评估原则

1. 实质等同性原则

就转基因食品安全问题，联合国经济合作与发展组织（OECD）于 1993 年提出"实质等同性"原则，即如果某种新食品或食品成分同已经存在的某一食品或成分在实质上相同，那么在安全性方面，新食品和传统食品同样安全。这是转基因食品及成分安全性评价最为实际的方法。实质等同性已被很多国家在转基因食品安全评价上广泛采纳。但英国的 Erick Millstone 认为"实质等同性"概念的界定不清楚，容易引起误导。依照"实质等同性"原则，只要转基因食品及成分与市场上销售的传统食品及成分相同，则认为该转基因食品同传统食品一样安全，就没有必要做毒理学、过敏性和免疫学实验。这实际上是用最终食品的化学成分来评价食品的安全性，而不管转基因作物或转基因食品的整个生产过程的安全性，包括人体健康安全和生态环境安全。就目前的科学水平而言，科学家还不能通过转基因食品的化学成分准确地预测它的生化或毒理学影响。Millstone 等认为，如果转基因马铃薯同市场上销售的传统马铃薯是实质等同的，即化学成分上相同，而实验发现转基因马铃薯对实验老鼠产生了不良的生化和免疫学影响，这些副作用是不能通过知道食品的化学成分就能预测到的。因此，"实质等同性"这种模糊概念往往误导人们对转基因食品做出安全性评价，人们不应该用它来评价转基因食品的安全性，而应该采用全面的生化、毒理学、过敏性和免疫学的实验和检测方法。而且，Millstone等还认为"实质等同性"是商业利益和经济驱动的产物，对消费者而言是不能接受的。也有学者认为"实质等同性"原则本身不是安全评价的替代物，它仅仅是一个指导原则，是从事安全评估规则制定的委员会进行食品安全评价的有用工具。实际上可持续和环保农业就是将传统植物种植的最好方法同新的技术（转基因技术）有机结合起来，FAO/WHO的联合专家顾问委员会也认为目前没有比"实质等同性"原则更好的方法能用来评价转基因食品的安全性。

2. 个案分析原则

转基因生物及其产品中导入的基因来源、功能各不相同，受体生物及基因操作也可能不同，所以必须有针对性地逐个进行评估，即个案分析原则。目前世界各国大多数立法机构都采取了个案分析原则。个案分析就是针对每一个转基因食品个体，借鉴现有的已通过评价的相关案例，根据其生产原料、工艺、用途等特点，通过科学的分析，发现其可能发生的特殊效应，以确定其安全性。个案处理在对采用不同原料、不同工艺，具有不同特性、不同用途的转基因食品的安全性评价中意义重大，尤其是在发现和确定某些不可预测的效应及危害中起到了重要的作用。该研究方法包括：①根据每一个转基因食品个体的不同特点，通过与相应或相似的既往评价案例进行比较，应用相关的理论和知识进行分析，提出潜在安全性问题的假设；②通过制定有针对性的验证方案，对潜在安全性问题的假设进行科学论证；③通过对验证个案的总结，为以后的评价和验证工作提供可借鉴的新案例。

3. 预先防范原则

转基因技术作为现代分子生物学最重要的组成部分，是人类有史以来按照人类自身的意愿实现了遗传物质在人、动物、植物和微生物四大系统间的转移。虽然尚未发现转基因生物及其产品对环境和人类健康产生危害的实例，但如果研究中的一些材料扩散到环境中，将对人类造成难以想象的灾难。从生物安全角度考虑，必须将预先防范原则作为生物安全评价的指导原则，结合其他原则来对转基因食品进行风险分析、提前防范。

4. 逐步评估原则

转基因生物及其产品的开发过程需要经过实验研究、中间试验、环境释放、生产性试验和商业化生产等环节，每个环节对人类健康和环境所造成的风险是不相同的。因此，每个环节上都要进行风险评估和安全评价。逐步评估原则就是要求在每个环节上对转基因生物和产品进行评估，并以上一步实验积累的相关数据和经验为基础，层层递进，确保安全性。如1998年在对转巴西坚果2S清蛋白基因大豆进行评价时，发现其可以增加大豆甲硫氨酸含量，而此物质对某些人群是过敏原，因此，终止了进一步的开发研究。

5. 风险效益平衡原则

发展转基因技术就是因为该技术可以带来巨大的经济和社会效益。但是转基因生物是把双刃剑，存在着潜在风险性。因此，在对转基因食品进行评估时，应该采用风险和效益平衡的原则，进行综合评估，在获得最大的效益的同时，将风险降到最低。

6. 熟悉性原则

指对所评价转基因生物及其安全性的熟悉程度，根据类似的基因、性状或产品的历史使用情况，决定是否可以采取简化的评价程序。在风险评估时，应该掌握这样的概念：熟悉并不意味着转基因食品安全，而仅仅意味着可以采用已知的管理程序；不熟悉也并不能表示所评估的转基因食品不安全，而仅意味着对此转基因食品熟悉之前，需要逐步地对可能存在的潜在风险进行评估。熟悉性原则是为了促进转基因技术及其产业发展的一种灵活运用。

四、转基因食品的安全评估方法

1. Monsanto 公司的评价方法

Monsanto 公司是美国最大的基因公司中之一，该公司的资本已经渗入许多拥有商品化转基因食品的公司里。该公司在食品安全评价方面的经验值得借鉴。Monsanto 公司根据实质等同性原则将评价的内容分为三个方面。

① 插入基因所表达蛋白的安全性评价。

② 用选择性和特异性的分析检验来进行非预期（多效性的）影响 转基因食品的重要营养成分要与相应的非转基因品系以及其亲本进行比较；分析结果要与现有的数据进行比较，以确定其营养水平在正常的范围之内；抗营养成分也要与现有数据对照比较以确认内源毒素没有发生有意义的变化；食品加工产品各种成分也应进行分析，以保证所测定的参数在可接受的范围之内。

③ 健康显示测试的选择性应用 一般为模拟商业化的饲喂实验，这些饲喂实验用家畜家禽进行。对人类食用的食品测试，是将新食品用 25 倍于人类最大估计摄入量去饲喂大鼠。全食物饲喂实验时，动物对食物的微小变化不敏感。健康显示测试的参数包括每日健康观察、每周体重、食品消耗等，4 周后进行全面的尸检，如果在尸检中发现任何异常，这些组织就要进行显微镜检。这种 28d 的急性毒理学研究通常用来评价是否在饲喂待检食品过程中，有任何不利的影响表现出来，在尸检中，应该观察器官重量、血液学、临床化学以及组织病理学等方面的变化。

2. 数据库的应用

数据库可以提供有关食品成分的基底信息，用来评价转基因食品中主要的营养和毒素是否有显著性变化。当然也应考虑到这些主要的营养和有毒成分有一定的变动范围，另外必须保证数据的质量，并且必须发展有效的方法来定量这些主要的成分。

3. 活体和离体动物模型

可以用活体或离体的动物模型来评价转基因微生物食品的安全性，丹麦食品部的毒理学研究所已经建立了若干个哺乳动物消化道模型。其中，大鼠模型建立得最齐全，可能是研究中应用大鼠模型较多的缘故。无菌大鼠模型除了可以研究细菌的存活和移植外，还可以研究微生物间遗传物质的转移。如果将携带质粒 pAMβ1 的供体菌系和受体菌喂服无菌的大鼠，几天后在大鼠的排泄物中就会发现 DNA 接合转移的产物。

4. 转基因食品致敏性的评价方法

转基因食品的致敏性评价是转基因食品安全性评价的重要内容，其评价方法最早是由国际食品生物技术委员会（IFBC）和国际生命科学学会过敏和免疫研究所（ILSI/AII）在 1996 年合作制定，主要包括基因来源、序列同源性、人体临床血清库和皮刺试验、消化稳定性试验等几个方面。由于其对来自未知致敏原的转基因食品未给出明确的评价方法，国际粮农组织（FAO）和世界卫生组织（WHO）以及国际食品法典委员会（CAC）分别在 2001 年和 2003 年对其进行了修改和补充，增加了靶血清筛选和动物模型试验，使得转基因食品致敏性的评价方法更具有可操作性。

第六节 生物技术与未来食品工业

一、新时代食品工业的特点

1. 食品生产模式发生"绿色位移"

生物技术的发展让农业和工业(特别是医药、食品和化工等领域)均发生了重大变革。农业和工业之间的界限日益模糊,"农工业"和"工农业"正悄然兴起。新时代农业将是食品工业的第一生产车间,在这个车间里能看到绿色的田野和悠闲的牛羊,却听不到机器的轰鸣声,且能利用转基因动植物生产各种工业产品,如促红细胞生成素(EPO)、疫苗及各种生物活性成分等。食品生产模式发生"绿色位移"。

2. 食品加工"重心前移"

组织培养、基因工程和细胞工程等生物技术的应用使食品产业的加工重点从生产后转移到生产前甚至整个生产过程。目前,食品工业这种"重心前移"的趋势已日益明显,而且这种工作重心向"上游"的延伸更有利于食品安全和质量的保证。

3. "食品安全"内涵发生变化

新时代"食品安全"不仅包括传统意义上的"无毒"和"卫生"等概念,还包括转基因食品的安全问题,人们的食品安全意识将空前强化。人们将会把最新的科技成果应用于食品的安全研究,开发出新的分析检测技术检测生物技术食品。

4. 食品产业实现综合利用和零排放

采用基因工程、细胞工程、酶工程和发酵工程等生物技术,对食品工业的废料进行综合利用、消除部分环境污染、实现零排放是未来食品工业的奋斗目标。

二、现代生物技术在未来食品工业上的应用

现代生物技术在食品工业中的应用越来越广泛,它不仅用来制造某些具有特殊风味的食品,还用于改进食品加工工艺和提供新的食品资源。食品生物技术已成为食品工业的支柱,是未来发展最快的食品工业技术之一。作为一项具有极高潜力和发展空间的新兴技术,现代生物技术在食品工业中的应用将会呈现以下几个热点。

1. 大力开发食品添加剂新品种

根据国际上对食品添加剂的要求,今后要从两个方面加大开发的力度:①用生物法代替化学合成法生产食品添加剂,迫切需要开发的有保鲜剂、香精香料、防腐剂和天然色素等;②大力开发功能性食品添加剂,如具有免疫调节、延缓衰老、抗疲劳、抗辐射、调节血脂和调整肠胃功能性组分功能。

2. 发展微生物保健食品

微生物食品历史悠久,比如酒、酱油、食醋、蘑菇等都属于这一领域,有着巨大的发展潜力。微生物繁殖过程快、要求营养物质简单,利用微生物这一特点,在一定条件下可大规模生产,获得人们需要的产品。如食用菌的投入与产出比高于其他经济作物,食用菌不仅营养丰富,还含有许多保健功能成分。因此未来微生物保健食品将得到大力发展。

3. 基于细胞的肉类替代品

在该领域领先的公司是 Memphis Meats、Finless Foods 和 New Age Meats。他们正致

力于从生物体中提取出干细胞，然后在实验室中进行培育，以减轻动物屠宰，避免了牛产生的甲烷，并有效防止了抗生素和病毒的滋生。对于环境和人类而言，这通常被称作一种"清洁的肉类产品"，这是一个非常令人期待的领域。

4. 基于分子技术的食品

Clara Foods 公司将生产无需鸡蛋的蛋清与蛋白。将食物分解至分子层面，便可以破解它们的组成方式并将其转变为新的口味和口感。Joywell Foods（以前称 Miraculex）公司正处理一种天然存在于水果中的蛋白质，这种蛋白质没有卡路里，但会与舌头受体结合，让品尝者尝到甜味。

5. 开发某些虫类高蛋白食品

昆虫蛋白质也是优质的新食物源。例如，中华稻蝗的蛋白质含量占虫体干重的73.5%，其氨基酸组成与鸡蛋蛋白相似而被称为完全蛋白。此外，蟋蟀、蝉和蚂蚁的蛋白质含量也分别占干重的75%、72%和67%，都具有食用价值。苍蝇的幼虫富含62%左右的蛋白质及各种氨基酸，从蛆壳中还可以提取纯度很高的几丁质。可以说，昆虫食物是人类较为理想的高营养食品，有望成为人类重要的保健食物来源，利用生物技术开发昆虫类高蛋白食品具有广阔的前景。

6. 螺旋藻食品的开发

螺旋藻是世界上最早开发利用的丝状蓝藻，富含人体所需的18种氨基酸、54种微量元素、多种维生素及亚麻酸、亚油酸和多种藻类蛋白质，是人和动物理想的纯天然的优质蛋白质食品。联合国粮农组织已将螺旋藻列入21世纪人类食品资源开发计划，我国也将螺旋藻的研发列为工作重点。

展望未来，生物技术不仅有助于实现食品的多样化，而且有助于生产特定的营养保健食品，进而治病健身，同时还能对食品安全进行快速且准确的检测。在与环境协调方面，有助于食品工业的可持续发展。

小　结

本章主要学习生物技术在食品领域的应用。介绍了转基因植物、转基因动物与食品生产、单细胞蛋白的生产、发酵食品和饮料的生产、酶在食品加工中的应用、生物技术与食品添加剂的生产等。阐述了现代生物技术在食品包装上的应用，利用生物技术使其具有抗氧化、杀菌和延长食品贮藏期等功能。生物技术在食品检测中尤为重要，主要介绍了 PCR 技术、核酸探针技术、DNA 芯片与微阵列技术、免疫学检测技术、生物传感器检测技术，以及这些技术在现代食品检测中的应用，并简单比较了各个方法的优劣。生物技术食品是目前食品生物技术领域中最受争议的问题，对转基因食品的检测、安全性评估等做了简要说明。生物技术在不断发展，未来食品工业也将借助各项技术不断发展创新。

一、名词解释

单细胞蛋白　　转基因食品　　实质等同性原则

二、填空题

1. 啤酒整个生产过程包括 5 个主要步骤：_____、_____、_____、加工和_____。

2. PCR 技术尤其适合于_____细菌和_____细菌检测鉴定。
3. 核酸探针技术的基本原理是_____。
4. 核酸探针根据来源及性质的不同，可分为_____、_____、_____、_____、_____、_____。
5. 功能性甜味剂是指具有较低热量，能被高血压、糖尿病患者食用，具备独特生理功能的甜味剂，主要包括_____和_____。
6. 国际社会对植物性转基因食品的检测采用的技术路线有两条：一是检测_____，二是检测_____。
7. 根据芯片上固定的探针不同，生物芯片包括_____、_____、_____等，如芯片上固定的分子是寡核苷酸探针或 DNA，称为_____；如芯片上固定的是蛋白质，称为_____。
8. _____是转基因食品及成分安全性评价最为实际的方法。
9. 核酸探针常用的放射性同位素有_____等。
10. 根据反应方式的不同，核酸探针的标记方法分为：_____和_____。

三、简述题
1. 什么是单细胞蛋白？简述它的几种来源。
2. 简述生物信息技术在食品包装中的应用。
3. 食品检测中生物技术的具体应用有哪些？
4. 转基因食品的安全评估原则有哪些？
5. 举例说明食品发酵的意义。
6. 常用的免疫学方法有哪些？在食品检测中有哪些作用？
7. 举例说明生物传感器在食品行业应用中的几个方向。
8. 转基因食品存在哪些风险？
9. 酶工程在食品包装中有哪些应用？

参 考 文 献

[1] Sheng Y J, Li S, Gou X J, et al. The hybrid enzymes from alpha-aspartyl dipeptidase and L-aspartase [J]. Biochem Biophys Res Commun, 2005, 331 (1): 107-112.
[2] GB 2760—2014 食品安全国家标准 食品添加剂使用标准 [S].
[3] JU N H. The new trend in the studies of enzyme engineering in 21th century [J]. Industrial Microbiology, 2001, 31 (1): 37-45.
[4] 曹墨菊. 植物生物技术概论 [M]. 北京：中国农业大学出版社，2014.
[5] 陈亚剑. 酶工程内涵特征及在食品加工中的应用 [J]. 食品科技，2019，13（2）：89-99.
[6] 杜翠红. 酶工程 [M]. 武汉：华中科技大学出版社，2014.
[7] 杜祎，李敬龙，毕春元. 生物传感器法测定花生中黄曲霉毒素 B_1 [J]. 食品科技，2015（8）：310-313.
[8] 韩恩，潘超，曹晓梅，等. 基于酪氨酸酶抑制作用的莠去津农药残留电化学快速检测 [J]. 食品科技，2015（5）：344-347.
[9] 贺小贤. 现代生物技术与生物工程导论 [M]. 2版. 北京：科学出版社，2016.
[10] 黄诗笺. 现代生命科学概论 [M]. 北京：高等教育出版社，2001.
[11] 江正强，杨绍青. 食品酶学与酶工程原理 [M]. 北京：中国轻工业出版社，2018.
[12] 姜启军，胡珂. 基于核心企业的乳制品供应链食品安全诚信管理研究 [J]. 中国乳品工业，2017（4）：52-56.
[13] 姜水琴，魏东芝. 定制酶分子机器/细胞工厂，引领生物制造产业未来 [J]. 生物工程学报，2018，34（7）：1024-1032.
[14] 李斌，于国萍. 食品酶学与酶工程 [M]. 2版. 北京：中国农业大学出版社，2017.
[15] 李建凡. 克隆技术 [M]. 北京：化学工业出版社，2002.
[16] 李梦南，郑广宏，王磊. 重组基因的生物安全问题及其对策 [J]. 环境与健康杂志，2007，24（12）：1007-1010.
[17] 李志勇. 细胞工程 [M]. 2版. 北京：科学出版社，2010.
[18] 利容千. 生物工程概论 [M]. 2版. 武汉：华中师范大学出版社，2007.
[19] 廖威. 食品生物技术概论 [M]. 北京：化学工业出版社，2008.
[20] 刘振斌，张德荣. 蛋白质工程基础 [M]. 长春：吉林大学出版社，2018.
[21] 刘仲敏，林兴兵，杨生玉. 现代应用生物技术 [M]. 北京：化学工业出版社，2004.
[22] 罗伯特·J. 怀特赫斯特，马尔滕·范·奥乐特. 酶在食品加工中的应用：第2版. [M]. 赵学超，译. 上海：华东理工大学出版社，2017.
[23] 罗云波. 食品生物技术导论 [M]. 3版. 北京：中国农业大学出版社，2016.
[24] 杨慧林，吕虎. 现代生物技术导论 [M]. 3版. 北京：科学出版社，2019.
[25] 马越，廖俊杰. 现代生物技术概论 [M]. 2版. 北京：中国轻工业出版社，2015.
[26] 庞俊兰. 细胞工程 [M]. 北京：高等教育出版社，2007.
[27] 裴雪涛. 干细胞技术 [M]. 北京：化学工业出版社，2002.
[28] 彭志英. 食品生物技术导论 [M]. 北京：中国轻工业出版社，2008.
[29] 钱小红等. 蛋白质组学与精准医学 [M]. 上海：上海交通大学出版社，2017.
[30] 宋思扬，左正宏. 生物技术概论 [M]. 5版. 北京：科学出版社，2020.
[31] 汪世华. 蛋白质工程 [M]. 2版. 北京：科学出版社，2017.
[32] 王会友，王涛，王振宇，等. 固定化小麦脂酶生物传感器的制备及应用 [J]. 食品生物科技，2011，32（3）：385-389.
[33] 王晓朋，曾梅，万德慧，等. 化学发光生物传感器法测定食品中有机磷与氨基甲酸酯类农药残留 [J]. 食品安全质量检测学报，2014，5（12）：4163-4171.
[34] 王永华，宋丽军. 食品酶工程 [M]. 北京：中国轻工业出版社，2018.
[35] 邬敏辰. 食品工业生物技术 [M]. 北京：化学工业出版社，2005.
[36] 吴敏，叶青. 辉瑞酶化学奖与酶学发展 [J]. 科技导报，2019，37（8）：104-112.
[37] 杨敏，陈丹，姚冬生，等. $β$-激动剂核酸适配体电化学生物传感器的研制 [J]. 中国生物工程杂志，2015，35（11）：52-60.
[38] 杨倩，汤斌，李松. 米根霉 $α$-淀粉酶热稳定性的理性设计 [J]. 生物工程学报. 2018，34（7）：1117-1127.
[39] 杨玉红，刘中深. 生物技术概论 [M]. 2版. 武汉：武汉理工大学出版社，2017.
[40] 杨玉珍，汪琛颖. 现代生物技术概论 [M]. 郑州：河南大学出版社，2004.

[41] 杨玉珍，刘开华. 现代生物技术概论 [M]. 武汉：华中科技大学出版社，2012.
[42] 于建荣，毛开云，陈大明. 工业酶制剂新产品开发和产业化情况分析 [J]. 生物产业技术，2015（3）：61-65.
[43] 袁勤生. 酶与酶工程 [M]. 2版. 上海：华东理工大学出版社，2012.
[44] 袁仲. 食品生物技术 [M]. 武汉：华中科技大学出版社，2012.
[45] 张申，王杰，高江原. 分子生物学检验技术 [M]. 武汉：华中科技大学出版社，2013.
[46] 张彦，南彩凤，冯丽，等. 壳聚糖固定化葡萄糖氧化酶生物传感器测定葡萄糖的含量 [J]. 分析化学，2009，37（7）：1049-1052.
[47] 赵雨杰，钟连声，何群，等. 生物芯片在微生物学研究中的应用 [J]. 微生物学杂志，2016，36（1）：1-5.
[48] 郑爱泉. 现代生物技术概论 [M]. 重庆：重庆大学出版社，2016.
[49] 郑国锠. 植物细胞融合与细胞工程 郑国锠论文选集 [M]. 兰州：兰州大学出版社，2003.
[50] 周凯. 现代生物技术与中医药学 [M]. 杭州：浙江工商大学出版社，2019.
[51] 朱静鸿，龚云伟，武艳力. 食品中单核细胞增生李斯特菌污染状况调查 [J]. 中国卫生工程学，2016，15（5）：491-493.
[52] John, Maliyakal E, Keller, et al. Metabolic pathway engineering in cotton: Biosynthesis of polyhydroxybutyrate in fiber cells. [J]. Proceedings of the National Academy of Sciences of the United States of America，1996，(93)：12768-12773.
[53] Szabo E A, Pemberton J M, Gibson A M, et al. Application of PCR to a clinical and environmental investigation of a case of equine botulism [J]. Journal of Clinical Microbiology，1994，32（8）：1986-1991.
[54] Hill W E, Payne W L, Collaborators. Genetic methods for the detection of microbial pathogens. Identification of enterotoxigenic Escherichia coli by DNA colony hybridization: collaborative study [J]. J Assoc Off Anal Chem，1984（4）：801-807.
[55] Rudi K, Ida R, Askild H. A novel multiplex quantitative DNA array based PCR (MQDA-PCR) for quantification of transgenic maize in food and feed. [J]. Nucle Acids Research，2003（11）：e62.
[56] Mariotti E, Minunni M, Mascini M. Surface plasmon resonance biosensor for genetically modified organisms detection [J]. Anal Chim Acta. 2002，453：165.
[57] Losey J E, Rayor L S, Carter M E. Transgeni c pollen harms monarch larvae [J]. Nature，1999，399：214.
[58] 李慧，李映波. 转基因食品潜在致敏性评价方法的研究进展 [J]. 中国食品卫生杂志. 2011，23（6）：587-590.

《食品生物技术概论》
实践能力训练工作手册

化学工业出版社
·北京·

目　　录

训练项目一　CTAB 法提取植物叶片基因组 DNA ·· 1

训练项目二　苯酚抽提法提取动物细胞基因组 DNA ·· 3

训练项目三　植物愈伤组织的诱导和继代培养 ·· 6

训练项目四　单细胞蛋白的发酵生产过程控制 ·· 8

训练项目五　酸乳的制作 ·· 11

训练项目六　发酵法生产多维胡萝卜饮料 ·· 15

训练项目七　α-淀粉酶产生菌的分离、筛选 ··· 18

训练项目八　海藻酸钠固定化中性蛋白酶 ·· 20

训练项目九　SDS-PAGE 测定蛋白质分子量 ·· 22

训练项目十　ELISA 酶联免疫测定方法 ·· 26

训练项目一　CTAB法提取植物叶片基因组DNA

【项目目的】

掌握使用CTAB法提取植物叶片基因组DNA的方法。

【项目原理】

基因组DNA的提取通常用于构建基因组文库、Southern杂交（包括RFLP）及PCR分离基因等。不同生物（植物、动物、微生物）的基因组DNA的提取方法有所不同；不同种类或同一种类的不同组织因其细胞结构及所含的成分不同，分离方法也有差异。与动物细胞相比，植物细胞具有细胞壁，因此提取时必须研磨，以破碎细胞壁。而且植物细胞内，多糖、多酚类物质含量较高，不易除去，给植物基因组DNA的分离工作带来了困难。一般为获得Mb级以上的大片段DNA，采用琼脂糖包埋细胞核，蛋白酶K消化后，在脉冲场中电泳分离的步骤，适用于基因组文库的构建等实验要求。此外，可采用CTAB法提取植物基因组DNA，该方法获得的DNA片段长度一般在10kb数量级。CTAB为强去垢剂，可使细胞膜裂解，释放出内容物。CTAB法对于去除多糖类杂质以及蛋白质污染具有较好的效果。

【器材与试剂】

1. 器材

烟草或其他植物幼嫩叶片。

陶瓷研钵及研磨棒（耐液氮）、Eppendorf管（EP管）、金属药匙、微量进样器及配套的枪头、水浴锅、高速离心机等。

2. 试剂

（1）2×CTAB：2%CTAB（十六烷基三甲基溴化胺）、0.1mol/L Tris-HCl（pH 8.0）、20mmol/L EDTA（pH 8.0）、1.4mol/L NaCl、1%PVP（聚乙烯吡咯烷酮）、0.2%β-巯基乙醇。

（2）DNA洗涤液：10mmol/L醋酸铵、75%酒精（76mL无水酒精，0.077g乙酸铵，加水到100mL）。

（3）TE溶液：10mmol/L Tris-HCl（pH 8.0）、1mmol/L EDTA（pH 8.0）。

（4）其他：Tris平衡酚、氯仿-异戊醇（24∶1）、无水异丙醇、无水乙醇、75%乙醇、3mol/L醋酸钠（pH 5.2）、液氮等。

【方法与步骤】

1. 将10mL 2×CTAB分离缓冲液加入50mL离心管中，置于60℃水浴中预热。

2. 称取1.5g烟草叶片，置于液氮预冷的研钵中，倒入液氮，迅速将叶片研碎。

3. 用液氮预冷的洁净的金属小匙，将研磨得到的粉末（约1g）迅速加入60℃预热的2×CTAB溶液中，轻轻转动使之混匀。

4. 将样品置于65℃水浴中保温45min，并定时颠倒混匀数次。

5. 加入等体积的氯仿-异戊醇10mL，颠倒混匀。

6. 室温下，5 000r/min离心10min，取新离心管收集上层水相于EP管中。

7. 加入等体积的异丙醇，轻轻混匀，使核酸沉淀下来（有些情况下，这一步可以产生用玻璃棒搅起来的长链DNA，或者是云雾状的DNA，如果看不到DNA，样品则可以在室温下放置数小时甚至过夜）。

8. 加入等体积异丙醇，混匀，室温静置30min，离心收集沉淀，得到初步的DNA产物。

9. 在DNA沉淀中加入10～20mL洗涤缓冲液，轻轻转动离心管使核酸沉淀悬浮起来。离心收集沉淀。DNA沉淀溶于1～1.5mL TE中。

10. 在得到的DNA溶液加入等体积的酚-氯仿-异戊醇（体积比25∶24∶1）混匀，离心，进一步去除蛋白质成分。

11. 收集上层水相，加入1/10体积的3mol/L醋酸钠（pH 5.2），再加入2倍体积的无水酒精，−20℃条件下静置1h，沉淀DNA。

12. 离心收集沉淀，75%酒精洗涤、干燥、重溶。

【结果与分析】

溶解后的DNA样品可在紫外分光光度计上测A_{260}/A_{280}，分析样品的纯度。也可以取5～10μL DNA溶液经琼脂糖电泳检测，检查DNA的大小和质量。

【注意事项】

1. 为减少叶绿体DNA对核基因组DNA的污染，可用黑暗条件生长的黄化苗作为实验材料。

2. 第二次用醋酸钠和无水酒精沉淀DNA置−70℃或−20℃过夜沉淀更好。

【项目思考】

提取过程中有哪些因素会影响DNA的质量？

训练项目二　苯酚抽提法提取动物细胞基因组 DNA

【项目目的】

练习使用苯酚抽提法提取中等长度片段的动物基因组 DNA。

【项目原理】

基因组 DNA 的提取通常用于构建基因组文库、Southern 杂交（包括 RFLP）及 PCR 分离基因等。一般来说，构建基因组文库，初始 DNA 长度必须在 100kb 以上，否则酶切后两边都带合适末端的有效片段很少。而进行 RFLP 和 PCR 分析，DNA 长度可短至 50kb，在该长度以上，可保证酶切后产生 RFLP 片段（20kb 以下），并可保证包含 PCR 所扩增的片段（一般 2kb 以下）。

利用基因组 DNA 较长的特性，可以将其与细胞器或质粒等小分子 DNA 分离。在提取过程中，染色体会发生机械断裂，产生大小不同的片段，因此分离基因组 DNA 时应尽量在温和的条件下操作。为获取完整的基因组 DNA，分离过程应尽量温和，以减少提取过程中对 DNA 大分子的机械剪切作用。常用的方案可采用蛋白酶 K 消化包埋的细胞核，在去除大部分细胞核蛋白成分后，可得到较大片段的 DNA，长度可达 Mb 级，一般需通过脉冲场电泳分离、鉴定。但该方案的成本较为昂贵，多用于染色体的分离、分析，以及大片段基因组文库的构建等。当 DNA 长度要求在 kb 级以下时，可采用苯酚抽提法去除蛋白质成分，在 pH 8.0 的条件下，DNA 基本分布于水相中，而变性的蛋白质位于上层水相与下层有机相之间的变性层。苯酚抽提法制备的 DNA 片段长度上限一般可达到 50kb。

不同生物（植物、动物、微生物）的基因组 DNA 的提取方法有所不同；不同种类或同一种类的不同组织因其细胞结构及所含的成分不同，分离方法也有差异。在提取某种特殊组织的 DNA 时必须参照文献和经验建立相应的提取方法，以获得可用的 DNA 大分子。尤其是组织中的多糖和酶类物质对随后的酶切 PCR 反应等有较强的抑制作用，因此用富含这类物质的材料提取基因组 DNA 时，应考虑除去多糖和酚类物质。

训练项目以动物肌肉组织为材料，学习使用苯酚抽提法提取中等长度片段的动物基因组 DNA。

【器材与试剂】

1. 器材

小白鼠等动物材料。

高速离心机、不同规格的塑料离心管、陶瓷研钵及研磨棒（耐液氮）、大口径玻璃移液管、玻璃棒、冰浴、Eppendorf 管（EP 管）、金属药匙、微量进样器及配套的枪头、水浴锅等。

2. 试剂

（1）抽提缓冲液

10mmol/L Tris-HCl（pH 8.0）；0.1mol/L EDTA（pH 8.0）；2μg/mL 胰 RNA 酶；

0.5% SDS。

(2) Tris 平衡酚（pH 8.0）

(3) 酚/氯仿/异戊醇（25∶24∶1）

(4) 无水酒精、90%酒精、70%酒精

(5) TE 溶液：10mmol/L Tris-HCl（pH 8.0），1mmol/L EDTA

(6) 液氮

【方法与步骤】

1. 取材

将小鼠击头部处死，迅速取出肝脏（约 3～5g），吸水纸吸干血液，剪碎放入研钵。

2. 液氮研磨

将剪碎的肝脏放入研钵中立刻倒入液氮，快速将其磨成粉末，加 10mL 抽提缓冲液。

3. 苯酚抽提

在上述混合液中加入等体积的 Tris 平衡酚。反复颠倒离心管 15～20min，以充分混合两相。5000r/min 离心 15min，此时应见到上层的水相以及下层的有机相已经分开，位于两层之间的固相杂质为变性后的蛋白质成分等。

4. 回收水相

用大口径移液管吸取上层水相，小心转移到新的离心管中，由于溶液比较黏稠，注意不要搅动中间变性层和下层有机相。

5. 重复抽提

在上述离心管内加入等体积的酚/氯仿/异戊醇，混匀，50000r/min 离心 15min，取水相。重复抽提 1 次，到变性层极少或几乎消失为止。

6. 沉淀

加入 2 倍体积冰冷的无水酒精，混匀，可见白色的纤维状沉淀析出，用洁净的玻璃棒轻轻搅动，使高分子量的 DNA 缠绕在玻璃棒上。

7. 洗涤

把粘有 DNA 沉淀的玻璃棒依次在 90%酒精、70%酒精中洗涤，以除去盐离子等杂质。

8. 干燥

待酒精挥发尽。注意不要过度干燥，否则很难溶解。

9. 溶解

将沉淀溶于 1mL TE 或水中，立刻电泳检测或－20℃保存备用。

【结果与分析】

将溶解后的 DNA 样品在紫外分光光度计上测 A_{260}/A_{280}，分析样品的纯度。如不纯试分析原因。

【注意事项】

1. 材料切取后也可用匀浆器匀浆替代液氮研磨。

2. Tris 平衡酚的表面覆盖着一层 Tris 溶液，吸取苯酚时不能把水相也吸入。

3. 苯酚对皮肤、眼睛有刺激性，使用时应小心，尽量戴手套，颠倒离心管以及打开离心管盖时，要防止苯酚溅到皮肤上。

4. 酚/氯仿/异戊醇（25∶24∶1）用于蛋白的变性抽提，其中氯仿可去除水相中残留的

酚，并且具有稳定离心后形成的分离界面的作用，异戊醇则能够抑制蛋白质变性过程中产生的泡沫。

【项目思考】

SDS、平衡酚、酚/氯仿/异戊醇、无水乙醇在操作中的作用是什么？

训练项目三　植物愈伤组织的诱导和继代培养

【项目目的】

1. 了解无菌培养对实验材料消毒、接种的要求。
2. 初步掌握植物外植体材料灭菌方法及接种操作技术。
3. 了解外植体愈伤组织诱导过程。

【项目原理】

植物细胞全能性是组织培养的理论基础。一个生活的植物细胞只要有完整的膜系统和细胞核，它就会有一整套发育成完整植株的遗传基础，在适当的条件下可以分裂、分化成一个完整植株。

植物体中分离出来的器官组织，在人工培养基和激素诱导下，均可保证离体组织延续生长，产生愈伤组织，并实现继代培养。

【器材与试剂】

1. 器材

新鲜胡萝卜或烟草无菌苗等。

超净工作台、高压灭菌锅、光照培养箱、电磁炉、pH 计、磁力搅拌器、纯水器、各种规格的量筒、三角瓶、培养皿等玻璃用品以及解剖刀、镊子、剪刀等金属用具。

2. 试剂

KNO_3、$MgSO_4 \cdot 7H_2O$、NH_4NO_3、KH_2PO_3、$CaCl_2 \cdot 2H_2O$、$MnSO_4 \cdot 4H_2O$、$ZnSO_4 \cdot 7H_2O$、H_3BO_3、KI、$Na_2MoO_4 \cdot 2H_2O$、$CuSO_4 \cdot 5H_2O$、$CoCl_2 \cdot 6H_2O$、盐酸硫胺素、盐酸吡哆醇、烟酸、甘氨酸、肌醇、Na_2-EDTA$\cdot 2H_2O$、$FeSO_4 \cdot 7H_2O$、蔗糖、琼脂粉、NAA、2,4-D、KT、6-BA、70%酒精、0.1% HCl 溶液、次氯酸钠（化学纯）溶液等。

MS 培养基各元素配比

大量元素/(g/L)（10×）		微量元素/(mg/L)（100×）		铁母液/(g/L)（100×）		大量元素/(mg/L)（100×）	
NH_4NO_3	16.5	KI	83	$FeSO_4 \cdot 7H_2O$	2.78	肌醇	10 000
KNO_3	19	H_3BO_3	620	Na_2-EDTA$\cdot 2H_2O$	3.73	烟酸	50
$CaCl_2 \cdot 2H_2O$	4.4	$MnSO_4 \cdot 4H_2O$	230			盐酸吡哆醇	50
$MgSO_4 \cdot 7H_2O$	3.7	$ZnSO_4 \cdot 7H_2O$	860			盐酸硫胺素	50
KH_2PO_4	1.7	$Na_2MoO_4 \cdot 2H_2O$	25			甘氨酸	200
		$CuSO_4 \cdot 5H_2O$	2.5				
		$CoCl_2 \cdot 6H_2O$	2.5				

【方法与步骤】

1. 培养基的配制与材料灭菌

（1）将培养基母液按比例混合，分别加入一定浓度的激素，配置成MS培养基。培养基中加入3%蔗糖，0.7%琼脂。加入离子水到一定体积，用1mol/L的NaOH调pH至5.8。

胡萝卜愈伤组织诱导培养基：MS＋2,4-D 2mg/L＋KT 0.2mg/L（仅供参考）。

其他接种材料培养基：MS＋2,4-D 2mg/L＋6-BA 0.2mg/L（仅供参考）。

（2）将培养基煮沸，分装到100mL三角瓶中。每瓶30～40mL左右，用封口膜或棉塞包扎瓶口。

（3）将三角瓶放入高压灭菌锅，在120℃、120000Pa下灭菌15min。待温度降低到105℃以下，打开放气阀排气后，取出三角瓶，平放冷却备用。

（4）按上述方法高压灭菌去离子水、烧杯和解剖刀、剪刀、镊子、培养皿等工具。

2. 外植体的消毒与接种培养

（1）打开超净工作台紫外灯和风机，30min后使用。

（2）在超净工作台上将材料浸于70%酒精中30s，然后移入0.1%HCl溶液中3～5min或10%的次氯酸钠溶液中5～10min。无菌水至少清洗3次，每次停留3～5min。

（3）将灭菌后的材料置于无菌培养皿中，用解剖刀切成5mm×5mm大小的小块。将无菌外植体或无菌苗置于无菌的培养皿中，将适宜大小的外植体接种到培养基上，每个三角瓶中接入4～5块外植体。

（4）将培养瓶放入25℃的人工气候箱或暗培养室中培养。

3. 继代培养

（1）待培养物伤口周围长出较多淡黄色的愈伤组织时，可将愈伤组织转移至新培养基中继代。

（2）设计不同激素比例的继代培养基，经比较研究找出适宜的继代培养基。

（3）定期配制新鲜继代培养基，选择疏松、生长良好的愈伤组织按时继代。

【结果与分析】

定期观察，做好记录。记录接种情况并统计愈伤组织出愈率及污染情况。记录每瓶培养基接种材料名称、外植体数，愈伤组织生长情况、继代后生长情况等。

一般接种后一周内，如有污染情况即可观察到，真菌污染菌丝清晰可见，呈黑、白等色。如细菌污染，为粉红、白色或黄色黏稠菌斑，发现污染应及时转移未污染材料或处理掉。未污染培养2～4周后，可在外植体或其切口处观察到已长出的疏松呈颗粒状愈伤组织。

【注意事项】

1. 操作的整个过程中一定要保证无菌。
2. 进行材料消毒时，消毒剂的选择和浓度及处理时间等都要进行预实验，否则消毒过度，会把材料杀死；消毒不够，会造成污染。

【项目思考】

1. 植物组织培养的原理是什么？
2. 接种过程中应注意的问题都有哪些？如何降低接种污染率？

训练项目四　单细胞蛋白的发酵生产过程控制

【项目目的】

1. 掌握菌种活化的方法。
2. 掌握液体发酵过程的接种方法。
3. 掌握液体恒温振荡培养器的使用方法。
4. 掌握发酵液中残余还原糖含量测定的方法。
5. 学习发酵产物初步分离及产物测定的方法。

【项目原理】

单细胞蛋白（SCP）又称微生物蛋白、菌体蛋白，主要是指酵母、细菌、真菌等这些单细胞微生物所产生的蛋白质。单细胞蛋白的氨基酸组成不亚于动物蛋白质，如酵母菌体蛋白，其营养十分丰富，人体必需的 8 种氨基酸，除甲硫氨酸外，它具备 7 种，故有"人造肉"之称。一般成人每天吃干酵母 10～15g，蛋白质就足够了。微生物细胞中除含有蛋白质外，还含有丰富的碳水化合物以及脂类、维生素、矿物质，因此单细胞蛋白营养价值很高。

产朊假丝酵母又叫产朊圆酵母或食用圆酵母。其蛋白质和维生素 B 的含量都比啤酒酵母高，它能以尿素和硝酸作为氮源，在培养基中不需要加入任何生长因子即可生长。它能利用五碳糖和六碳糖（既能利用造纸工业的亚硫酸废液，又能利用糖蜜、木材水解液等）生产出人畜可食用的蛋白质。

本项目以产朊假丝酵母为菌种来生产单细胞蛋白。实验室保存的产朊假丝酵母经过菌种活化、摇瓶培养、离心分离得到酵母细胞，即为单细胞蛋白。该过程中要用到试管斜面培养基和摇瓶培养基。酵母菌的培养通常用麦芽汁培养基、豆芽汁培养基、YPD 培养基。使用前要将实验室长期冷藏的菌种转接到新鲜的试管斜面上，在适当温度下培养，让菌种由休眠状态转化为生长活跃的状态，即为菌种的活化。活化可缩短扩大培养时的迟滞期，减少污染的发生，缩短发酵周期。

【器材与试剂】

1. 器材

产朊假丝酵母等。

15mL 硬质玻璃试管、烧杯、漏斗架、玻璃漏斗、橡胶管、止水夹、透气橡胶塞、三角瓶（50mL、250mL）、白纱布、封口膜、牛皮纸、棉绳、高压蒸汽灭菌锅、量筒、电炉、恒温摇床、无菌操作台、酒精灯、火柴、镊子、脱脂棉、接种环、恒温培养箱、离心机及配套离心管、分光光度计、比色管、具塞刻度试管、移液管（1mL、5mL、10mL）等。

2. 试剂

（1）0.5mg/mL 葡萄糖标准液：准确称取干燥至恒重的葡萄糖 0.5g，加少量水溶解后再加 3mL 12mol/L 的浓盐酸（防止被微生物浸染，即配即用时可以不加），用容量瓶配制成 1000mL 葡萄糖标准溶液。

（2）3,5-二硝基水杨酸（DNS）溶液：取 6.3g 3,5-二硝基水杨酸和 262mL 2mol/L NaOH 溶液加到酒石酸钾钠的热溶液中（192g 酒石酸钾钠溶于 500mL 水中），再加 5g 重蒸酚和 5g 亚硫酸钠，搅拌使其溶解，冷却后加水定容至 1000mL，保存于棕色瓶中。

（3）YPD 培养基：1%酵母膏或酵母粉、2%蛋白胨、2%葡萄糖、2%琼脂。

（4）改良 YPD 培养基：1%酵母膏或酵母粉、2%蛋白胨、1%麦芽糖、2%葡萄糖、0.07% KH_2PO_4、0.03% Na_2HPO_4 等。

（5）其他：麦芽糖、酵母粉或酵母膏、蛋白胨、琼脂、KH_2PO_4、Na_2HPO_4 等。

【方法与步骤】

1. 培养基的制备

按配方制作 YPD 斜面培养基作为产朊假丝酵母菌种活化培养基。制作改良后的 YPD 培养基作为摇瓶培养基。制作好后要求分装三角瓶，装液量为 50mL、250mL。三角瓶瓶口用适当大小的 8 层纱布或封口膜包裹，最上层盖上牛皮纸，包扎。

制作好的斜面培养基和摇瓶培养基均采用高压蒸汽法进行灭菌，灭菌条件为 121℃ 灭菌 20min。灭菌结束后，摆好试管斜面，所有培养基收放妥当，以备下次试验使用。

注意：制备 YPD 斜面培养基时，应最后添加葡萄糖，因为葡萄糖存在时会影响琼脂的溶解。灭菌后应待培养基温度降低到 50℃ 左右时再摆斜面，若摆斜面时培养基温度过高，试管壁上出现大量水蒸气，影响斜面质量。

2. 菌种的活化及摇瓶培养

（1）菌种活化

在无菌操作条件下，用接种环挑取冷藏斜面上的酵母菌种，接种于新鲜的 YPD 斜面上，接种时注意将带有菌种的接种环前端深入到新鲜斜面的底部，由斜面的最下面开始在斜面表面划折线直到斜面最上部，划线时注意不要将斜面划破。接种后置于 26℃ 恒温培养箱中培养 3d 左右，即为活化后的菌株，待用。

（2）摇瓶接种

接种操作前，把接种时需要的所有材料（菌种除外）置于无菌操作台，打开紫外灯和风机，进行 20~30min 的空间灭菌。空间灭菌完成后，关闭紫外灯，严格按照无菌操作的要求，用接种环挑取活化后的斜面菌种 2~3 环接入装有 YPD 液体培养基的三角瓶中。

（3）摇瓶培养

摇瓶接种后，把三角瓶置于 24℃、150r/min 的恒温摇床中，培养 72h。

3. 单细胞蛋白的分离及测定

（1）制备葡萄糖标准曲线

取 6 支试管，编号，然后按表操作，添加各种试剂。

葡萄糖标准曲线的测定　　　　　　　　　　　　　　单位：mL

试剂	试管编号					
	1	2	3	4	5	6
0.5mg/mL 葡萄糖标准溶液	0	0.2	0.4	0.6	0.8	1.0
蒸馏水	1.0	0.8	0.6	0.4	0.2	0
DNS 试剂	1.0	1.0	1.0	1.0	1.0	1.0
加热	沸水浴 5min,取出冷却					
蒸馏水	8.0	8.0	8.0	8.0	8.0	8.0

将上述各试管溶液摇匀,以空白管(1号管)溶液调零,测定其他各管的OD_{540}值。以葡萄糖含量为横坐标、OD_{540}值为纵坐标绘制葡萄糖标准曲线。

(2)酵母细胞和发酵液的分离

发酵混合物5000r/min离心处理15min,上清液即为发酵液,轻轻倾倒出发酵液后,沉淀为酵母细胞。将发酵液合并后装入一个三角瓶中,备用。合并几个离心管中的酵母细胞,蒸馏水清洗两次,称量并记录其湿重,于45℃烘箱中烘干至恒重,称量其干重。

(3)上清液中残糖含量测定

取上清液0.5mL,加入0.5mL蒸馏水和1.0mL DNS试剂,沸水浴5min,取出立即冷却,加入蒸馏水8mL,摇匀。以作标准曲线时的1号管为对照,测定OD_{540},通过标准曲线查出还原糖含量。测得的OD值应在0.1~1.0,最好在0.2~0.8,否则,应对提取液进行适当的稀释或浓缩。为提高实验准确性,实验至少应做两个平行样品。

【结果与分析】

1. 实验结果

实验结果记录

观测指标	时间/d					
	1	2	3	4	5	6
培养基的无菌检查						
产朊假丝酵母斜面菌种生长状况						
发酵液的外观特征						
发酵液中还原糖含量/(g/L)						
单细胞蛋白/(g/L)						

2. 结果分析

根据结果分析影响单细胞蛋白产量的因素。

【注意事项】

1. 观察自己制作的斜面培养基,记录斜面长度,观察试管壁有无水蒸气。判断所制作斜面是否符合要求,并进行相应的原因分析。

2. 观察放置3~5d后的培养基,判断有无杂菌生长,确定杀菌是否彻底。

3. 观察并记录产朊假丝酵母在YPD斜面上形成的菌落特征,如菌落颜色、透明度、边缘情况、厚度等。

4. 观察并记录发酵培养后摇瓶内醪液的特征,如颜色、混浊程度、气味等。

【项目思考】

1. 分装试管斜面时,应怎样操作才能避免培养基污染试管口?
2. 如何判断摇瓶培养有没有污染杂菌?
3. 摇瓶培养的主要影响因素有哪些?
4. DNS法测定还原糖含量时,可能对测定结果造成影响的因素有哪些?
5. 你认为哪些条件会影响单细胞蛋白的产量?
6. 设计一个实验方案,筛选一株单细胞蛋白高产菌株,并对其进行发酵培养。

训练项目五　酸乳的制作

【项目目的】

1. 掌握酸乳的制作原理。
2. 学会酸乳的制作方法。
3. 熟悉均质机（胶体磨）、杀菌机、恒温培养箱等设备的使用方法。

【项目原理】

酸乳清新爽口，倍受广大消费者欢迎。酸乳是以牛乳为主要原料，接入一定量的乳酸菌，经发酵后而制成的一种乳制品。当乳酸菌在牛乳中生长、繁殖和产酸至一定程度时，pH下降，使乳酪蛋白在其等电点附近发生凝集而呈凝乳状，这种凝乳状酸奶被称为凝固型酸乳。

【器材与试剂】

1. 器材

天平、烧杯、玻璃棒、牛乳瓶、均质机（胶体磨）、恒温水浴锅、恒温培养箱、冰箱、不锈钢锅等。

2. 试剂

菌种（或市售酸乳）、鲜牛乳、乳粉。
蔗糖。

【方法与步骤】

1. 凝固型酸乳的制作

在原料乳中添加生产发酵剂后立即进行包装，并在包装容器中发酵而成，成品呈凝乳状。

（1）工艺流程

原料鲜乳→净化→脂肪含量标准化→蔗糖、脱脂乳粉→配料→过滤→预热→均质→灭菌→冷却→接种→分装→发酵→冷却→后熟。

（2）操作步骤

① 牛乳瓶消毒。将牛乳瓶在不锈钢锅里用沸水煮15min。

② 牛乳的净化。利用特别设计的离心机，除去牛乳中的白细胞和其他肉眼可见的异物。

③ 脂肪含量标准化。鲜乳中脂肪含量比较高，为了避免酸乳中有脂肪析出，需要对鲜乳的脂肪含量进行调整，使其达到所要求的标准。可以在脂肪含量高的牛乳中加入一定量的脱脂乳，或通过分离机从牛乳中分离出稀奶油，然后在得到的脱脂乳中再掺入一定量稀奶油，使调制乳的脂肪含量达到要求。

④ 配料。a. 乳粉的添加。经脂肪含量标准化处理的调制乳（或按1∶7的比例加水把乳粉配制成复原牛乳），为了使非脂干物质含量达到要求，一般往调制乳中添加脱脂乳粉，经

如此处理的酸乳有一定的硬度,脱脂乳粉的添加量一般为1%~3%。b. 蔗糖的添加。为了缓和酸乳的酸味,改善酸乳的口味,一般在调制乳中加入4%~8%的蔗糖。如果蔗糖量加入过多,会因调制乳渗透压的增加而阻碍乳酸菌生长。一般是先将原料乳加热到60℃左右,然后加入蔗糖,待糖溶解后,过滤除杂,经过滤的乳液再进行均质处理。

⑤ 均质。用于制作酸乳的原料乳一般都要进行均质处理。经过均质处理,乳脂肪被充分分散,酸乳不会发生脂肪上浮现象,酸乳的硬度和黏度都有所提高,而且酸乳口感细腻,更易被消化吸收。将加热和均质两种方法适当结合起来处理的效果会更好。一般是先将原料乳调至60℃左右,然后在均质机中,于8~10MPa压力下对原料乳进行均质处理。

⑥ 灭菌。均质后原料乳需进行灭菌,方法大致有两种:将乳加热至90℃,保温5min,或置于80℃恒温水浴锅中灭菌15min;也可用超高温瞬时灭菌法(在135℃下保温2~3s)。

此灭菌法为单一温度灭菌的过程,易于控制生产。经灭菌处理后的原料乳迅速冷却到43~45℃待接种。

⑦ 接种。向灭过菌的43~45℃的原料乳中加入发酵剂,接种量为2%~3%,通常是嗜热链球菌和保加利亚乳杆菌的混合菌,两种菌的比例为1:1或2:1。球菌的接种量稍多些,可弥补由于杆菌生长产酸而阻碍球菌生长所造成的球菌数量不足的缺点。经实验证明,当接种量超过3%时,发酵所需时间并不因接种量加大而缩短,而酸乳的风味由于发酵前期酸度上升太快反而变差。所以,任意加大接种量是无益的,反之,若接种量过小,发酵所需时间延长,酸乳的酸味会显得不够。

⑧ 分装。酸乳受到振动,凝乳状态易被破坏,因此,不能在发酵罐中先发酵然后再进行分装。分装必须是将含有乳酸菌的牛乳培养基先分装到销售用的玻璃瓶或塑料小容器中,加盖后送入恒温室培养,在容器中发酵制成酸乳。为了避免杂菌的侵入,分装操作应在无菌室中进行。牛乳分装后,容器上部留出的空隙要尽可能小,这样容器中的内容物晃动幅度小,酸奶的形态易保持完整。另外,减少空气也有利于乳酸菌的生长。整个分装操作的时间要短,使乳液温度下降少,这样乳液温度与所设定的发酵温度接近,整个发酵时间就不会被延长。

⑨ 发酵。将装有含乳酸菌的牛乳的容器置于恒温箱中进行发酵,恒温箱的温度保持在40~43℃,时间为3~4h;或30℃培养18~20h。

发酵终点的确定有两种方法:a. 发酵乳的酸度已达到65~70 °T[用0.1mol/L NaOH标准溶液滴定100mL样品,每消耗掉1mL NaOH溶液称为1滴定酸度(°T)],或pH 4~5;b. 发酵乳的流动性变差,基本凝固。

⑩ 冷却。发酵结束,在将酸乳移放进冷藏室进行贮存和后熟处理之前,应将酸乳从发酵室中取出,用冷风迅速将其冷却至10℃以下,使酸乳中的乳酸菌停止生长,防止酸乳酸度过高而影响口感。

⑪ 后熟。酸乳在形成凝块后应在4~7℃下保持24h以上,以获得酸奶特有风味和较好口感。

⑫ 冷藏。经冷却处理的酸奶贮藏在2~5℃,最好是-1~0℃的冷藏室保存。低温保存有以下优点:a. 保存期间酸乳的酸度上升极少;b. 牛乳凝固时会产生收缩力,导致乳清析出,在低温时这种收缩力比较弱,所以乳清不易从酸奶中分离出来;c. 低温下酸乳逐渐形成白玉般的组织状态,结构非常细腻;d. 低温保存过程中,香味物质逐渐形成,使酸乳具有较浓香味。

⑬ 品味。酸乳应有凝块,质地细腻、酸甜适中、清新爽口,若有不良异味,则很可能是酸乳污染了杂菌。

2. 搅拌型酸乳的制作

（1）工艺流程

原料鲜乳→配料→预热→均质→灭菌→冷却→接种→发酵→冷却→辅料→搅拌→装瓶→后熟→冷藏。

（2）操作步骤（略）

3. 饮料型酸乳

将凝固型酸乳均质处理后，使凝乳充分分散，凝乳粒子直径在 0.01mm 以下的酸奶，这种酸乳的特点是与牛乳相似、呈液体状。

（1）工艺流程

凝固型酸乳→混合→均质→分装→冷却→冷藏
　　　　　　　↑
　　　　　稳定剂溶液

（2）操作步骤

① 凝固型酸乳的制备（略）。

② 混合。为了防止饮料型酸乳产生分层现象，一般在凝固型酸乳中加入稳定剂，然后再用均质机破乳，由于增加了稳定剂，即使在冷藏期间也不会发生酸乳分层现象。

根据来源可将稳定剂分成两类：a. 人工合成稳定剂，如海藻酸丙二醇酶（PGA）等。b. 天然稳定剂，如明胶、琼脂、海藻酸钠和果胶等。

稳定剂的种类、添加量和添加方式，对于制备饮料型酸乳十分重要。目前在酸乳中使用较多的是低甲氧基果胶（LM 果胶）。一般加入量为 0.3%，使用时，先将 LM 果胶用水溶解，经灭菌后冷却到接近酸乳的温度（15~20℃），然后加入酸乳中搅匀。

③ 均质。在 10MPa 压力下，将上述酸乳进行均质处理。

④ 分装、冷却。均质后的酸乳液，灌装到销售用的小容器中，迅速冷却至 10℃ 以下。

⑤ 冷藏。饮料型酸乳会有活乳酸菌，因此应置于 0~5℃ 冷藏。

4. 杀菌型酸乳

由牛乳制成酸乳后，用加热方法将酸乳中所有微生物杀灭的一种酸乳，此种酸乳特点是：不存在乳酸菌和其他微生物，保存期内酸奶酸度不会改变，且保存期延长，但凝乳经加热后，十分容易析出乳清，需在发酵前加稳定剂，灭菌后酸乳的营养价值也有所降低。

（1）工艺流程

　　　　　糖、乳粉、稳定剂
　　　　　　　↓　　　　　　　　　　　　　　　　　　┌发酵→杀菌→┬搅拌型酸乳┐
脂肪含量标准化牛乳→配料→过滤→均质→分装┤　　　　　　└饮料型酸乳┘→无菌分类
　　　　　　　　　　　　　　　　　　　　　　　　　　└发酵→杀菌→凝固型酸乳

（2）操作步骤

杀菌型酸乳除多了一步杀菌工序外，其他操作步骤与凝固型酸乳基本相同。

杀菌：微生物在酸性环境中对温度十分敏感，当 pH 为 4.0~4.5 时，65℃ 加热 5min 就能够把酸乳中的微生物杀死，制作杀菌型酸乳常使用这种方法。其他步骤（略）。

5. 冷冻酸乳

在酸乳中添加糖和香料，按照冰淇淋生产工艺加工成保健饮料。按冷冻酸乳是否含有活菌，可将其划分为活菌型冷冻酸乳和杀菌型冷冻酸乳两种类型。活菌型冷冻酸乳在 −25℃ 贮藏 1 年，活乳酸菌残存 50%~80%；杀菌型冷冻酸乳是将酸奶中的活乳酸菌杀死，因此成品性能稳定。

（1）工艺流程

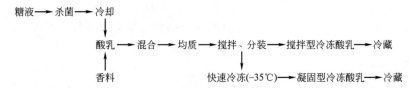

（2）操作步骤

牛乳的净化、脂肪含量标准化和配料的操作方法与制作凝固型酸乳相同。

将原料加热至 75℃，然后用均质机进行二段均质（均质压力为 13.538MPa、3.434MPa）。均质后的乳加热到 85℃，保温 10min，接着将该灭菌乳冷却到 44℃。

接种保加利亚乳杆菌和嗜热链球菌的混合菌液（1∶1），接种量为 2%～3%。在 43℃左右发酵 6～7h，终止时酸乳的 pH 为 4.7～5.0。

在上述酸乳中添加经杀菌冷却的糖液和香料，充分混合后在 143MPa 压力、60℃下均质，接着，将均质乳冷却到 45℃，成熟数小时后分装。最后送入－35℃冷库，快速冷冻硬化，得到凝固型冷冻酸乳。也可以将成熟后的酸乳不经过冷冻硬化，在分装后直接冷藏保存制成搅拌型冷冻酸乳。

【结果与分析】

1. 酸乳感官指标

色泽：均匀一致，呈乳白色或稍带微黄色。

滋味和气味：具有酸甜适中、可口的滋味和酸奶特有风味，无酒精发酵味、霉味和其他不良气味。

组织状态：凝块均匀细腻，无气泡，允许有少量乳清析出。

2. 酸乳理化指标

非脂乳固体含量≥8.5%；

脂肪含量≥3.2%；

蛋白质含量≥3.2%；

总糖（以蔗糖计）含量≥8.0%；

酸度（以 pH 计）发酵后 4.5～5.0，冷藏后 3.5～4.0。

【注意事项】

1. 选择优质、新鲜的牛乳和酸乳（作为菌种）。
2. 严格无菌操作，尽量避免杂菌污染。
3. 酸乳制好后，应在 0～5℃下保藏，保质期为 5d。

【项目思考】

综合评价自制酸乳的品质，说说你的制作体会。

训练项目六　发酵法生产多维胡萝卜饮料

【项目目的】

1. 认识果蔬汁生产过程中的关键设备和操作要点。
2. 了解果蔬汁生产工艺操作及工艺控制。
3. 了解果蔬汁质量的基本检验和鉴定能力。
4. 能够制定果蔬汁生产的操作规范、整理改进措施。

【器材与试剂】

1. 器材

胡萝卜、发酵剂（嗜热链球菌、嗜酸乳杆菌、保加利亚乳杆菌）等。

恒温培养箱、高压灭菌锅、pH计、胶体磨、真空脱气机、均质机、调配缸、杀菌机、水处理机组、灌装封盖机组等。

2. 试剂

脱脂乳粉（蛋白质≥34%、脂肪≤1.25%）、脱盐乳清粉（D40）（蛋白质≥13%、脂肪≤1.5%）、果胶裂解酶、异维生素C-Na、柠檬酸、白砂糖、葡萄糖、复配稳定剂等（食品级）等。

【方法与步骤】

1. 工艺流程

胡萝卜→筛选→清洗→碱处理、切片→榨汁→过滤→灭菌→接种→发酵→后熟→调配→分装→检验→成品。

2. 操作步骤

(1) 原料选择

应选择呈橙红色，表面光滑短粗、纹理细致的品种。

(2) 清洗

洗净表皮泥沙及污物，削去带绿的蒂把及根须，以免影响成品色泽。

(3) 去皮

可除去胡萝卜茎皮含有的苦味物质。可采用手工去皮或化学去皮。若采用化学去皮中的碱液去皮，其碱液浓度5%~7%，温度90~95℃，时间1~2min。经碱液去皮，立即用流动清水漂洗，用pH试纸测试呈中性为止。

(4) 加热软化

胡萝卜切块，按料水1:2放入锅内，在100℃下热煮7~10min，达到软化，以提高出汁率。许多果蔬破碎后、取汁前须进行热处理，其目的在于提高出汁率和品质。因为加热使细胞原生质体中的蛋白质凝固，改变细胞的结构，同时使果肉软化，果胶部分水解，降低了果汁黏度。另外，加热可抑制多种酶类（如果胶酶、多酚氧化酶、脂肪氧化酶、过氧化氢酶等）的活性，从而抑制产品发生分层、变色、产生异味等不良变化。

(5) 破碎和取汁

将软化后的原料用破碎机或打浆机使原料破碎。果蔬取汁有压榨和浸提法两种，制取带肉果汁或混浊果汁有时采用打浆法，大多果蔬含有丰富的汁液，故以压榨法为多用。

(6) 脱气

脱气即采用一定的机械和化学方法除去果蔬汁中气体的工艺过程。脱气的目的在于：①脱去果汁内的氧气，从而防止维生素等营养成分的氧化，减轻色泽的变化，防止挥发性物质的氧化及异味的出现。②除去吸附在果蔬汁漂浮颗粒上的气体，防止带肉果汁装瓶后固体物的上浮，保持良好的外观。③减少装瓶和高温瞬时杀菌时的起泡，从而避免影响装罐和杀菌效果，防止浓缩时过分沸腾。④减少罐头内壁的腐蚀。脱气的方法有加热法、真空法、化学法、充氮置换法等，且常结合在一起使用，如真空脱气时，常将果汁适当加热。原料在破碎时往往混入不少空气，溶解在原汁中的氧会降低成品中抗坏血酸含量，并使原汁风味变劣，采取脱气处理可降低原汁含氧量，并可使装罐时泡沫减少。

(7) 发酵菌液制备

菌种活化：扩大培养→单菌株产酸曲线测定（将培养的各供试菌分别按1%接种量接种于基础胡萝卜汁培养基，37℃培养48h，每4h测1次产酸量）；多菌株产酸曲线测定（将筛选出的菌种以等量的种间比按1%接种量接种于基础胡萝卜汁培养基，37℃培养48h，每4h测1次产酸量）→发酵剂。

(8) 调配

为使果蔬汁制品有一定的规格，改进风味，增加营养、色泽，果蔬汁加工常需进行调配，它包括加糖、酸、维生素C和其他添加剂，或将不同的果蔬汁进行混合，或加用水及糖浆将果蔬汁稀释。胡萝卜汁有单一的胡萝卜汁和混合其他果汁的胡萝卜汁。

单一胡萝卜汁的调配：胡萝卜浆40%，砂糖8%～10%，柠檬酸0.2%，苯甲酸钠0.015%，稳定剂0.15%～0.30%，根据口味添加不同类型的食用香精0.075%。利用柠檬酸可以调整制品的糖酸比，使制品的口感和风味更好，并能起到护色作用。同时要严格控制稳定剂、防腐剂、香精的用量。

(9) 加热均质

常用均质设备为高压均质机和胶体磨。均质即将果蔬汁通过一定的设备，使其中的细小颗粒进一步细微化，使果胶和果蔬汁亲和，保持果蔬汁均一的外观。提取的汁液必须加热到82.2℃，使热不稳定的物质全部凝结起来，再将此混合物用均质机或胶体磨进行均质处理（胶体磨均质两次，每次均质5min）。以防止以后工序中不可溶物质絮凝。并使果肉均匀分散于汁液中，避免果肉大量下沉。

(10) 杀菌和罐装

温度95～100℃，杀菌5～7min。将杀菌后的胡萝卜汁装入已消毒的容器中，加盖密封。现代工艺则先杀菌后灌装，亦大量采用无菌灌装方法进行加工。杀菌的目的：一是消灭微生物防止发酵；二是钝化各种酶类，避免各种不良的变化。传统的罐藏方法常以灌装、密封、杀菌的工艺进行加工。常用的灌装方法有以下三种：

① 传统灌装法。将果蔬汁加热到85℃以上，趁热装罐（瓶），密封，在适当的温度下进行杀菌，之后冷却。此法产品的加热时间较长，品质下降较明显，但对设备投入不大，要求不高，在高酸性果汁中有时可获得较好的产品。

② 热灌装。将果蔬汁在高温短时或超高温瞬时杀菌，之后趁热灌入已预先消毒的洁净瓶内或罐内，趁热密封，之后倒瓶，冷却。此法较常用于高酸性的果汁及果汁饮料，亦适合于茶饮料。

③ 无菌灌装。是近 50 年来液态食品包装最大进展之一，包括杀菌和无菌充填密封两部分，为了保证充填和密封时的无菌状态，还须进行机器和空气的无菌处理。

【结果与分析】

胡萝卜饮料呈深红色，均质，有胡萝卜芳香，口感协调、细腻、润滑。

1. 感官指标

色泽：呈黄色。

香气：具有胡萝卜及辅料特有的香气，香气协调柔和。

滋味：具有胡萝卜及辅料特有的滋味，酸甜适宜，清爽可口。

组织状态：均匀稳定，无浆液分层，无其他杂质出现。

2. 理化指标

胡萝卜原浆含量＞30％；

可溶性固形物 7％～10％；

总酸 0.15％～0.3％；

铅（以 Pb 计）＜1.0mg/kg；

砷（以 As 计）＜0.5mg/kg；

铜（以 Cu 计）＜10mg/kg。

3. 微生物指标

细菌总数＜100 个/mL；

大肠菌群＜3 个/100mL；

致病菌不得检出；

贮存期：常温下 3 个月。

【注意事项】

1. 热的胡萝卜浆液不宜与铁接触，否则维生素易被破坏。
2. 胡萝卜在热水中浸泡 15min 磨出的浆色泽鲜艳、悦人，有利成品外观。
3. 胡萝卜饮料，可单用胡萝卜为原料，也可与其他水果如苹果、柑橘、菠萝等混合，成品味道更佳。

【项目思考】

1. 如何进一步提高胡萝卜汁质量？
2. 如何降低胡萝卜汁生产成本？

训练项目七 α-淀粉酶产生菌的分离、筛选

【项目目的】

1. 学习从土壤中分离、纯化微生物的原理与方法。
2. 学习、掌握微生物的鉴定方法。
3. 对提取的土样进行微生物的分离、纯化培养,并进行简单的形态鉴定。

【项目原理】

α-淀粉酶是一种液化型淀粉酶,它的产生菌芽孢杆菌,广泛分布于自然界,尤其是在含有淀粉类物质的土壤等样品中。从自然界选菌种的具体做法,大致可以分成以下三个步骤:采样、增殖培养和纯种分离。

1. 采样

即采集含菌的样品。采集含菌样品前应调查研究一下打算选的微生物在哪些地方分布最多,在土壤中几乎各种微生物都可以找到,因而土壤可以说是微生物的大本营。在土壤中数量最多的是细菌,第二是放线菌,第三是霉菌,酵母菌最少。除土壤以外,其他各类物体上都有相应的占优势生长的微生物。例如,枯枝、烂叶、腐土和朽木中纤维素分解菌较多;房土、面粉加工厂和菜园土壤中淀粉的分解菌较多;果实、蜜饯表面酵母菌较多;蔬菜、牛奶中乳酸菌较多;油田、炼油厂附近的土壤中石油分解菌较多等。

2. 增殖培养(又称丰富培养)

增殖培养就是在所采集的土壤等含菌样品中加入某些特定营养物质,并创造有利于待分离微生物生长的其他条件,使能分解利用这类物质的微生物大量繁殖,从而从其中分离得到这类微生物。因此,增殖培养事实上是选择性培养基的一种实际应用。

3. 纯种分离

在生产实践中,一般都应用纯种微生物进行生产。通过第二步增殖培养使待分离的微生物从劣势生长转变为优势,从而提高了筛选的效率。但是要得到纯种微生物还必须进行纯种分离。纯种分离的方法有很多,主要有:平板划线分离法、稀释分离法、单孢子或单细胞分离法、菌丝尖端切制法等。

【器材与试剂】

1. 实验器材

选取合适位置地下 10cm 左右土壤。

小铁铲和无菌纸或袋、培养皿、载玻片、盖玻片、普通光学显微镜、量筒、滴管、吸水纸、无菌水试管(每支 4.5mL 水)、烧杯、三角瓶、电炉、玻璃棒、接种环、镊子、恒温培养箱、高温灭菌锅、移液枪(枪头)、天平、滤纸、pH 试纸等。

2. 实验试剂

牛肉膏蛋白胨培养基(蛋白胨 1.0g,牛肉膏 0.3g,NaCl 0.5g,琼脂 1.5g,pH 6.4 左右,100mL 水定容)、鲁氏碘液、0.2%可溶性淀粉液、结晶紫染液、番红染液、95%乙醇、

无菌水等。

【方法与步骤】

1. 采集土样

带上小铁铲和无菌袋采集土地较细碎土。

2. 样品稀释

在无菌纸上称取样品 1.0g，放入 100mL 无菌水的三角瓶中，手摇 10min 使土壤和水充分混合，用 1mL 无菌吸管吸取 0.5mL 注入 4.5mL 无菌水试管中，梯度稀释至 10^{-6}。

3. 分离

用稀释样品的同支吸管分别依次从 10^{-6}、10^{-4}、10^{-2} 样品稀释液中，吸取 1mL，注入无菌培养皿中，然后倒入灭菌并熔化冷却至 50℃ 左右的固体培养基，小心摇动冷凝后，倒置于 37℃ 恒温箱中培养 48h。

4. 初步鉴定

对多种菌进行形态特征的观察、简单染色、革兰氏染色以及芽孢染色观察，记录结果。

5. α-淀粉酶鉴定

(1) 实验原理

细菌能否产生 α-淀粉酶主要依据是鉴定能否分解淀粉。α-淀粉酶可以分解淀粉，因淀粉遇碘变蓝色，如菌落周围产生无色圈，说明该菌能分解淀粉。

(2) 步骤

将培养的各种待测菌种接种在含有 0.2% 淀粉液的牛肉膏蛋白胨培养基中，倒置于 37℃ 恒温箱中培养 18～24h 后，取出平板，向平板中注入 1 滴 Lugol 氏碘液，因淀粉遇碘变蓝色，如菌落周围产生无色圈，说明该菌能分解淀粉。

【结果与分析】

从平板上选取淀粉水解圈直径与菌落直径之比较大的菌落，用接种环蘸取少量培养物至斜面上，并进行 2～3 次划线分离，挑取单菌落至斜面上，培养后观察菌生长情况，并镜检验证为纯培养。

【注意事项】

1. 先将可溶性淀粉加少量蒸馏水调成糊状，再加到熔化好的培养基中，调匀。
2. 操作过程注意避免杂菌污染。
3. 对简单鉴定后的微生物需进行生理生化鉴定。

【项目思考】

产 α-淀粉酶菌的分离筛选有哪些注意事项？

训练项目八 海藻酸钠固定化中性蛋白酶

【项目目的】

1. 了解中性蛋白酶的性质。
2. 掌握中性蛋白酶的固定化方法。

【项目原理】

中性蛋白酶是最早用于工业生产的蛋白酶。商业中性蛋白酶的生产菌种,主要是枯草杆菌、耐热芽孢杆菌、灰色链霉菌、寄生曲霉、米曲霉和栖土曲霉等,它能迅速水解蛋白质生成肽类和部分游离氨基酸。

酶的固定化是利用化学或物理手段将游离酶固定于限定的空间区域,使其保持活性并可反复使用的一种技术。固定化方法主要有吸附、包埋、共价结合、肽键结合和交联法等,其中包埋法不需要化学修饰酶蛋白的氨基酸残基,反应条件温和,很少改变酶的结构,应用最为广泛。包埋法对大多数酶、粗酶制剂、甚至完整的微生物细胞都适用,包埋材料主要有琼脂、卡拉胶、海藻酸钠、聚丙烯酰胺、纤维素等。其中海藻酸钠具有无毒、安全、价格低廉、材料易得等特点,是酶工程中常用的包埋材料之一。

【器材与试剂】

1. 器材

中性蛋白酶等。

分光光度计、电热恒温水浴槽、循环式多用真空水泵、恒温磁力搅拌器、台式水浴恒温振荡器、10mL注射器、8#针头、精密酸度计、高压灭菌锅、电热鼓风干燥箱、电子恒温电热套等。

2. 试剂

海藻酸钠、干酪素、L-酪氨酸、pH 7.0磷酸缓冲液、$CaCl_2$溶液等。

【方法与步骤】

1. 中性蛋白酶的固定化方法

称取一定量的中性蛋白酶粉,用0.02mol/L(pH 7.0)磷酸缓冲液稀释250倍,制成中性蛋白酶液。取适量酶液加入浓度为3%的海藻酸钠溶液中,固定化酶与海藻酸钠的溶液的体积比为1∶2,充分搅拌均匀。用灭菌后的注射器吸取上述混合液,以约每秒5滴的速度注入浓度为3%的$CaCl_2$溶液中制成凝胶珠,将形成的凝胶珠在0～4℃的$CaCl_2$溶液中放置2.5h,使其进一步硬化。然后抽滤得到硬化的凝胶珠,用无菌生理盐水洗涤3～5次,以洗去表面的$CaCl_2$溶液,即得到直径为1.5～2.0mm球状固定化中性蛋白酶。

2. 酶活性的测定

游离中性蛋白酶和固定化中性蛋白酶活性测定采用福林酚法。游离中性蛋白酶用0.02mol/L(pH 7.0)磷酸缓冲溶液溶解后测定,单位为U/mL;固定化中性蛋白酶是分别测定固定化前酶的活性和固定化后上清液酶的活性，然后计算固定化酶活性，单位为 U/g。

3. 固定化率的计算

分别测定固定化过程中加入游离酶的总活性以及固定化后上清液酶的总活性，计算固定化率。

$$固定化率(\%) = \frac{(加入游离酶的总活性 - 上清液酶的总活性)}{加入游离酶的总活性} \times 100\%$$

【结果与分析】

用此方法制备固定化酶的固化率可达到 97.5%，固定化酶的活性为 3600U/g。

【注意事项】

1. 海藻酸钠与 Ca^{2+} 形成亲水的多孔性海藻酸钙凝胶，其体系较为稳定，且相容性良好，凝胶过程温和。
2. 固定化酶的质量受海藻酸钠浓度、固定化酶量、固定化时间以及 Ca^{2+} 浓度的影响。

【项目思考】

1. 海藻酸钠浓度对中性蛋白酶固定化效果的影响是什么？
2. 固定化酶量对固定化效果的影响是什么？

训练项目九 SDS-PAGE 测定蛋白质分子量

【项目目的】

1. 了解 SDS-聚丙烯酰胺凝胶电泳的原理。
2. 掌握 SDS-聚丙烯酰胺凝胶电泳法测定蛋白质的分子量的方法。

【项目原理】

聚丙烯酰胺凝胶电泳之所以能将不同的大分子化合物分开，是由于这些大分子化合物所带电荷的差异和分子大小不同，如果将电荷差异这一因素除去或减小到可以忽略不计的程度，这些化合物在凝胶上的迁移率则完全取决于分子量。

SDS 是十二烷基硫酸钠的简称，它是一种阴离子去污剂，能按一定比例与蛋白质分子结合成带负电荷的复合物，其负电荷远远超过了蛋白质原有的电荷，也就消除或降低了不同蛋白质之间原有的电荷差别，这样就使电泳迁移率只取决于分子大小这一因素。根据已知分子量的标准蛋白质的迁移率对分子量对数作图，可获得一条标准曲线，未知蛋白质在相同条件下进行电泳，根据它的电泳迁移率即可在标准曲线上求得分子量。

SDS-聚丙烯酰胺凝胶电泳（SDS-PAGE）可以用圆盘电泳，也可以用垂直平板电泳，本实验采用目前常用的垂直平板电泳，样品的起点一致，便于比较。

【器材与试剂】

1. 器材

蛋白质样品（如牛血清白蛋白）。

垂直板型电泳槽、直流稳压电源、50μL 或 100μL 微量注射器、玻璃板、水浴锅、染色槽、烧杯、吸量管、滴管等。

2. 试剂

（1）分离胶缓冲液（Tris-HCl 缓冲液，pH 8.9）：取 1mol/L 盐酸 48mL，Tris 36.3g，用去离子水溶解后定容至 100mL。

（2）浓缩胶缓冲液（Tris-HCl 缓冲液，pH 6.7）：取 1mol/L 盐酸 48mL，Tris 5.98g，用去离子水溶解后定容至 100mL。

（3）30%分离胶贮液：配制方法与连续体系相同，称丙烯酰胺（Acr）30g 及 N,N-亚甲基双丙烯酰胺（Bis）0.8g，溶于重蒸水中，最后定容至 100mL，过滤后置棕色试剂瓶中，4℃保存。

（4）10%浓缩胶贮液：称取 Acr 10g 及 Bis 0.5g，溶于重蒸水中，最后定容至 100mL，过滤后置棕色试剂瓶中，4℃贮存。

（5）10%SDS 溶液：SDS 在低温易析出结晶，用前微热，使其完全溶解。

（6）1%TEMED（N,N,N',N'-四甲基乙二胺）。

（7）10%过硫酸铵：现用现配。

(8) 电泳缓冲液（Tris-甘氨酸缓冲液，pH 8.3）：称取 Tris 6.0g，甘氨酸 28.8g，SDS1.0g，用去离子水溶解后定容至 1L。

(9) 样品溶解液：取 SDS 100mg，巯基乙醇 0.1mL，甘油 1mL，溴酚蓝 2mg，0.2mol/L pH 7.2 磷酸缓冲液 0.5mL，加重蒸水至 10mL（遇液体样品浓度增加一倍配制）。用来溶解标准蛋白质及待测固体。

(10) 染色液：0.25g 考马斯亮蓝 G-250，加入 454mL 50％甲醇溶液和 46mL 冰乙酸即可。

(11) 脱色液：75mL 冰乙酸，875mL 重蒸水与 50mL 甲醇混匀。

【方法与步骤】

1. 安装夹心式垂直板电泳槽

目前，夹心式垂直板电泳槽有很多型号，虽然设置略有不同，但主要结构相同，且操作简单，不易泄漏。同学们可根据具体不同型号要求进行操作。主要注意：安装前，胶条、玻板、槽子都要洁净干燥；勿用手接触灌胶面的玻璃。

2. 制备凝胶板

根据所测蛋白质分子量范围，选择适宜的分离胶浓度，本实验采用 SDS-PAGE 不连续系统。

(1) 分离胶制备

按表配制 10mL 13％分离胶。混匀后用细长头滴管将凝胶液加至长、短玻璃板间的缝隙内，留出灌注浓缩胶所需的空间，即在胶面上小心注入一层双蒸水（约 2～3mm 高），以进行水封，阻止氧气进入凝胶溶液。约 30min 后，凝胶与水封层间出现折射率不同的界线，则表示凝胶完全聚合。待分离胶聚合完全后，倾去水封层的蒸馏水，再用滤纸条吸去多余水分。

13％分离胶配制方法

溶液成分	总体积 10mL
双蒸水	2.966mL
30％丙烯酰胺	4.33mL
1.5mol/L Tris-HCl(pH 8.8)	2.5mL
10％SDS	0.1mL
10％过硫酸铵	0.1mL
1％TEMED	0.004mL

注：一旦加入 TEMED，马上开始聚合，故应快速操作。

(2) 浓缩胶的制备

按表配制 5mL 4％浓缩胶，混匀后用细长头滴管将浓缩胶加到已聚合的分离胶上方，直至距离短玻璃板上缘约 0.5cm 处，轻轻将样品槽模板插入浓缩胶内，避免带入气泡。约 30min 后凝胶聚合，再放置 20～30min。待凝胶凝固，小心拔去样品槽模板，用窄条滤纸吸去样品凹槽中多余的水分，将 Tris-甘氨酸缓冲液（pH 8.3）倒入上、下贮槽中，应没过短板约 0.5cm 以上，设法排出凝胶底部两玻璃板之间的气泡，即可准备加样。

4%浓缩胶配制方法

溶液成分	总体积 5mL
双蒸水	3.595mL
30%丙烯酰胺	0.67mL
1.5mol/L Tris-HCl(pH 6.7)	0.63mL
10%SDS	0.05mL
10%过硫酸铵	0.05mL
TEMED	0.005mL

注：一旦加入TEMED，马上开始聚合，故应快速操作。

3. 样品处理及加样

各标准蛋白及待测蛋白都用样品溶解液溶解，使其浓度为0.5~1mg/mL，沸水浴加热3min，冷却至室温备用。处理好的样品液如经长期存放，使用前应在沸水浴中加热1min，以消除亚稳态聚合。

一般加样体积为10~15μL（即2~10μg蛋白质）。如样品较稀，可增加加样体积。用微量注射器小心将样品通过缓冲液加到凝胶凹形样品槽底部，待所有凹形样品槽内都加了样品，即可开始电泳。

4. 电泳

将直流稳压电泳仪开关打开，开始时将电流调至10mA。待样品进入分离胶时，将电流调至20~30mA。当蓝色染料迁移至底部时，将电流调回到零，关闭电源。拔掉固定板，取出玻璃板，用刀片轻轻将一块玻璃撬开移去，在胶板一端切除一角作为标记，将胶板移至大培养皿中染色。

5. 染色

染色时间：60min（视情况而定），到时间后倒掉染色液，用蒸馏水冲洗2次终止染色，将胶块置于脱色液中。

6. 脱色

脱色需1~2h，染色终止后应多次更换脱色液直至蛋白质带与背景清晰，用直尺分别量取各条带与凝胶顶端的距离。脱色后，可将凝胶浸于水中，长期封装在塑料袋内而不降低染色强度。为了永久性记录，可对凝胶进行拍照，或者将凝胶干燥成胶片。

【结果与分析】

1. 绘制标准曲线

将大培养皿放在一张坐标纸上，量出加样端距前沿染料中心的距离（cm）以及各蛋白质样品区带中心与加样端的距离（cm），按下式计算相对迁移率。

相对迁移率＝蛋白质样品迁移距离（cm）/指示剂迁移距离（cm）

以标准蛋白质的相对迁移率为横坐标，标准蛋白质分子量为纵坐标在半对数坐标纸上作图，可得到一条标准曲线。

2. 确定蛋白质的分子量

根据未知蛋白质样品相对迁移率直接在标准曲线上查出其分子量。

【注意事项】

1. 不是所有的蛋白质都能用SDS-凝胶电泳法测定其分子量，已发现有些蛋白质用这种方法测出的分子量是不可靠的，包括：电荷异常或构象异常的蛋白质，带有较大辅基的蛋白质（如某些糖蛋白）以及一些结构蛋白如胶原蛋白等。例如，组蛋白 F1，它本身带有大量正电荷，因此，尽管结合了正常比例的 SDS，仍不能完全掩盖其原有正电荷的影响，它的分子量是 21000，但 SDS-凝胶电泳测定的结果却是 35000。因此，最好至少用两种方法来测定未知样品的分子量，互相验证。

2. 有许多蛋白质是由亚基（如血红蛋白）或两条以上肽链（如 α-胰凝乳蛋白酶）组成的，它们在 SDS 和巯基乙醇的作用下，解离成亚基或单条肽链。因此，对于这一类蛋白质，SDS-凝胶电泳测定的只是它们的亚基或单条肽链的分子量，而不是完整分子的分子量。为了得到更全面的资料，还必须用其他方法测定其分子量及分子中肽链的数目等，与 SDS-凝胶电泳的结果互相参照。

【项目思考】

1. 是否所有的蛋白质都能用 SDS-PAGE 测定？为什么？
2. 分析各蛋白质相对迁移率高低主要是由什么决定的？

训练项目十　ELISA酶联免疫测定方法

【项目目的】

1. 理解酶联免疫方法原理。
2. 掌握酶联免疫测定方法。

【项目原理】

1. ELISA方法的原理

基于抗原抗体反应的特异性和等比例性，以96孔的聚苯乙烯塑料微孔板（又称酶标板）为载体，在适当的技术条件下使抗原或抗体包被（吸附）在酶标板微孔的内壁上成为所谓的包被（固相）抗体或抗原，没有被吸附（游离）的抗原或抗体通过洗涤除去，然后直接加入酶标记抗体或抗原（或先加入适当的抗体或抗原与包被抗原或抗体反应后，再加入相应的酶标记抗体或抗原），形成酶标记的抗原-抗体复合物固定在微孔内，没有吸附的酶标记物洗涤去除，加入底物溶液于微孔中，复合物上的酶催化底物使其水解、氧化或还原成为有色的底物。在一定的条件下，复合物上酶的量（也反映了固定化的抗原抗体复合物的量）和酶产物呈现的色泽成正比，因此可以用分光光度计进行测定，从而计算出参与反应的抗原和抗体的量。ELISA常用于食品质量检验。

2. ELISA方法的分类

ELISA可以分为直接法、间接法和夹心法三种。

（1）直接法

直接法是指酶标抗原或抗体直接与包被在酶标板上的抗体或抗原结合形成酶标抗原-抗体复合物，加入酶反应底物，测定产物的吸光值，计算出包被在酶标上的抗体或抗原的量。

（2）间接法

间接法是将酶标记在二抗上，当抗体（一抗）和包被在酶标板的抗原结合形成复合物后，再以酶标二抗和复合物结合，通过测定酶反应产物的颜色可以（间接）反应一抗和抗原的结合情况，进而计算出抗原或抗体的量。

（3）夹心法

夹心法是先将未标记的抗体包被在酶标板上，用于捕获抗原，再用酶标的抗体与抗原反应形成抗体-抗原-酶标抗体复合物；也可以像间接法一样应用酶标二抗和抗体-抗原-抗体复合物结合，形成抗体-抗原-抗体-酶标二抗复合物。前者称为直接夹心法，后者称为间接夹心法。

【器材与试剂】

1. 器材

待测样品（如鲜乳、鸡、鸭、猪肉/猪肝、虾、鱼等）。

酶标仪、振荡器、涡旋仪、离心机、水浴锅、天平、微量移液枪及配套枪头。

2. 试剂

通常使用 ELISA 试剂盒。ELISA 试剂盒包含以下各组分：

（1）已包被抗原或抗体的固相载体（免疫吸附剂，俗称酶标板）

固相载体在 ELISA 测定过程中作为吸附剂和容器，不参与化学反应。可作 ELISA 中载体的材料有很多，最常用的是聚苯乙烯。ELISA 载体的形状主要有三种：微量滴定板、小珠和小试管。以微量滴定板最为常用，专用于 ELISA 的产品称为 ELISA 板，国际上标准的微量滴定板为 96 孔式。

（2）酶标记物

即酶标记的抗原或抗体，是 ELISA 中最关键的试剂。良好的酶标记物应该是既保有酶的催化活性，也保持了抗体（或抗原）的免疫活性。酶标记物中酶与抗体（或抗原）之间有恰当的分子比例，在酶标记物中应尽量不含有或少含有游离的（未结合的）酶或游离的抗体（或抗原）。此外酶标记物还要有良好的稳定性。在 ELISA 中，常用的酶为辣根过氧化物酶（HRP）和碱性磷酸酶（ALP 或 AKP）。

（3）酶的底物

① HRP 的底物。HRP 催化过氧化物的氧化反应，最具代表性的过氧化物为 H_2O_2，其反应式如下：

$$DH_2 + H_2O_2 = D + 2H_2O$$

上式中，DH_2 为供氢体，H_2O_2 为受氢体。在 ELISA 中，DH_2 一般为无色化合物，经酶作用后转化为有色的产物，以便作比色测定。常用的供氢体有邻苯二胺（OPD）、四甲基联苯胺（TMB）和 ABTS。

OPD 氧化后的产物呈橙红色，用酸终止酶反应后，在 492nm 处有最高吸收峰，灵敏度高，比色方便，是 HRP 结合物最常用的底物。OPD 本身难溶于水，曾有报道 OPD 有致异变性，操作时应予注意。OPD 见光易变质，与过氧化氢混合成底物应用液后更不稳定，须现配现用。在试剂盒中，OPD 和 H_2O_2 一般分成二组分，OPD 可制成一定量的粉剂或片剂形式，片剂中含有发泡助溶剂，使用更为方便。过氧化氢则配入底物缓冲液中，制成易保存的浓缩液，使用时用蒸馏水稀释。先进的 ELISA 试剂盒中则直接配成含保护剂的工作浓度为 0.02% H_2O_2 的应用液，只需加入 OPD 后即可作为底物应用液。

TMB 经 HRP 作用后，产物显蓝色，目视对比鲜明。TMB 性质较稳定，可配成溶液试剂，只需与 H_2O_2 溶液混合即成应用液，可直接作底物使用。另外，TMB 又有无致癌性等优点，因此在 ELISA 中应用日趋广泛。酶反应用 HCl 或 H_2SO_4 终止后，TMB 产物由蓝色呈黄色，可在比色计中定量，最适吸收波长为 450nm。

② ALP 的底物。ALP 为磷酸酯酶，一般采用对硝基苯磷酸酯（p-NPP）作为底物，可制成片剂，使用方便。产物为黄色的对硝基酚，在 405nm 波长处有吸收峰。用 NaOH 终止酶反应后，黄色可稳定一段时间。ALP 也有发荧光底物（磷酸-4-甲基伞酮），可用于 ELISA 作荧光测定，敏感度较高于用显色底物的比色法。

（4）系列参考标准品（定量测定）

标准液 6 瓶（$0\mu g/L$、$0.1\mu g/L$、$0.3\mu g/L$、$0.9\mu g/L$、$2.7\mu g/L$、$8.1\mu g/L$），1mL/瓶。

（5）酶标记物及样本的稀释液

（6）洗涤液

洗涤液多为含非离子型洗涤剂的中性缓冲液。聚苯乙烯载体与蛋白质的结合是疏水性的，非离子型洗涤剂既含疏水基团，也含亲水基团，其疏水基团与蛋白质的疏水基团借疏水键结合，从而削弱蛋白质与固相载体的结合，并借助于亲水基团和水分子的结合作用，使蛋白质恢复到水溶液状态，从而脱离固相载体。洗涤液中的非离子型洗涤剂一般是吐温 20，其浓度可在0.05%～0.2%之间，高于0.2%时，可使包被在固相上的抗原或抗体解吸附而减低试验的灵敏度。

（7）反应终止液

常用的HRP反应终止液为硫酸，其浓度按加量及比色液的最终体积而异，在板式ELISA中一般采用2mol/L。

（8）配液1

0.2mol/L盐酸溶液：取17.2mL浓盐酸加去离子水定容至1L。

（9）配液2

1mol/L NaOH溶液：4g NaOH加去离子水100mL溶解。

（10）配液3

复溶工作液：用去离子水将10×浓缩复溶液按1∶9稀释（1份浓缩复溶液＋9份去离子水）用于样本复溶。

（11）配液4

洗涤工作液：用去离子水按照1∶19稀释（1份浓缩洗涤液＋19份去离子水），或按所需用量配制洗涤液。

【方法与步骤】

1. 样本前处理步骤

组织（鸡、鸭、猪肉/猪肝、虾、鱼）前处理方法：

（1）用均质器均质组织样本。

（2）称取（1±0.05）g于50mL离心管中，加入2mL 0.2mol/L盐酸，充分涡旋2min，再加入400μL 1mol/L NaOH溶液和1.6mL复溶工作液，充分振荡5min，室温4 000r/min以上，离心5min。

（3）取出1mL上清液，加入1mL稀释后的复溶工作液混合30s。

（4）取50μL用于分析。

2. 检测步骤

测定前应须知：

（1）使用之前将所有试剂和需用板条的温度回升至室温（20～25℃）。

（2）使用之后立即将所有试剂放回2～8℃。

（3）在ELISA分析中的再现性，很大程度上取决于洗板的一致性，正确的洗板操作是ELISA测定程序中的要点。

3. 操作步骤

（1）将所需试剂从冷藏环境中取出，置于室温（20～25℃）平衡30min以上，注意每种液体试剂使用前均须摇匀。

（2）取出需要数量的微孔板，将不用的微孔板放进原锡箔袋中并且与提供的干燥剂一起重新密封，保存于2～8℃。

（3）加标准品/样品：加标准品/样品50μL/孔到对应的微孔中，然后加入抗体工作液50μL/孔，轻轻振荡混匀，用盖板膜盖板后置25℃避光环境中反应30min。

（4）洗板：小心揭开盖板膜，将孔内液体甩干，用洗涤工作液250μL/孔，充分洗涤4～5次，每次间隔10s，用吸水纸拍干（拍干后未被清除的气泡可用未使用过的枪头戳破）。

（5）加酶标物：加入酶标物100μL/孔，轻轻振荡混匀，用盖板膜盖板后置25℃避光环境中反应30min，取出重复洗板步骤4。

(6) 显色：加入底物液①液 50 μL/孔，再加底物液②液 50 μL/孔，轻轻振荡混匀，用盖板膜盖板后置 25℃避光环境反应 30min。

(7) 测定：加入终止液 50 μL/孔，轻轻振荡混匀，设定酶标仪于 450nm 处（建议用双波长 450/630nm 检测，请在 5min 内读完数据），测定每孔 OD 值。

【结果与分析】

所测得的标准液或样品吸光度的平均值（B）除以第一个标准液（0 标准液）的吸光度（B_0）值再乘以 100%，得到百分吸光度值。

$$百分吸光度值(\%) = \frac{B}{B_0} \times 100\%$$

以标准品浓度 10 为底的对数为 X 轴，百分吸光度值为 Y 轴，绘制标准曲线。将样本的百分吸光值代入标准曲线，从标准曲线上读出样本所对应的值，作为 10 的幂，乘以稀释倍数，即为样品中所含待测物的量。

利用试剂盒专业分析软件进行计算，更便于大量样品的准确、快速分析。

【注意事项】

1. 室温低于 20℃或试剂及样本没有回到室温（20～25℃）会导致所有标准的 OD 值偏低。

2. 在洗板过程中如果出现板孔干燥的情况，则会出现标准曲线不成线性、重复性不好的现象。所以洗板拍干后应立即进行下一步操作。

3. 每加一种试剂前需将其摇匀。

4. 反应终止液为 2mol/L 硫酸，避免接触皮肤。

5. 不要使用过了有效日期的试剂盒；也不要使用过了有效期的试剂盒中的任何试剂，掺杂使用过了有效期的试剂盒会引起灵敏度的降低；不要交换使用不同批号试剂盒中的试剂。

6. 在加入底物液①液和底物液②液后，一般显色时间为 15min 即可。若颜色较浅，可延长反应时间到 20min（或更长），但不得超过 30min。反之，则减短反应时间。

7. 该试剂盒最佳反应温度为 25℃，温度过高或过低将导致检测吸光度值和灵敏度发生变化。

【项目思考】

简述 ELISA 酶联免疫测定的原理。

训练项目_____

班级_____姓名_____

【结果与分析】

【思考题解答】

定价：48.00元